历史的行走 丛书

我们的
古建考察
笔记

魏新　白郁　著

重走梁林路

齐鲁书社
·济南·

图书在版编目（ＣＩＰ）数据

重走梁林路：我们的古建考察笔记 / 魏新，白郁著
. -- 济南：齐鲁书社，2023.4 （2023.9 重印）
ISBN 978-7-5333-4663-8

Ⅰ. ①重… Ⅱ. 魏… ②白… Ⅲ. ①古建筑－介绍
－中国 Ⅳ. ① TU-092.2

中国版本图书馆 CIP 数据核字（2023）第 044539 号

责任编辑：许允龙　张　涵
责任校对：王其宝　赵自环
封面设计：祝玉华
版式设计：赵萌萌

重走梁林路：我们的古建考察笔记

CHONGZOU LIANGLINLU WOMEN DE GUJIAN KAOCHA BIJI

魏新　白郁　著

主管单位	山东出版传媒股份有限公司
出版发行	齐鲁书社
社　　址	济南市市中区舜耕路 517 号
邮　　编	250003
网　　址	www.qlss.com.cn
电子邮箱	qilupress@126.com
营销中心	（0531）82098521　82098519　82098517
印　　刷	济南新先锋彩印有限公司
开　　本	787mm×1092mm　1/16
印　　张	19.5
插　　页	2
字　　数	412千
版　　次	2023年4月第1版
印　　次	2023年9月第2次印刷
标准书号	ISBN 978-7-5333-4663-8
定　　价	128.00元

序言：如翚斯飞的历史青春

魏　新

　　和诸多事物不同，我对古建的兴趣并没有那么早，更算不上与生俱来。我小时候生活的县城，几乎没有上年份的建筑。文庙、土地庙、砖庙仅存在于地名之中，包括跃进塔，也是1958年大跃进时期所建，我记事时便已拆除。所以，那时见过的最古老的房子大概就是20世纪五六十年代的低矮民宅，稍微有点规模的，也不过是县剧院和电影院。长大后留意去寻，也仅在一个乡镇里见过几间老瓦房，介绍的人说是明朝的，但我大概看一眼，就能判定，最多是清朝中期，已墙歪梁斜、摇摇欲坠，房主说一年到头来看的人一波又一波，都是看看就走，也不管修。

　　说起来，真不是我们那里的人喜新厌旧，不懂保护文物，而是几乎没有什么可以保护的建筑。鲁西南平原处在黄泛区，被黄河故道穿过的县城，从古至今，无数次水灾让人们背井离乡，再回来时，房倒屋塌，物是人非，只能重新寻处高地重建家园。所以，老家最重要的遗址是几个堌堆。从祖辈起，人们就缺乏房子所能带来的归属感，自然也留不下看上去坚不可摧的大院，更没有心思在建筑美学上下功夫，留下类似苏州园林、皖南村落似的建筑。有一次，我去徽州看那些精美的木雕和砖雕，为其技艺惊叹的同时，心中也充满酸楚，我的家乡为了生活艰辛奔命的祖辈，哪有如此闲情逸致？

　　其实，整个山东的古建资源都相对贫乏，现存最早的木构建筑在东营广饶，只是一处很小的关帝庙，属于宋代建筑。济南灵岩寺千佛殿里面的佛像虽然是宋代彩塑，却是后来

建好新殿迁来的。名扬中外的曲阜"三孔"，现存建筑年代也晚，我上大学时第一次去考察，还觉得很"新"，和第一次去"三国""水浒"影视城的感觉差不多，只是被里面的参天古木所震撼。

中国人对建筑的态度远不如对树木，即便经过了无数次过度采伐，许多树木依然以顽强的生命力坚挺了下来，并被人们赋予了神灵的意义。比如嵩阳书院的古柏，浮来山的银杏，等等。然而，对于建筑，很多人似乎都带着一种嫌弃，尤其是历史上每次改朝换代，从秦朝的咸阳宫到汉代的未央宫，都免不了烈火焚烧的下场。

包括我所在城市济南的老火车站，据说，当初拆除时，有人提出这是殖民的印记，不应该保留，于是，这座远东第一站就这么永远消逝了，只留下一些黑白的照片和无尽的叹息。

我第一次坐火车来济南时，那座火车站已经变成了一片瓦砾。后来，听年龄大的济南人说，当年的火车站尽管面积大不如现在，但寄托了几代人的感情，让人怀念。毕竟，那是无数人对济南的第一印象，包括梁思成和林徽因，也是从那里抵达济南这座城市的。

第一次因古建感慨，不是在北京故宫，也不是在拙政园、狮子林，而是在山西长治。2010年末，我应邀去那里做了一场讲座，结束后，当地的宣传部部长带我去了几个地方。之前，我只知道当地曾是长平之战的战场，走马观花地看了一圈，发现竟然有那么多珍贵的古建筑。这些建筑并没有过多维修，反而非常独特，散发着一种难觅的厚重气息。比如元代建筑五凤楼，就在一个普通的村子里面，却有着非凡的外观：五重檐外加围廊，红墙绿瓦，高大雄浑，出檐深邃，四角翼飞，寓意五凤展翅。

后来我才进一步了解到，像这样优秀的古建，在整个山西，有太多。所谓"地上文物看山西"一点也不虚，太多古建都分布在山西这片古老的土地上。很多人都知道日本古建筑多，面积不如日本二分之一的山西，木构建筑是日本同期的 1.3 倍。如果仅仅计算元代以前的"高古"木构建筑的数量，山西更是日本同期的两倍。仅上党一个地区的"高古"木构建筑数量，就足以抗衡日本全国。更可贵的是，山西古建筑还保留了大量"原装"壁画和雕塑。千百年时光，都凝固其中。

于是，我以古建为主题的"文化乐旅"，就从山西开始了。

2015 年春夏之交，白老师从北京来济南找我，我们去曲水亭街的一个四合院里喝酒，喝到晚上，又换了一个地方，一边喝，一边聊历史、古建，白老师聊他的计划，于是，就有了第一次的山西古建行。大概一周的时间，从晋祠到佛光寺、南禅寺，再到平遥古城、双林寺、镇国寺，我突然觉得世界大而丰富了起来，每一个地方都值得留恋，值得探寻。尤其是古建，包含了太多中国传统文化的内容，在书中那么抽象、模糊，到了那里，却可以深刻体会。于是，从那时开始，我多次去山西、河北、陕西、四川、新疆等地，探访古建。这其中，梁林路上的每个点都是重要的一站。

对于梁思成和林徽因，我之前的了解也极其局限，通过古建，才深刻理解了他们对中国文化的杰出贡献。从最早考证唐代建筑佛光寺，到制定文物保护的规划，如果没有他们，没有营造学社，今天我们能看到的古建恐怕还会少许多。

2015 年，第一次去五台县佛光寺，那时的路依然窄破，一车人下来搬石头垫着，才开了过去。我不由得想，梁思成和林徽因当年来的时候，经历了多少坎坷，是怎样的信念才能支撑那一路的颠沛流离？

等我进了佛光寺的院子，看到那座雄伟壮阔的东大殿，一切疑问都烟消云散，一切都值得，屋檐下深藏着唐代文明的恢弘壮丽，保持着中华文明的灿烂青春。

后来，我又去过无数次山西，还有梁林去过的河北、河南、四川等地。有时候是出差，时间很紧，也忍不住抽个空去看当地的古建筑，总会有惊喜。那些经历了沧桑巨变、王朝兴替的建筑，饱含历史气息，每一间房子里都似乎有生命在流动；每一尊彩塑都仿佛在和你对话；每一处壁画都藏着诸多文化密码，一旦解锁，就如同打开那个时代的保险箱，里面是岁月留下的无尽财富。

有很多地方，我是专程和白老师一同去的。我惊叹于白老师对古建的了解，他将各地"国保"熟稔于心，讲起来灿若莲花，是一位不可多得的古建启蒙老师。通过他，我也认识了诸多传统文化爱好者，如今，又能一同合作此书，更是一种缘分。愿本书能够让大家对古建有更多的了解，更通过梁林当初考察的古建和今天的对比，留下一点时光的印记。

这本书应该能给喜欢古建的朋友实际上的参考，我们这些年的点滴积累，相当于替你们做了些"功课"。带着它，去这些地方，相当于一次丰富的交谈，在一座座珍贵的古代建筑面前，说话的不光有白老师，有我，也有梁思成和林徽因，还有你们。

《诗经·小雅》中，形容建筑的华丽，有一句"如鸟斯革，如翚斯飞"，意思是如同鸟儿张开双翼，野鸡展翅飞翔。这句诗似乎赋予了建筑灵魂和生命，让静止不动的房屋有了动作和力量。历史也是如此，尽管大多仅存于文字中，也未必都让人信服，但读起来，里面有一股顽强的劲头，能够击破现实的禁锢，穿透思维的壁垒，或许这就是人们经常谈论的"意义"吧。

目录

一　燕赵三晋寻芳踪

这时我突然察觉，观音菩萨的眼睛，正好可以从这两扇打开的阁门之间看出去。难道我刚才体会到的眼神，正是观音菩萨的注视？不知道梁思成先生当年是否也有同样的感受，我们遇到的是独乐寺观音的同样的目光。

开元寺里的这个赑屃，是我见过的最大的一只。这么大的碑座，可想而知它上面的碑一定更加巨大，可是不知道何年何月大碑已毁，完全找不到踪影了，但可以让人在想象中感叹，当年正定城在唐宋时是如何的繁荣。可惜梁先生他们来的时候，也没见到这个巨大石刻，不然肯定也要感慨一番。就像诗人写的：仅我腐朽的一面，就够你享用半生……

十年前，这些菩萨还没有现在这样亮堂。原因是长年采煤产生的大量煤灰在空气中飘浮，日积月累在金身表面蒙上了一层阴影。市里相关部门对这堂彩塑进行了"除灰"处理。目前来看，除了有些煤灰已经渗入贴金层，实在除不掉以外，大部分还是被清理掉了。也许，梁思成先生他们当年来的时候，见到的会更加光亮一些吧。

冬至这一天中午来到善化寺。一年里，只有这一天的阳光直射南回归线，对北半球地区照射角度最低。阳光通过大雄宝殿的大门，照射到大殿里，可以直射到里面大约6米位置的金砖之上。通过金砖的反射，阳光在一年里，难得地反射到大殿中的佛像脸上。

二　晋中流连不知返

三　人人都说江南好

六　巴山夜雨永入梦

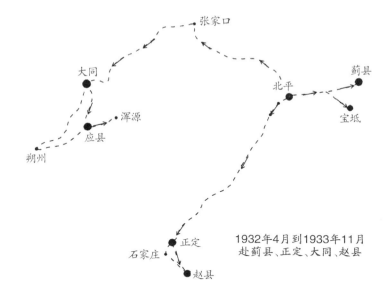

张家口

大同　　　　　　　　　　　　　　　蓟县

浑源　　　　　　　北平

应县　　　　　　　　　　　　宝坻

朔州

1932年4月到1933年11月
赴蓟县、正定、大同、赵县

正定

石家庄

赵县

一　燕赵三晋寻芳踪

第一章　蓟县独乐寺

在　观　音　的　目　光　下

● 蓟县独乐寺

　　2016 年 4 月，某天一早，我们一行人驾车出发，走京平高速，直奔蓟县而去。今天从北京到蓟县独乐寺，距离约 100 公里，路如墨斗弹出来那么直，导航比榫卯都准。可是当年，梁思成先生前往这里，可是遇到了不少麻烦。

首先是他压根不知道独乐寺的存在。梁先生在文章里写道："因为没有中国建筑史上重要建筑物的名录，我们对古建筑的探寻就好像'盲人骑瞎马'。"[1] 1931 年，梁先生加入营造学社不久，受美国近代教育的影响，非常重视科学的研究方法——实地考察。

近代学者治学之道，首重证据，以实物为理论之后盾，俗谚所谓"百闻不如一见"，适合科学方法。艺术之鉴赏，就造形美术言，尤须重"见"。读跋千篇，不如得原画一瞥，义固至显。秉斯旨以研究建筑，始庶几得其门径……造形美术之研究，尤重斯旨，故研究古建筑，非作遗物之实地调查测绘不可。[2]

没有名录，怎么办？ 1931 年的秋天，梁思成首先想到了从含有文物古迹的民谣谚语入手。当年流行在华北地区的有这样一句话："沧州狮子应州塔，正定菩萨赵州桥。"（这四个地方，后来都成了第一批全国重点文物保护单位）他了解到，铁狮子之上已经没有建筑，而正定菩萨则是在一座古老的庙宇之中。于是先去正定、再去应县木塔、接着去赵州桥的安排也就在他的心中规划了出来。

一个偶然冒出来的线索，打乱了他的计划。学长杨廷宝在位于北京鼓楼的"公共图书馆和群众教育展览厅"的一楼大厅里，看到了一幅正在展出的照片。那上面拍的是一处古老而与清朝寺庙完全不同的建筑——蓟县独乐寺。

杨学长向梁思成讲述了该照片上建筑构件的特征，说到其硕大的斗栱之时，梁先生就像被电到了一样，立即驱车前往展览厅，亲眼去看那幅照片。照片让他想起之前在书上见到过的日本人常盘大定和关野贞著作中的类似照片。他根据直觉判断，这是一座宋以前的古建筑，至于是不是日本学者断定的中国不存在的唐代木构，则要现场调查，但无论如何，独乐寺都必然有价值。

第一个"不知道有"的困难解决了，第二个麻烦又来了。这个问题他们更加无法克服，1931 年的北平，没有"说走就走的旅行"。九一八事变爆发后，天津局势一度十分混乱。在交通安全没有保障的情况下，梁思成先生只能等，一直到 1932 年 4 月，梁先生才终于可以安全地前往蓟县。可是这一等，也等来了梁家的新生命——林徽因怀孕了。因此，她遗憾地错失了营造学社第一次田野调查工作。

第三个麻烦，就是交通的艰苦。在此之前，他出远门基本上是坐火车或者轮船。北京

---

[1]［美］费慰梅著，成寒译：《林徽因与梁思成》，法律出版社 2010 年版，第 82 页。

[2]梁思成：《蓟县独乐寺观音阁山门考》，《梁思成全集》第一卷，中国建筑工业出版社 2001 年版，第 161 页。

● 蓟县独乐寺

到天津、沈阳都是火车，去美国、欧洲都是轮船。在中国的偏僻乡下，乘坐破旧的大巴车，这是他以前完全没有接触过的。

就在准备前往蓟县之前一个月，梁思成先生刚刚完成了他的重要研究著作《清式营造则例》，这是他第一部研究中国古代建筑技法的专著，也是打开宋代建筑天书《营造法式》的一把钥匙。这部著作能快速完成，主要有以下几项原因：

一是，此时（1932年）距离清工部《工程做法则例》这本书的出版时间雍正十二年（1734年），只有两百年，故宫内建筑的结构几乎没有变化。二是，他们的办公地点就在故宫西朝房，随时可以进宫将实物跟书籍上进行对照。三是，清廷留下来的一些老匠师还在世，梁思成拜了两位师傅，向他们虚心地学习清代木构专有名词和技术细节。

这三条原因，促使梁思成很快地研究出清代皇家木构的一些门道。但宋代的《营造法式》完全不同，不但时间久远到800多年前，而且没有传承的工匠，身边找不到懂的人。连宋代的建筑构件名称都与清代区别极大，最麻烦的就是没有可供研究的实物样本。所以，要想研究明白《营造法式》，再难也必须找到样本。

第一次外出进行田野调查的梁思成，此前从来没有去过乡下，这次路途给他留下了深刻的记忆。

> 那是一次难忘的旅行，是我第一次离开主要交通干线的经历。那部若在美国早就当废铁卖了的T型老破车，仍定期（或不如说是不定期）来往于北京和那个小城之间。我们出了北京的东门几公里，就到了箭杆河。河上有桥，那种特别的国产工程，在木柱木架之上，安扎高粱秆，铺放泥土，居然有力量载渡现代机械文明的产物，倒颇值得注意。虽然车到了桥头，乘客却要被请下车来，步行过桥，让空车开过去。过了桥是河心一沙洲，过了沙洲又有桥。在这枯水季节，河流只剩下不到十米宽，但是两岸之间却有两三段沙滩。足有两公里半宽。满载的车，到了沙上，车轮飞转，却一步也不能动弹了。于是我们乘客只好帮着推车，一直把这个老古董推过整个沙滩，而引擎直冲着我们的眼口鼻轰鸣。还有其他麻烦的路段，我们不得不爬上爬下汽车好多次。如此千辛万苦，八十公里的行程，我们走了三个多小时，但我们还是觉得很兴奋很有趣。那时我还不知道，在此后的几年中，我将会习惯于这种旅行而毫不以为奇。[1]

跟梁思成一起去的还有他的弟弟，在天津南开大学上学的梁思达以及营造学社的一名

---

[1]［美］费慰梅著，成寒译：《林徽因与梁思成》，第69页。

社员邵力工。梁先生一行三人，从天没亮就到东直门车站乘车，一直到天色已经接近黄昏，才抵达蓟县县城。

今天的我们，开车一路高速，轻松地用了两个小时就抵达了独乐寺景区门口。蓟县，如今已经成了天津市蓟州区，城内依然并不繁华。独乐寺门前建了一条商业街，周中的时间游人稀稀拉拉的。我们停好车，带上摄影器材，购票进园参观。独乐寺的售票处并不在大门口，而是在进口西侧的小院里，可能是大门口的空间过于狭小了吧。辽代重建的独乐寺山门就在商业街北侧几米的位置，因为明代盖的院墙就在这里紧挨着山门，游客进出的大门也开在院墙中间，以至于我们想拍一张山门正面的全景照片都没有空间。

现在想来，也许只有用无人机才有可能拍到正面的全景了。可惜那年我还没有无人机。

眼前的独乐寺山门，别看它叫门，但实际上是一座面阔三间、进深两间的庑殿顶建筑。古人把四根柱子之间的方形空间算一间。从正面看的话，就是每两根柱子之间是一间。面阔三间，也就是正面看上去有四根柱子，中间就隔出来了三间。进深就是纵深，向前数是三根柱子，因此进深是两间。二三得六，山门里总共是六间房，中间两间做了进庙的过道。这其实是古代独乐寺建筑群落的入口，因为很多古寺往往都藏于山中，因此叫山门。

山门前两稍间里面保留了两尊辽代彩塑的力士。"稍间"就是正中间两旁的空间。"力士"，就是佛教世界里的"保安"。通常这种守护佛教圣地安全的人物有两大类，一是天王，二是力士。区别是天王富贵一些，顶盔掼甲，足蹬战靴。而力士除了下身穿着裙裤之外，身体其他部分没有服饰，连脚丫子都是光着的，在夏天看起来特别凉快。另外，力士基本都是左右成对出现的，各持不同的法器，面目威严，一位张嘴，一位闭嘴。本意是在说着佛教用语，但中国老百姓喜欢叫他们"哼""哈"二将。

山门之中，在明清两代经常会彩塑或者在壁画上绘制东南西北"四大天王"。独乐寺山门里就有清代绘制的天王壁画。值得说的还是两尊辽代彩塑力士，泥塑本体为辽代，后世有微小的修补，清代补绘上了彩色颜料。用梁先生的话说"新涂彩画甚劣"[1]。

从当年梁先生拍的黑白老照片上看，彩绘还比较完整服帖。而今天，由于当年的颜料材质甚劣，不仅颜色艳俗，而且已经一块块起甲。通俗地说，就是经过氧化变形后碎裂开来，卷曲着在泥塑本体表面翘起，感觉手一碰就全掉落了一般。力士的面部表情凶狠夸张，面部的皮肤（彩绘）也爆裂了。双目的眼珠都快要从眼眶里瞪出来了，紧盯着香客进门的方向，若是光线不好或者心里有亏心事的来人，猛一看他，还真能被吓一跳。

看他的体形：赤裸上身，露出发达的胸肌和上肢肌肉群，腰比较粗，露着小肚腩。一

---

[1]梁思成：《蓟县独乐寺观音阁山门考》，《梁思成全集》第一卷，第 192 页。

● 独乐寺山门辽代力士

● 独乐寺山门辽代力士（老照片）

只脚伸出，身体向同侧略微前倾，整个身体形成一个颇具张力的弓形。这样的形态，还是可以看出辽代继承的唐风。

山门除了力士是辽代的以外，屋顶正脊两端的鸱吻，也是辽代原物。这对鸱吻造型古朴，与我们常见的明清鸱吻的龙身插把剑的外观不同的是，这对鸱吻龙头更加凶猛，而尾部很细，向斜上方做出带弧度的弯曲，最后以一个往回勾的趋势结束。

这是国内现存的古建筑鸱吻之中年代最早者，因此，成为辽代鸱吻的时代性标志。近年来修复其他辽代建筑，或者新建仿辽代建筑时，往往都选择独乐寺山门上鸱吻的样式制作，使之成为经典。

山门的梁柱粗壮，斗栱雄硕。"柱"是木结构建筑纵向支撑的大材，"梁"则是横向大材。有了梁柱，一个立体空间就被组装起来。但光有空架子不行，还得有屋顶，必须要防水。屋顶只有大于房屋的平面空间，才能有效防雨，因此我国古代建筑的一大特色就应运而生了——用斗栱层来支撑上方大型屋顶。

柱子的顶头，使用一个方形木块，上面横纵双向安插两条短小的木梁，形成一个由小支撑大面积的受力单元，下面的木块就叫斗，其实就跟我们古代家用盛米的斗形状一样。

而上面的支撑就叫栱。一层斗栱如果不足以支撑深远的屋檐，那就来两层，两层不够来三层，在斗栱上再来一层斗栱，这样的组合有多种样式，专业上也有很多名词，这里就不展开说明了。

● 独乐寺山门辽代鸱吻

斗之间为了稳固，并不是简单地叠垒在一起的。在木构件之间，必须使用榫卯。也就是在木块平面上，开一些孔、槽之类的形状，由与它相接的其他构件制作成一致的形状咬合进去，从而达到结合稳定的目的。

榫卯之间，早期是不用胶水相粘的，只用形状咬合的力学原理拼接。一方面是为了活性连接，在发生地震或者台风时，榫卯连接的构件一瞬间变形后，受互相之间的牵引力影响可以自行恢复。这也是所谓"古代木构不用一根钉子"的原因。如果用钉子钉死，就变成了刚性连接。一旦连接部位因巨大的外力变形，金属不会自动恢复原形，反而影响了建筑的稳定性。这也是很多木结构建筑经受多次地震而千年不倒的核心原因。

另一方面，榫卯结构在维修时可以拆卸，木制构件使用五十到一百年，就可能有一部分因受潮损坏，或者被虫蛀蚁食，需要更换。这时为节约材料就只需拆下问题构件，而不必全部更换。用现在的话说，更加绿色环保。这也是古建筑上经常有不同时代的材料的原因。

这样的斗栱层，在不同时代特征不同。隋唐时期，斗栱相对后朝更加宏大，斗栱之间的布局也更加疏朗，这里有力学和美学的考虑。而宋、元、明代斗栱逐渐缩小，至清代斗栱在力学上起到的作用越来越小了。清末的斗栱细碎如一排牙齿，又密又小，其美感比唐宋就差远了。辽朝兴起在北方广阔的草原，成立之时，正好赶上大唐土崩瓦解。此时，中原时局动荡，人才纷纷外流到辽朝。因此，在辽朝的文化中，大唐的气质宏大的元素保留得更多一些。相比宋朝，辽的建筑更接近大唐。而宋则就近吸收了南唐的风格，变得精致有余而宏大不足。

进入山门之中，向前望去，独乐寺的核心主角就映入眼帘。23米高的纯木构建筑，端庄地矗立在庭院中央。尚未走近，远观就有一种稳重雄健的感觉。而且，隐约觉得不知哪里，似乎有一双眼睛在注视着我，让人倒吸一口凉气，不自觉地挺了一下身体。哪里来的眼神呢？

踱步至近前抬头仰望，观音阁从外边看是一座二层楼。从小已经见惯了高楼大厦的现代人，其实并不会觉得这样的高度（23米，大约相当于7、8层楼房的高度）有多高大。真正吸引我眼球的其实是它优美的外形和花团锦簇的斗栱。

虽然我们看多了高楼，但实际上我们眼中的高楼大体都是一个模样——火柴盒。方方正正，大同小异，毫无美感可言。我们身边的建筑，它们的区别无非是外立面的颜色不同、高矮胖瘦不同。而像眼前这样的木构楼阁，则完全不是立方体的概念。

首先，它的头顶上是六个巨大的斜坡面组合而成的屋顶，建筑学上称为"歇山顶"。山一般是指山墙，也就是建筑两个侧面的墙体。歇山，是指两个山面，斜坡只有一半，倾斜向上到与山墙交汇时停止。

建筑有了这样的一个斜坡屋顶，不但看起来增加了曲线，减少了僵直，漂亮了许多，而且在建筑防水上，更有重要的功能。作为人类居住的房屋，首要的功能就是挡风遮雨。雨水从天而降，落在建筑的顶部，如何才能快速排水和有效且长效地遮雨，是古建筑屋顶设计的关键之处。

古代防水材料没有现在这么好，因此在我国广大的降水区内，屋顶基本都是斜坡的。

● 独乐寺山门侧面立柱及斗栱

● 独乐寺观音阁

这非常好理解，雨水会顺着斜面快速流掉，有利于雨后的干燥。有的讲究一点的屋顶，为了使水流的速度更快，还会采用内凹型曲面屋顶。因为水滴流动的速度，并不是直线最快，而是有一定弧度的凹型曲面。

不同斜坡组成不同外观的屋顶，有很多不同的名称，如庑殿顶、歇山顶、悬山顶、硬山顶、卷棚顶、攒尖顶等。眼前的屋顶，看起来像一顶稳重的官帽，或者一位将军的头盔，戴在阁楼这位大将军的头上。屋顶高度大约相当于半层阁楼的高度，这样的比例，显得屋顶十分突出，有很强的安全感。

而外立面的两层阁楼之间，有腰带一般的一圈斗栱支撑起来的屋檐及其上方的平座，也就是像二楼阳台走廊一样的一圈勾栏。特别像一位将军腰间的丝绦和腰带，既有建筑结构上的力学作用，又起到了很好的装饰作用。这样的外形曲线，是当代建筑很少有的。

观音阁外立面的上下两组屋檐最深远的檐角处，为防止出现危险，在后世维修时支撑上了两组细的方柱。我用手机软件将照片上后增加的几根柱子修掉，一下看到了那长长的转角屋檐伸出在阁体之外，像极了一只大鸟扇动挥舞的翅膀。

正如《诗经》所说"如跂斯翼，如矢斯棘，如鸟斯革，如翚斯飞，君子攸跻"[1]。它描述了当年伟大建筑的屋顶像大鸟翅膀一样覆盖着建筑，有振翅欲飞的动势。看看先秦的

[1] 毛亨传，郑玄笺，陆德明音义，孔祥军点校：《毛诗传笺》，中华书局 2018 年版，第 255 页。

● 独乐寺观音阁

古人，在关注居住建筑的审美方面，远在我们今人之上啊。

　　走进观音阁，还未上楼就先看到一尊通天高大的泥塑观音像。我们之前从来没见过如此高大的人像。只见她站在中央的须弥座之上，面容严肃、悲悯地望向前方，身体微向前倾，一手举起，一手自然下垂。这尊 16 米高的塑像，是我国现存的最大的泥塑佛教造像之一。

　　沿着木制楼梯登临阁楼，上到二层，抬眼发现我们才到观音的腰部位置。原来，观音阁外边看着是二层，里面实际是三层。就在我们外边看到的平座上下，实际上在内部还有一暗层结构。继续上行，待到观音面前，这回看仔细了，她原来是"十一面观音"，其头顶上还有十尊小像。代表观音菩萨法力无边，保佑百姓安全。

礼节性地拜了观音菩萨之后，我们在三楼走了一圈，仔细观察。只见观音阁内以观音塑像为中心，四周用两排共计28根立柱，形成了一个双重套筒状的空间。内部顶上，覆以斗八藻井，整个内部空间都和佛像紧密结合在一起。阁内光线较暗，正面光线较足，像容清晰，背面仅可辨轮廓，使得观音菩萨更加具有神秘感和威仪感。整个楼阁上的斗栱组合繁简各异，共计24种152朵，每组都尺寸硕大，排列布置得很有韵律。显得建筑庄严凝重，挺拔轩昂。

观音阁这种双层套筒结构，是辽代高层建筑常用的方式，从力学角度看十分稳固。蓟县周边历史上发生过多次地震，包括1976年唐山大地震，距离蓟县只

● 独乐寺观音像

有八十公里，但观音阁巍然屹立没有受到多大影响，这便是中国木构古建筑的抗震优势。

三层阁楼面阔五间，中间三间各有四扇门窗。此时明间中间的两扇门是打开的，光线照射到观音的脸上。站在观音面前转过身来，向外望去，一眼看见不远处的蓟县白塔，原来与观音阁在一条端正笔直的线路上。这时我突然察觉，观音菩萨的眼睛，正好可以从这两扇打开的阁门之间看出去。难道我刚才

● 观音阁二层内部

体会到的眼神，正是观音菩萨的注视？不知道梁思成先生当年是否也有同样的感受，我们遇到的是独乐寺观音的同样的目光。

● 观音阁二层望向白塔

下楼后，我们来到观音阁的一层，才看到四周墙壁上满是壁画。内容为十六罗汉以及三头六臂的明王像，人物之间画上了山林、云水、花卉等装饰内容。这些壁画是观音阁建好以后辽代绘制的，之后元代和明代又有重绘和补绘。如十六罗汉中有几尊看起来像是元代在辽代的粉本基础上重新绘制的，线条精致且肯定。而旁边的山水背景用笔就随意多了，像是明代补绘的。壁画整体虽不及木构和菩萨那么久远，但能看到元明时代的壁画，也让我们非常兴奋。

走回到山门处，定睛观瞧，果然菩萨的双眼正好呈现在打开的槅门之间，在山门之中这个位置，是正好能接收到她的目光的。这也意味着，山门一带也是一个礼拜菩萨的位置。这里的空间明显要比三层阁楼大得多，也表示观音菩萨的关注覆盖了更广大的民众，而不仅仅是独乐寺院子里的。想到此处，我不禁在心中感叹，古代工匠设计建筑和泥塑之时，是多么的用心良苦。

● 独乐寺观音阁一层壁画（路客看见 摄）

　　85 年前的此行之后，梁思成先生发表了题为《蓟县独乐寺观音阁山门考》的一篇论文。这是中国建筑学历史上的古建筑考察开山之作，也代表着梁先生用现代科学方法研究中国古代建筑走出了决定性的一大步。这篇文章后来在国际建筑学界也引起了强烈反响，成为后来中国古建筑的学子们学习的一篇范例。

　　梁先生来之前，心里肯定希望独乐寺能是一座唐代建筑。毕竟，从照片上看起来独乐寺与他在伯希和的《敦煌石窟图录》中看到的莫高窟唐代净土图中的唐风建筑很接近。但寻找唐代建筑，不能单凭热情，一厢情愿，他需要秉承的是科学精神。

　　在测绘独乐寺期间，梁先生也在周边走访了不少当地的老人，了解关于独乐寺的历史信息。民间给出的说法是独乐寺为"敬德监修"，也就是与唐朝的开国功臣尉迟敬德有关，但并没有可靠的证据。梁先生回到北平以后，夫人林徽因查阅《日下旧闻考》引录的清代同治年间李氏刻本蓟县《盘山志》上写道："独乐寺不知创自何代，至辽时重修。有翰林院学士承旨刘成碑。统和四年孟夏立石，其文曰：'故尚父秦王请谈真大师入独乐寺，修观音阁。以统和二年冬十月再建上下两级、东西五间、南北八架大阁一所。重塑十一面观

● 观音之阁匾额

音菩萨像。'"[1] 由此，梁先生得知，观音阁可能之前就有，但现存的建筑，可以确定是辽统和二年，即公元984年重建的。

天津大学建筑学院辽代建筑研究课题组对独乐寺的研究在国内是比较领先的，他们在1998年进行观音阁的维修时，从不同部位各取下一些木材样本，进行碳十四的年代测定。结果发现，独乐寺观音阁的部分木材料，年龄达到了1555岁，误差在前后60年。即便按照往后的60年计算，这些木料也是公元500年左右的。

难道独乐寺观音阁上，竟然出现了北朝时期的木料？

出现个别构件比辽代更早期的情况，这个是正常的。因为我国古人在生产生活中很多地方是习惯节俭的，能重复使用的部分，一般不会浪费。观音阁上不但有如此早的构件，也还有后世的一些构件，如公元700年前后的盛唐时代的木料，甚至还检测出有安史之乱之后修补上去的构件以及会昌法难之后修补的部分。

也就是说，独乐寺观音阁，并不是辽代才出现的。"重建"这词经过当代科学检测，其证据是非常确凿的。既然是重建，那么是什么时候初建的？又是因为什么重新建造呢？

根据民间传说和碳十四的检测结果，专家推测：独乐寺很可能始建于唐初，观音阁牌匾上的文字，据传是唐代大诗人李白的字体。另一个传说是独乐寺的寺名由来：这里曾经是安禄山起兵会师的场所，独乐寺很可能是安禄山所建。独乐的含义是盖安禄山思独乐而不与民同乐，故而命名。

当然以上都是传说，但木料的年代不会骗人，唐代建造是极有可能的。安禄山起兵后，唐王朝一度陷入刀山火海，独乐寺很可能在安史之乱中遭遇了战火，毕竟这里是安禄山的重要根据地之一。安史之乱平定后，这里进行了大规模维修。之后在大唐会昌二年（842年），唐武宗李炎又开展了历史上的第三次大规模灭佛运动。他在位的六年，佛教及除道教外的其他宗教都遭遇了重大的打击。原因固然跟之前的两次相差不大：佛教徒数量过大，在税收和服役方面给政府造成了比较严重的危机。而李炎则是一名虔诚的道教徒。这次灭佛运动，全国共计拆除寺院

● 宝坻三大士殿（老照片）

[1]转引自梁思成：《蓟县独乐寺观音阁山门考》，《梁思成全集》第一卷，第171页。

四千六百余所，拆下来的寺院材料用来修缮政府办公建筑，金银佛像上交国库，铁像融化重新铸造农器，铜器铸钱。僧人尼姑迫令还俗的，共计二十六万零五百人。独乐寺很可能在这次运动中，遭到了严重的破坏，已经不能通过维修完善了。于是在辽代重新大兴佛法的社会环境下，重建了整个寺院。当初除了观音阁和山门肯定还有很多其他建筑，只是都在岁月中消失了。现在独乐寺里的其他古建筑，都是清代以后修建的了。

这两座辽代建筑反映出大辽兴旺时期，全境上下笃信佛教，广建佛教建筑的盛景。在今后的重走梁林路中，我们还将多次走访辽代建筑，关于它们的伟大之处，后面慢慢道来。

据梁先生文集里的资料显示，在考察独乐寺期间，他们还听当地人说起附近的宝坻县也有这样一座类似的古建筑。这便是他们 1932 年 6 月 11 日出发，进行考察的宝坻广济寺三大士殿。经过测绘及研究证明，三大士殿也是一座辽代建筑。

令人心痛的是，1947 年当地官员为了建造一座桥，受当时木料稀缺的制约，竟然无知地将殿宇拆掉。中国当时罕存的一座辽代木构，躲过了 900 年的朝代更替，躲过了日军的轰炸，最终没有躲过无知的官员。

遗憾也没有办法，虽然现在当地根据梁思成先生当时的测绘图纸，又重建起一座仿古建筑，但我们毫无前往的兴趣。于是这个点，就在我们重走梁林路的计划中划掉了。

如今，在古建圈里，有着著名的八大辽构。它们是应县木塔、义县奉国寺大雄殿、大同华严寺薄伽教藏殿、善化寺大雄宝殿、蓟县独乐寺观音阁和山门、河北新城开善寺大殿、涞源阁院寺文殊殿。实际上就在百年前，辽代古建筑遗存还不止这些。营造学社进行过田野调查的辽代建筑，留下测绘图纸和照片的，至少还有另外五座：1947 年三大士殿被毁后，1949 年大同华严寺的海会殿被拆除修建了小学，另有河北易县开元寺的三座辽代殿宇，1935 年刘敦桢先生进行过测绘。可惜在 20 世纪 40 年代抗日战争中，被日军飞机轰炸毁掉了。

结束了独乐寺的参观，我们一行人都饿得不行了，在点评软件上看到有一家铁锅炖鱼饭店口碑不错，就在独乐寺南边一条街口，便打电话订了一桌。由于是现点，炖鱼等待的时间稍微久了一点，但那味道确实值得我们等待。木柴烧的大铁锅里，铺满了他们家秘制的佐料。一条 5 斤多现杀的大花鲢经过 45 分钟的炖烧，吃起来鲜嫩入味。店主又在铁锅边上烙了一圈玉米面贴饼子，鱼吃得差不多时，饼子熟得焦脆。有人掰着直接吃，有人蘸着鱼汤吃，口感都好极了。

第二章　正定古建群

巨　大　见　证　过　的　繁　荣

● 梁先生在隆兴寺测量斗栱

　　梁思成先生于 1932 年 6 月调查完宝坻广济寺三大士殿之后，回到北平，一边在北京大学任教中国建筑史，一边着手编写蓟县独乐寺和宝坻广济寺的调查报告。林徽因则在 8 月份，生下了第二个孩子梁从诫。这个名字也寓意着师从李诫，即宋代《营造法式》一书的作者。

● 正定古城南门（大辉 摄）

营造学社的第三次外出调查，一直到 1933 年 4 月才出发。如果说调查独乐寺是一张照片引发的意外，这次去正定，他们则已经计划了两年时间。

正定县，今天仍是河北省会石家庄北边的一个县城。在如今全国有 394 个县级市的情况下，正定依然只是一个县，并没有成为"市"，但实际上，这里自古就是河北中部的行政经济文化中心。战国时的中山国，国都就在这里。东汉这里叫常山，赵子龙正是从这里走向西蜀。晚唐因为避皇帝讳改名镇州，莫高窟 61 窟看到的五台山图，最东边正是从镇州前往五台朝佛的路。

一直到清康熙八年，直隶巡抚从正定搬到了保定，这里才不再是行政中心。但也许就是这样一个原因，在清朝中后期至民国时期，由于经济地位的衰落，使得原来的大量古建筑没有得到翻新，反而幸运地保留了下来。

梁先生一行能否前往正定，是要看当时局势的。梁先生在《正定古建筑调查纪略》中写道：

> "榆关变后还不见有什么动静，滦东形势还不算紧张，要走还是趁这时候走"，朋友们总这样说，所以我带着绘图生莫宗江和一个仆人，于四月十六日由前门西站出发，向正定去。平汉车本来就糟，七时十五分的平石通车更糟，加之以"战时"情形之下，其糟更不可言。沿途接触的都是些武装同志，全车上买票的只有我们，其余都是用免票"因公"乘车的健儿们。[1]

---

[1] 梁思成：《正定古建筑调查纪略》，《梁思成全集》第二卷，第 1 页。

梁先生一行人乘火车，经过涿州和保定两站，在下午五时到达正定站。下火车后，雇到人力黄包车，坐上，直奔大佛寺而去。

今天，很多访古爱好者"刷保"，也差不多是这种方式。现如今有了国家文物局颁布的《全国重点文物保护单位》（简称"国保"）名单，访古爱好者通常按照清单去拜访这些"国保"，也是先乘火车，到站下车再叫网约车，只是火车变成了高铁，黄包车也变成了网约车，不知道方便了多少倍。

穿过站前的小村庄，梁先生到正定古城的北门外，城外的护城河早已干涸，人力车爬过河沟，进入城门。令梁先生没想到的是，进城之后，依然是与城外一样的田野，完全看不出城市的样子。可见失去行政中心地位两百多年后，正定城里竟荒凉至此。

人力黄包车颠簸着穿过青绿的菜田，跑了好一阵子，才到人烟稠密的街道上。梁思成满眼看到的都是与北平特点不同的当地建筑，正看得起劲，就已到了大佛寺。这里被军方的陆军某师某旅某团机关枪连占用，墙上刷着"三民主义"之类的标语。还好，经过解释，军方同意营造学社一行三人进入考察。

大佛寺时任的方丈纯三师父把梁先生他们安排停当，大家就吃晚斋了。可能是梁先生从来没吃过这么素的东西，他极为清楚地在报告里记载了当天的菜谱："豆芽，菠菜，粉丝，豆腐，面，大饼，馒头，窝窝头，我们竟然为研究古建筑而茹素，虽然一星期的斋戒，曾被荤浊的罐头宣威火腿破了几次。"[1]

在这里不只是吃的方面遇到挑战，就连喝水也十分不方便。梁先生在《正定古建筑调查纪略》里写道："我们走了许多路，天气又热，不禁觉渴，看路旁农人工作正忙，由井中提起一桶一桶的甘泉，决计过去就饮，但是因水里满是浮沉的微体，只是忍渴前行。"[2]

今天若去正定，则不必有吃素的担心。开元寺附近，就有当地特色饭馆郝家排骨，说是排骨，带的肉真不少，入口也不柴。一打听才知道，老板现在是第六代传人，做排骨都挑新鲜肉多的，先腌制四小时，再煮四小时，再用上秘制佐料，魅力实在不可阻挡。

排骨店对面，还有个马家老鸡店，据说也是正定特色，卤的鸡都用山区散养的活鸡，汤是多年老汤，佐料丰富，据介绍有丁香、砂仁、豆蔻、白芷、花椒、大料、小茴香很多种；煮鸡时也会按鸡的年龄大小定火候的长短。卤鸡黄里透红，颜色鲜亮，吃起来鸡皮软而不破，鸡肉不塞牙、不腻口。

我第一次去正定是在 2011 年，受河北高邑县邀请，去做讲座，那也是汉光武帝刘秀登基的地方，结束后，当地派人带着，在河北转一转，第一站就来了正定。那时我还不知道

---

[1] 梁思成：《正定古建筑调查纪略》，《梁思成全集》第二卷，第 3 页。
[2] 梁思成：《正定古建筑调查纪略》，《梁思成全集》第二卷，第 4 页。

梁思成先生来这里考察古建的事，有些不以为然，结果到了之后，立刻就被这里的古建筑震撼到了。

正定古城内，现存的古建筑众多，几乎历朝历代的都有，相当于一个小小的古代建筑博物馆。按照时代的顺序来看：可以先去开元寺看唐代的钟楼（下层，二层为清代重建）；然后是五代的文庙大成殿；宋代的隆兴寺看摩尼殿、天王殿、转轮藏阁、慈氏阁；之后去金代的广惠寺华塔、天宁寺凌霄塔、临济寺澄灵塔；可惜元代的阳和楼在 20 世纪 60 年代拆掉了；而明代重建的开元寺须弥塔就在开元寺里，看钟楼时可一并看完。

很多人都知道，目前全国仅存三座完整的唐代木构建筑，其中最有名的一座就是梁思成、林徽因在 1937 年考证建造时间为唐代的佛光寺东大殿，咱们后面细说。然后就是位于五台山的南禅寺和运城市芮城县的广仁王庙了。其实除了这三处之外，还有两处不完整的唐代木构：一处是莫高窟的第 196 号窟的窟檐；另外一处便是正定开元寺的钟楼下半部分。

没进寺门，就可以看到钟楼的第二层，是在清代用老料重修的。下面的第一层则保留了唐代的结构。钟楼的平面是正方形的，面阔进深都是三间，钟楼二层内部有个巨大的支架，

● 正定开元寺钟楼及塔（路客看见　摄）

上面悬着一口铜钟，当地传说"钟坠楼毁"，不知真假。梁先生写道：

> 开元寺的钟楼，才是我们意外的收获。钟《志》称唐物，但是钟上的字已完全磨
> 去，无以为证。钟楼三间正方形，上层外部为后世重修，但内部及下层的雄大的斗栱，
> 若说它是唐构，我也不能否认。虽然在结构上与我所见过的辽宋形制无甚差别，唯有
> 更简单，尤其是在角栱上，且有修长替木。而补间铺作只是浮雕刻栱，其风格与我已
> 见到诸建筑迥然不同，古简粗壮无过于是。内部四柱上有短而大的月梁，梁上又立柱，
> 柱上再放梁，为悬钟之用。辽宋或更早？这个建筑物乃是金元以前钟楼的独一遗例。
> 因其上半为后来集旧料改建，下层飞檐因陈腐被削一节，所呈现状已成畸形，故其历
> 史上价值远过于美术方面。[1]

从报告中我们可以看到，梁先生已经判断出，钟楼下层的风格疑似唐代。但由于没有
确凿的证据，他并没有早早下定论。在这么想找到唐代建筑的愿望下，他依然坚守严谨的
治学底线。当年，他们原本计划在正定至少测绘两周时间，但北平突然传来电报说，滦东
时局紧张，梁先生必须做好随时往回赶的准备。所以匆忙之中，营造学社调查小组一共就
工作了五整天（不算第一天一整天在路上）。所以很多古建的测绘比较简单，也遗漏不少。
但梁思成先生对钟楼一直都很关注，直到1966年，受到批判的梁思成先生依然关心钟楼的
保护问题。5月16日上午听说有人要对钟楼下手，于是急电正定文保所，希望他们把钟楼
的唐代门板拆下来保护好。

开元寺中，与钟楼相对称建造
的，不是鼓楼，而是一座须弥塔。
据记载始建于唐贞观十年（636年），
但现存的塔是明代大修过的一座高
42.5米的砖石结构九级密檐式方塔。
此塔从下往上塔身逐级收缩，轮廓
线基本处于一条直线上直到塔尖。
顶上是砖砌的塔刹座，中间雕有仰
莲，金属刹杆上装着宝珠。简单说，
外形与西安大雁塔相似，但经明代

● 正定开元寺赑屃（许凯章 摄）

[1]梁思成：《正定古建筑调查纪略》，《梁思成全集》第二卷，第34页。

大修之后，塔身的弧形曲线被修得笔直，完全没有唐塔的流线美感了。

现在开元寺钟楼旁边，还有一个巨大的石碑基座，刻画的是一只大龟，专业名词叫赑屃或者龟趺。它是 2000 年 6 月在正定府前街出土的，长 8.4 米，宽 3.2 米，高 2.6 米，重达 107 吨。传说中赑屃是龙的九子之一，只看外观，很像一只龟，经常作为石碑的基座出现，我们见到石碑大概率可以见到它。而全国数不胜数的碑座之中，开元寺里的这个赑屃，是我见过的最大的一只。这么大的碑座，可想而知它上面的碑一定更加巨大，可是不知道何年何月大碑已毁，完全找不到踪影了，但可以让人在想象中感叹，当年正定城在唐宋时是如何的繁荣。可惜梁先生他们来的时候，也没见到这个巨大石刻，不然肯定也要感慨一番。就像诗人写的：仅我腐朽的一面，就够你享用一生……

看完开元寺，我们去县文庙。正定城有府有县，两级各有一处文庙保留至今。县文庙的大成殿是五代的，府文庙的戟门是元代木构，我们先去看县文庙。

说到五代十国时期的木构建筑，如今学界公认的有 6 处：山西平顺龙门寺西配殿（后唐），山西平顺天台庵弥陀殿（后唐），山西平顺大云院大佛殿（后晋），山西平遥镇国寺万佛殿（北汉），福州华林寺大殿（闽国），还有就是这里的正定文庙大成殿。

说起梁先生发现它的过程，还挺有典型意义。

第六天的下午在隆兴寺测量总平面，便匆匆将大佛寺做完……余半日，我忽想到还有县文庙不曾参看，不妨去碰碰运气……一直向里走，以防时间上不必需的耗失，预备如果建筑上没有可注意的，便立刻回头。走进大门，迎面的前殿便大令人失望；我差不多回头不再前进了，忽想"既来之则看完之"比较是好态度，于是信步绕越前殿东边进去。果然！好一座大成殿；雄壮古劲的五间，赫然现在眼前。正在雀跃高兴的时候，觉得后面有人在我背上一拍，不禁失惊回首。一位须发斑白的老者，严重的向着我问我来意，并且说这是女子学校，其意若曰"你们青年男子，不宜越礼擅入"；经过解释之后，他自通姓名，说是乃校校长，半信半疑的引导着我们"参观"；我又解释我们只要看大成殿，并不愿参观其他；因为时间短促，我们匆匆便开始测绘大成殿——现在的食堂——平面。校长起始耐性陪着，不久或许是感着枯燥，或许是看我们并无不轨行动，竟放心的回校长室去。可惜时间过短，断面及梁架均不暇细测。完了之后，校长又引导我们看了几座古碑，除一座元碑外，多是明物。我告诉他，这大成殿也许是正定全城最古的一座建筑，请他保护不要擅改，以存原形。他当初的怀疑至是仿佛完全消失，还殷勤的送别我们。[1]

[1]梁思成：《正定古建筑调查纪略》，《梁思成全集》第二卷，第 6 页。

● 正定县文庙大成殿

　　原来，年轻的梁先生跟我们一样，也会在时间紧急的时候，总想看一眼就走。不过这次发现正定县文庙大成殿的宝贵经验告诉我们，在访古的路上，不要因为时间紧急，就过于仓促。也不要因为对眼前的遗存没有兴趣，就轻易放弃转身离开。在不确定的情况下，一定要全部看完，再做去留的定夺。其实这种情形在我们后来的访古路上，是经常出现的，幸而现在科技进步了，我们有了无人机。很多时候，可以用它帮我们快速浏览，以避免错过惊喜。

　　梁先生在调查报告中提及县文庙大成殿的年代时认为，虽然县志上称县文庙是明洪武年间建造的，但看大成殿外观，绝对不会是明代建筑。如果文庙是明代初年的，也可能是由古老的佛寺在明代改建成文庙。庙后还有元代的石碑，可以看到是大德二年，也就是公元 1298 年的。此殿外表巨大的斗栱和简洁明快的梁架结构跟敦煌壁画上唐五代的建筑物很类似。梁思成先生很疑心它是唐末五代遗物[1]。虽然在报告中，梁思成先生并未给出明确的证据，也没有认定它的具体年代，但学界普遍信任梁先生的眼光。

　　如今的县文庙已经不再是学校，里外的场地也修整一新，不过还是门可罗雀，因为这里作为文保单位，不再允许烧香。香客和普通游客一般就不来这里了。考察古建的话，建议住一晚，第二天再去最重要的隆兴寺。

　　正定古城的夜景不错。可乘坐观光电瓶车到古城南门，这里重新修了高大的城墙和门楼。正定的城墙规制比较高，布局也讲究。唐代成德军节度使李宝臣为了防止滹沱河水灌城，在前朝的石头城墙外围扩建了一座周长 20 华里的土城。如今我们看到的是明代的城墙，高

---

[1] 梁思成：《正定古建筑调查纪略》，《梁思成全集》第二卷，第 38 页。

3 丈 2 尺，宽 2 丈，周长 24 华里。城设四门，东名迎旭门、西为镇远门、南称长乐门、北曰永安门。每座门都有月城、瓮城和内城三道城门。南门是 2017 年 9 月重新修复开放的，在城楼上向北望，看见一座精美绝伦的花塔，在金黄色灯光的映衬下，熠熠生辉。这座塔就是广惠寺华塔，梁先生给出过极高的评价：

●　正定广惠寺华塔夜景（路客看见　摄）

　　若由形制上看来，这华塔也许是海内孤例。其平面及外表都是一样的奇特。平面第一层作八角形，但在其各隅面又另加扁六角形亭状的单层套室……第三层以上，便是一段圆锥形，其上依八面八角的垂线上有浮起的壁塑，狮像和单层塔相间错杂的排列着，其座之八角有力士承托保卫，八面有张嘴的狮头。[1]

　　就塔之平面论，殆可视为"金刚宝座"塔之变形，盖将四隅塔与中央主塔合而为一者也"。[2]

　　今天，站在40米的华塔身下，向上仰望，第一感觉真像一架准备就绪、蓄势待发的长征二号捆绑式运载火箭。主塔又瘦又高，直指天空，四周有四个小塔环绕，就像四个火箭一级助推器一样拱卫着主塔。华塔，俗称"花塔"，就是因为塔身最上部像一束鲜花按八个面的方向塑造出佛、菩萨、狮、象、神兽、天王、力士等形象，每层造像参差错落、排列富有韵律。尤其罕见的是那些动物造型，狮子凶猛、大象憨厚，个个生动传神。

　　这种花塔开创于宋辽时期，元朝后几乎绝迹，国内现存花塔总数也不过十几座，广惠寺华塔是现存造型最奇特、装饰最华美的一座。"华塔"，其实是"华严之塔"的简称，其繁复装饰，表现的是佛教华严宗的莲花藏世界。

　　说到这座塔的建造年代，又是一个比较复杂的问题。最初很可能建于唐代，但目前的遗存，能找到的最早的题记，是塔内的宋代墨书题记，因此塔身很可能是宋代重建的。但就塔外形来看，应该是金元时期流行的花塔。所以，很可能是战争使得原来的宋塔毁坏，金代大定年间重修出花塔的样子。从形制而言，有学者认为此塔是我国现存最早的金刚宝座塔。

　　梁先生当年来时，华塔的状态就已经不甚理想，实在是"颓坏得可怜"。但令梁先生没有想到的是，在1961年这座塔被他推荐列入了第一批全国重点文物保护单位以后，这座塔完全没有得到应有的保护。一张20世纪80年代的彩色照片显示，此时的华塔已经不知什么原因，破败得几乎面目全非。四周的四座小塔全都被拆掉，而主塔上的各种装饰物，也残破得斑斑驳驳。直到1994年，文物部门才对它进行了修复，按照梁先生他们当年拍的老照片重建了四个角的小塔，对主塔的各个部件，也进行了修复或重建。

　　第二天一早，我们来到隆兴寺。史料记载，北宋开宝二年（969年）宋太祖赵匡胤来征河东，驻扎在镇州，到城西的大悲寺礼佛，得知寺内原供的四丈九尺高的铜铸大悲菩萨，经过契

---

[1]梁思成：《正定古建筑调查纪略》，《梁思成全集》第二卷，第33页。

[2]梁思成：《中国建筑史》，《梁思成全集》第四卷，第138页。

丹犯界和后周世宗灭佛运动的两次劫难而毁坏，敕令于开宝四年七月在城内龙兴寺（清代将"龙"改为"隆"）建大悲阁，重铸铜观音像。

佛寺建筑群都有自己的规范，隆兴寺很难得地保留了非常多的各式建筑，可以让我们看到一个相对完整的宋代佛寺建筑群。早期的佛寺，是以塔为中心营建的。塔最早用来藏舍利和经卷。佛教在东汉被引进中国以后，初期依然完全模仿印度的规范建造。南北朝时期，佛教快速发展，众多富家大户，舍宅为寺。这就逐渐把佛寺的建筑群往中国传统院落的结构演变了。至唐代时，佛教已经非常具有本土特点，佛寺建筑群落也改为以大殿为中心，这个殿就是供奉着佛祖释迦牟尼佛像的宫殿式建筑，通常叫大雄宝殿。

唐宋时期，标准的佛寺建筑院落规制，叫做"伽蓝七堂"。它们分别是：核心建筑大雄宝殿、讲经说法的地方经堂、钟鼓楼、收藏佛经的藏经楼、塔（供奉佛祖舍利或者高僧舍利）、僧人的宿舍、就餐的斋房。这些属于标准的配置，一些大型寺院会根据当地流行情况和出资者的要求适当增加一些其他附属建筑。

宋代以后，塔在寺院中的地位变弱，后来退出了标准配置。为了凑够伽蓝七堂的数量，增加了一个山门。其实我相信唐代佛寺也不可能没有大门。我们在莫高窟 61 窟五台山图中，看到盛唐时期五台山佛寺建筑也都有围墙和大门。

● 正定隆兴寺（大辉 摄）

隆兴寺现在的格局，主要是宋代奠定的。在最南端，有一座高大的琉璃照壁，经三路三孔石桥，向北是天王殿也就是大门，之后分别是六师殿遗址、摩尼殿、戒坛、慈氏阁、转轮藏阁、御书楼遗址、大悲阁和弥陀殿等。近乎完整地保留下来的建筑群落，让我们难得地可以实地体验宋代大型佛寺的格局。

核心建筑，也是一座寺院的主角。在隆兴寺，便是大悲阁。主角的名字往往根据殿内供奉的主尊命名。大悲阁外面的建筑就是为了她修建的，她就是"大慈大悲观世音菩萨"。19.2米高的铜像是宋朝初年的原物，可以算是中国目前保存下来最高的铜铸的菩萨像了。

为了表达观音菩萨的救苦救难能力高超，佛教徒认为她有千手千眼。这里并没有像重庆大足宝顶山的千手观音真的雕刻出一千只手。隆兴寺的千手观音，用40来代表1000，一只手代表25种法力。乾隆皇帝来隆兴寺时，看见背后的铜手臂有不少已经残破，认为不美观，于是命人只保留胸前两只正常手臂，而将其余全部去掉了。梁思成先生来测绘时，并未看到背后的手臂。

隆兴寺最醒目处是它巨大的四十二臂青铜观音像，约七十英尺高，立于雕工精美的大理石宝座上。其上原覆有一座三层阁，曾在18世纪大举修葺过，但目前已复倾颓，阁上部消失得无影无踪，露天而立的菩萨像上，四十只"多余的手臂"都不见了。[1]

到了1944年，当地百姓士绅又集资将后面40只手臂用木头补上去了。现在看来，每条手臂全是直直的圆形木柱。

● 隆兴寺千手观音（路客看见 摄）

[1]梁思成：《华北古建筑调查报告》，《梁思成全集》第三卷，第336页。

● 隆兴寺转轮藏（大辉 摄）

　　根据寺内宋代石碑上的文字记载，大悲菩萨铸造时，先在地下夯实地基并注入铁水稳固，之后在上面做了一个泥塑的相同大小的观音。用这个观音作为模子，来制作外范。之后再用外范来浇铸铜液，整身雕像分七节完成。第一节铸下部莲花座，第二节铸至膝盖，第三节铸至腰部，第四节铸至胸部，第五节铸至腋下，第六节铸至肩膀，第七节是头部，最后添铸手臂。菩萨当时的手就是木雕的，雕好形状之后，在外边贴上纱布，然后刷漆，再贴布，再刷漆；最后菩萨通体贴金。在分开铸造的每一部分之间，留有相对脆弱的缝隙。

　　梁先生来时，这尊最大的铜观音刚刚被油漆刷成鲜艳的颜色。在他的报告中，当然是不好直接写出评价。后来梁先生在与他的好友美国人费正清聊天时提到："观音像由虔诚而又愚蠢的寺院住持修饰一新，涂上鲜艳的油漆，看上去像个丑陋的大洋娃娃。我只好安慰自己说，反正油漆不会延续很久，也许不会超过一个世纪

● 隆兴寺须弥座石刻力士

● 隆兴寺摩尼殿（大辉 摄）

就会剥落。"[1]

　　我曾想在梁先生拍的照片里，看一下那尊"大洋娃娃"丑到什么程度，不过当时的照片都是黑白的，看不出来颜色。令梁先生可感安慰的是，的确没有用一百年，我们现在去看时，大悲观音身上早就没有油漆了。

　　菩萨脚下的须弥座上，有数尊石雕力士。他们肩扛须弥座，面部表情龇牙咧嘴，肌肉饱满，非常招游人喜爱，已经被千百年来的游客香客摸出了包浆，油光锃亮。

　　在大悲阁前方，东侧是转轮藏阁，西侧为慈氏阁。转轮藏阁里面安装了一个木制的八角形底部有金属轴支撑、整体可以围绕中心轴转动的藏经柜，简称"转轮藏"。它建于北宋，梁架结构十分特殊，阁内采用移柱造，檐柱采用插柱造的做法，给中间的转轮藏留出足够的空间。这架转轮藏直径达到 7 米，高度超过 10 米，在国内保存下来的古代转轮藏中是年代最早的。

　　慈氏阁，名字是根据它内部供奉的弥勒佛而命名。为什么弥勒佛居住的阁楼叫"慈氏"呢？因为对于未来佛弥勒来说，弥勒是音译叫法。它的原文翻译过来就是"慈爱"的意思。阁内二米多高的须弥座上，树立着一尊七米高的木雕弥勒造像。梁先生对他进行了拍照，

[1][美]费慰梅著，成寒译：《林徽因与梁思成》，第85页。

后来此尊弥勒木雕被损，1999年，经国家文物局批准，当地根据《梁思成全集》载录的老照片对其进行了修补，恢复了一定原貌。

慈氏阁还有个建筑方面的亮点，便是阁内采用永定柱造做法。也就是檐墙一周的柱子都是用双柱。两根柱子并列，这种样式在唐代以前较多，唐代以后逐渐淘汰了，所以隆兴寺慈氏阁是国内保存至今的宋代建筑孤例。

再往南走，就来到了隆兴寺的最大亮点——摩尼殿了。摩尼是古印度梵语发音的音译，原意是一尘不染。摩尼宝珠也是佛教最重要的宝物之一，经常出现在佛教艺术作品之中。

而摩尼殿的亮点，倒不是因为它的名字叫得很亮，而是外观真的很靓。用梁先生报告中的说法：那是"最大、最完整、最重要"的。如果你经常观看古代书画，可能会在宋画上看过那种房子，它们的屋顶不是规规矩矩的像故宫里清代大殿一样简单，而是像林立的山峰一样，有许多屋顶纵横交错，体现出一种复杂的几何美学。

可惜在现实中，国内保存下来的这样的建筑凤毛麟角，摩尼殿正是其中之一。它始建于宋仁宗皇祐四年（1052年），比大悲阁晚了83年。比《营造法式》成书早51年。因此，为解读《营造法式》而来的梁思成先生，遇到了真正意义上几乎完全符合"文法"的实物，这也太值得来了。

为什么屋顶如此复杂？因为相比普通方方正正的殿宇，它在每一面上，多出来了一个连体的叫"抱厦"的小房间。有点像我们现在常见的写字楼大厦一层大门的入口处，延伸出来遮挡雨雪的通道。而且四面都有，这样一个少见的结构，使大殿的平面形成"十"字形。自然屋顶看起来形状也就十分复杂了。大殿檐下斗栱硕大，排布疏朗。

柱头有明显的卷刹，而四角有明显的生起。卷刹有的书也写作"卷杀"，是指柱子顶头上不是无修饰的平头，而是特意将柱头上一圈圆棱削成弧面。从柱子的侧面看过去，柱头不再是方形，而变成了圆角矩形，这就是常说的卷刹。从力学角度来看，卷刹并不能提供更稳定的柱子支撑力，但是好看。唐宋古人干活儿讲究，所以会不嫌麻烦地在柱头进行美学加工。这种处理方式到了明清就几乎看不到了。生起也叫做"升起"，是指建筑两端的柱子比中间的柱子高一点点。为什么古建筑会像大鸟一样"振翅欲飞"，除了檐角挑高之外，两侧的柱子本身就比中间高，也起到了营造整体曲线美的作用。升起不仅仅是为了美观，它还有力学的作用。在大殿一圈立柱的布置上，往往会向内侧倾斜几度角。这样的结构，可以使顶部重量向下压得更紧，建筑一圈外立柱更加稳固。

摩尼殿好看的原因还有一个，就是抱厦选择了用山面，也就是通常我们说的侧面来开门。这跟我国现存的绝大多数古建的开门位置都不一样。常见的开门位置，均在大殿正面和背面，也就是有屋檐延伸出来的这两面。面对大门，观者看到的都是一个长方形。而山面则

● 隆兴寺摩尼殿正门（路客看见 摄）

改变了这种形状，从山面开门，往门里走的观者，一抬眼看到的是尖顶的金字形状。加上山面往往有悬鱼惹草等装饰，显得格外漂亮。日本现存的古建筑中，用山面开门的数量众多，使得古建轮廓灵动美观，古朴之中又丰富多彩。

大殿内部四周墙壁上有"十二圆觉菩萨"和"八大菩萨"的清代壁画，还有一些明成化的壁画遗留，抱厦内绘有"二十四诸天"；檐墙内壁是佛传故事画。内槽东西扇面墙外分别绘制了"西方净土"和"东方净琉璃"两大世界。可以看出摩尼殿的壁画内容是非常丰富全面的。

除了壁画，摩尼殿的彩塑更是十分有名，这主要源于鲁迅先生对她的喜爱。据说鲁迅故居的写字台上，就有一个小镜框，里面的照片不是别的，正是他托人拍的摩尼殿的"水月观音"。只见她自由自在地坐在莲台之上，左腿弯着踩在下面的莲花之上，右腿跷起搭在左腿之上，做出一个跷二郎腿的样子。菩萨两手抱膝，身体稍向前倾斜，头部微微侧着，像是在侧耳倾听来向她寻求护佑的信众述说自己的请求。这样姿势的观音，通常叫做"水月观音"。

相传，最早绘画水月观音的人是唐代中期画家周昉。晚唐张彦远的《历代名画录》里说周昉在长安胜光寺画了一幅水月观音，画中绘一轮圆月把观音团团围住，周围有一片竹林，构图很接近后世我们见过的这些作品。可惜这幅画作早已不存。但后来在全国流行开来，各地纷纷效仿。观音菩萨，是为了避李世民的讳，才从观世音简化为观音的，而观世音的梵语正确的解释应该是"观自在"。既然是自在，也就别那么正襟危坐了，自由自在更加贴近劳苦大众，更加具有人文理性的光辉。所以水月观音也称为自在观音、紫竹观音。

如今摩尼殿的观音菩萨，跟百年前鲁迅先生桌面上的以及90年前梁思成先生来时看到的，可能都不太一样了。这是现代维修后，观音的眉眼有了一点微小的变化所致。

在追溯一座古迹的真实历史时，考古界往往有几种靠谱的办法。最古老也最为业内推

隆兴寺摩尼殿倒坐观音

崇的是文字记载。石窟的题记和寺院里石碑上的题
刻，恐怕是最有力的证据了。

　　隆兴寺就有一块非常重要的石碑——龙藏寺
碑。全称"恒州刺史鄂国公为国劝造龙藏寺碑"，
是隋朝开皇六年（586 年）建造隆兴寺的前身龙藏
寺时留下的记录。这块碑不仅记录了隆兴寺最初的
历史，更重要的是它的书法价值。康有为不但是一
位思想家，他的书法评论在清末民初也是非常重要
的。他在评价这块碑时说道："此六朝集成之碑，
非独为隋碑第一也。"[1] 就像其他艺术一样，在
书法领域，隋朝也融合了北周北齐和南陈的风格，
理清了魏晋到六朝以来历代书法用笔与结体之理，
荟萃产生出了新的风格特点。这个时期篆书和隶书

● 隆兴寺龙藏寺碑

基本销声匿迹，楷书则盛行于世，并且即将开启唐朝正书的先河。因此隋代代表性书法碑
刻的珍贵性就很容易理解了。

　　出了隆兴寺，我们打算去金末元初的阳和楼看看，但一打听才知道，早在 20 世纪 60 年代，
阳和楼就被拆掉了。这里只能摘录几句梁先生关于阳和楼的记录：

　　　　我们……沿南大街北行，不久便被一座高大的建筑物拦住去路。很高的砖台，上
　　有七楹殿，额曰阳和楼，下有两门洞，将街分左右，由台下穿过。全部的结构就像一
　　座缩小的天安门。这就是《县志》里有多少篇重修记的名胜阳和楼；砖台之前有小小
　　的关帝庙，庙前有台基和牌楼。阳和楼的斗栱，自下仰视，虽不如隆兴寺的伟大，却
　　比明清式样雄壮的多，虽然多少次重修，但仍得幸存原构，这是何等侥幸。我私下里自语，
　　"它是金元间的作品，殆无可疑"，但是这样重要的作品，东西学者到过正定的全未提到，
　　我又觉得奇怪，门是锁着的，不得而入。看楼人也寻不到。徘徊瞻仰了些时，已近日
　　中时分，我们只得向北回大佛寺去。在南大街上有好几道石牌楼，都是纪念明太子太
　　保梁梦龙的。中途在一个石牌楼下的茶馆里，竟打听到看楼人的住处。[2]

[1]康有为：《书镜》，群言出版社 2019 年版，第 254 页。
[2]梁思成：《正定古建筑调查纪略》，《梁思成全集》第二卷，第 4~5 页。

有意思的是，梁先生在茶馆打听看楼人这种访古关键一招，现在我们仍然在用。别看百年过去了，今天我国文物古迹中，还有大量的国保跟当年的阳和楼情况一样——国保就在那里，但是铁将军把门，并不开放。

诚然，不开放的原因很多，比如：为了保护文物，或者很少有人来参观，每天开门还需要一个守门的，而即使所有来参观的游客全买门票，一个月下来都不够这位看门人的工资，所以也没法雇人。

不过，但凡进入全国重点文物保护单位名录的古迹，总是会有人看守的。这样的人员，其实就在国保附近。可能是离着国保最近的一户人家，可能是在国保所在村子的村委会。而不知道这一点常识的爱好者，就经常碰壁了。像山西、四川等地，国保单位门口为了方便游人参观，甚至都写上了看门人的手机号。只要耐心拨打，大爷大妈一会儿就来，和蔼可亲，不收一

● 正定澄灵塔（路客看见　摄）

文钱。当然这是少数省份，大部分地方的情况是没有电话。但只要您耐心地在周边寻找看门人，进入参观的概率还是非常大的，这也算是我们跟梁思成先生学到的一招吧。

梁先生一行三人这是第一次来正定，之后又来过两次，也为弥补这次时间的仓促。对隆兴寺反复测绘，获得了大量的与《营造法式》对照学习的宝贵经验。又调查了唐建宋修的天宁寺凌霄塔；金代建造的正定四塔之中最小，但"清新秀丽，塔中上品"的临济寺澄灵塔；元代的正定府文庙前殿；还有在梁先生报告里都没有提及的明代万历年间建造的崇因寺。

我第二次去正定是在 2018 年，跟随中央统战部主办的培训班去考察新农村建设，没有时间再去看古建，只是匆忙登上了城墙，俯瞰这座古城，想起了一首古诗：中山千日酒，长醉有醒时。惜别心如醉，年年无尽期。

第三章　大同华严寺

菩　萨　微　笑　亦　露　齿

● 梁思成手绘大同华严寺薄伽教藏殿

　　了解大同的历史之前，在我印象中，大同就是一个有无数冒着白烟的高大烟囱的重工业城市，甚至忘记了，大同不光有煤炭，曾经还是伟大的古都。

　　最早在这里建都的，是北魏的前身代国。公元 398 年，拓跋珪把北魏的首都从盛乐（今内蒙古和林格尔）迁到了这里，当时叫平城。一直到公元494年，魏孝文帝迁都到洛阳，这里依然生活着大量皇亲贵胄。隋唐时首都在长安，大同稍显偏僻，归于沉寂。随着"儿皇帝"石敬瑭将著名的幽云十六州割让给契丹，大同又走上历史舞台。幽云中的云州就是今天的大同。公元1044年，辽朝将这里设置为大辽五京之中的西京，幽州（北京）成为辽南京。之后金国灭辽，大同继续做金朝的西京。直到元朝以后，又逐渐衰落。

1933年9月4日，自从正定回来后，营造学社多名成员再一次出发，一起前往大同调研。他们在这里测绘了华严寺、善化寺、云冈石窟、应县木塔和悬空寺。我们也按照他们的工作顺序，逐一拜访。

本岁秋九月四日，决计西行。余二人（梁思成、刘敦桢）外，同行有社员林徽音，与绘图生莫宗江，及仆役一人。是日下午四时，自西直门车站，乘平绥通车离平。傍晚过南口，地势渐高，车沿旧驿道，驶重山叠嶂中，经居庸关、青龙桥，午夜抵张家口。翌晨，天微雨，所经皆平冈连属，旷寂荒寥，宛然高原气象。少顷过玉河桥，睹浊流潺潺，知日前降雨，颇以测绘不便为虑。八时至大同车站，雨渐密。下车访车务处李景熙王沛然二先生，求代觅旅舍，荷厚意留居宅中。卸装后，为预备工作计，急雇车入城，赴华严善化二寺，作初度之考察。[1]

第一站去大同华严寺。这里有一堂绝美彩塑，被称为"中国古代彩塑之冠"。初识这堂彩塑，是因为上小学时候集邮。邮票，被称为"国家名片"，要想快速了解一个国家，看他们国家发行的邮票是个很好的办法。我国邮电部于1982年11月19日，发行了一套关于彩塑的邮票，编号是T74。这是新中国成立33年后，第一次发行有关"彩塑"的邮票，在当时价格还挺贵。

彩塑的塑，是指泥塑，材料就是大自然里最常见的泥土。传说中，女娲造人，就是用泥开始捏人。人类最早用工具制作器物，打磨石器之后紧接着出现的就是泥塑器物。

个头比较小的泥塑，不需任何支撑物，用一块胶泥捏一个小动物就可以直接成形。早期人类有许多这样的作品，比如河姆渡遗址出土的泥塑小猪，非常真实可爱。不过，如果要做一个大的，就得先搭建木头骨架。再在木架上包稻草制成大形，再上泥，塑造形体细节和服装服饰。上泥也有讲究，不能直接糊，而是要分层上不同材质的泥巴。

小时候玩过泥的孩子都懂，随着水分的蒸发，泥变干后就要收缩。雕塑家费了半天劲

[1]梁思成：《大同古建筑调查报告》，《梁思成全集》第二卷，第49页。

捏出来的一个外形，干了就变形了。古代的聪明人就发现，如果泥里掺沙子，就可以减少收缩的程度。所以，工匠在制作时，最里面挨着稻草的这层泥，就用三分之一的沙子和三分之二的胶泥，再掺入一些剁碎的麦秸秆，就是庄稼地里种的小麦收割以后剩下来的最常见的材料。中间层是同样比例的泥沙，不过添加物不同，麦秸秆颗粒较粗，这第二层添加的是剁碎的细麻丝，这就比麦秸秆细多了。最外层是同样比例的泥沙，混合物换成了撕碎的棉花，要用毛笔蘸水刷，让泥更加平滑。

之后塑形，塑造完毕找阴凉的地方阴干一段时间。泥塑在干燥过程中还会收缩，裂出缝隙。这时，用最后那种材料填缝，把缝隙补实然后再晾。晾干又会裂缝，就继续补。一般要反复几个月的时间，有的大型泥塑干得慢，甚至要经过春夏秋冬一整年的时间。最后要补到不再开裂或者只有极细小的裂缝为止。然后将胶水涂遍泥塑全身，在上边用细绵纸粘满，等胶水干后，如果有细裂纹，用蛤蜊粉填抹之后磨光。这蛤蜊粉就是贝壳磨成的粉，是非常细密的材料，用它补好以后，基本上就没有裂缝了。

最后在泥塑外边这层绵纸上面画彩绘。再高级一点的，彩绘之后在一些关键部位会贴上金箔。这样，一件精美的彩塑就做好了。我听说过一句话叫"三分塑七分画"，意思是一尊彩塑要想漂亮，彩绘的功劳占七成。毕竟，彩绘相当于衣服，人靠衣服马靠鞍嘛。

但事实上，塑造形体也是相当重要的，就像人的身材。身材好，就是衣服架子，穿什么都好看。体形塑造不好，画得再好也很难弥补。反过来说形体再好，如果画得太差，那也肯定会破坏塑像本身美感。第二年我们去安岳石刻时，就遇到宋代石刻被当代彩妆的问题，发了个朋友圈，成了热点。

从现存的唐宋彩塑来看，画的技术是十分高明的。彩塑的制作，比起刻木头、雕石头、烧陶器来说，都要自由得多。因此大大增加了艺术形象的真实性和生动性，衣纹、动作尤其增加了可塑性和多样性。

另外，彩塑的优点，还有造价低廉。毕竟材料就是农业生产中剩下的最常见的废料。再就是干活省时间，开凿石窟往往是以十年为单位的。彩塑两三年肯定做好了，虽没有石刻结实，但如果保存条件不是十分潮湿，再没有人为的破坏，几百年是没问题的。比如马上要见到的这堂华严寺薄伽教藏殿辽代彩塑。

华严寺是辽代的皇家寺院，薄伽教藏殿这堂彩塑是国内保存最早的皇家彩塑。一个政权倾国家之力修建的工程，基本上都是当时最好的工程，艺术往往体现着当时社会的审美水平。辽代艺术一方面继承于大唐，同时又有新的外来因素融入，因此辽代艺术的总体水平，在我国古代各朝代中都属于高的。

华严寺在辽重熙年间创建，不到一百年的光景。至保大二年（1122 年），金兵就攻入

● 大同华严寺薄伽教藏殿（许凯章　摄）

了西京，城池被付之一炬，华严寺也躲不过战火的摧残，大部分建筑都被焚毁。乱后剩下来的辽代建筑只有薄伽教藏殿和海会殿。金天眷三年（1140 年）重建华严寺，现存寺内的大雄宝殿就是这个时候重建的。

薄伽教藏殿建造于重熙七年（1038 年）。"薄伽"是佛的梵文音译，藏是指"藏经"，因为这座大殿中央佛坛的四周，依墙壁建有 38 间两层的楼阁式藏经柜。从大殿左右墙壁一直延伸到后窗户处，在那里用栱桥连接两侧的木制楼阁，称为"天宫楼阁"。整个藏经柜是一组辽代建筑的缩小版模型。上面使用有各类斗栱 17 种，其中柱头斗栱的制式采用了辽代最复杂的一种——双下昂七铺作斗栱。楼阁雕工极细而富于变化，光勾栏上装饰性的栏板，雕刻有镂空几何图案的多达 37 种。这些图案，都一一被梁思成先生描摹绘制在考察报告中。整座天宫阁楼被梁先生称为"海内孤品，为治营造法式小木作最重要之证物"[1]。可惜由于殿内空间狭小，殿两侧已经不允许游人进入，后面的天宫阁楼一般也看不到了。还好，大同市政府在华严寺寺前广场上，将天宫阁楼放大五倍，按照原样建造了一整套。

而薄伽教藏殿，是一个面阔五间、进深四间、单檐九脊顶的建筑。正脊两端矗立着高

---

[1]梁思成：《大同古建筑调查报告》，《梁思成全集》第二卷，第 49 页。

达 3 米的琉璃鸱吻。辽代鸱吻的原件，现在收藏在大同市博物馆的三楼辽代展厅之中。现在大殿屋顶上的是一对新的。殿内右侧椽底，有这样的题记："维重熙七年岁次戊寅九月甲午朔十五日戊申午时建"，重熙是辽兴宗耶律宗真的年号。就是这一年，他在佛寺受戒，舍身为僧。

这座大殿与一般的殿宇坐落的方位不同，它是坐西朝东的。也就是早上朝阳初升之时，阳光可以照射到殿内，到了中午以后，大殿内的自然光线照明就越来越差了。于是我们赶了早上第一时间开门就进来大殿之中，感受这一趟绝美。

而大殿的主角辽代彩塑佛菩萨像一个个端坐在大殿中央巨大的佛坛上。整个佛坛首先分成了左中右三部分空间，分别布置着过去、现在、未来三世佛，周围是他们的弟子和胁侍菩萨。佛坛的外围四角布置四大天王，三部分之间，又布置了四大菩萨。从整体的空间布局上看，佛菩萨弟子胁侍及天王，他们之间主次分明，坐立相间，人物神情自然祥和，体态各异。

我们从距离最近的四大菩萨开始看：

观音菩萨，头戴高冠，宽袍阔袖，身上穿戴着华丽服饰，表情慈悲温和。文殊菩萨，

● 华严寺菩萨彩塑（梁颂　摄）

头戴花冠，神态则是祥和睿智，超然端坐于莲台之上，佛座下方还有一批前腿跪倒、身披彩缎的骏马。这种坐骑的安排，跟其他地区非常不同。在一般石窟寺院中，文殊菩萨都是坐在狮子背上的。而这尊文殊菩萨是坐在马驮的莲台上，难道因为辽国工匠都是经常骑马的，而且比较讲科学精神，他们认为狮子没法骑，还是骑马靠谱？

接下来的普贤菩萨，面容圆润丰满，五官眉清目秀，神情文雅庄重。地藏菩萨，头戴高冠，肩披宝缯，胸饰腰结，褒衣博带。四大菩萨全看下来，我们发现他们的共同特点，脸庞都比较丰满，不像同期南方宋朝的造像菩萨的女性形象比较像瓜子脸。这里的菩萨，面如朗月，圆润饱满，应该是深受唐代影响的结果。

顺着四大菩萨往里看，有十位胁侍菩萨分列在三世佛的四周。这些默默无名的胁侍菩萨，看起来显然不如四大菩萨地位高，没有座位，只能站在佛坛之上。但无论造型还是神韵，都生动且富有表现力。她们身材曼妙婀娜，均头戴高耸的宝冠，天衣缠身，飘逸垂落，衣着华美精致。每尊彩塑均采用贴金装饰，经过近九百年的岁月，在早上的阳光洒进大殿之时，依然熠熠生辉。

● 华严寺天王彩塑

这类的金身彩塑，我们在其他寺院也没少见。但这堂彩塑的金身，格外与众不同。我们平时所见的金身，一般是近年来新涂的金粉，太亮太新。这种新亮使人观之，没有庄重的感觉，反而只有土豪之感。另一种金身是古物，但不是被岁月氧化已黑，就是被贼人所盗窃，用工具将贴金刮得一道一道的，佛菩萨的形象也无法保住。

而这堂彩塑的金身保存之好，让人瞠目。它不是像新的那样泛光，而是颜色深浅得当，衬托着塑像在举手投足之间，贵气十足。近距离仔细看彩塑身上的贴金才发现，这不是用金粉刷上去的。我们常见的金粉刷涂，可以在表面上看出一些细细的粉状颗粒。也就是表面并不光滑，而是那种乌金。薄伽教藏殿彩塑的金，是用薄薄的金片粘贴上

● 华严寺露齿菩萨（梁颂　摄）

去的。当年的工匠利用金子的延展性，将金锭锤打成金箔，由于这里是皇家寺院，在用料上是不惜成本的，因此这堂彩塑的贴金，均采用相对今天的金箔要厚得多的金片。这样的含金量十足的材料紧紧服帖地覆盖到彩塑表面，不但保持着彩塑人物脸上细微的表情，又让观者体会到材料金锭般的质感。

听华严寺的管理人员讲，十年前，这些菩萨还没有现在这样亮堂。原因是长年采煤产生的大量煤灰在空气中飘浮，日积月累在金身表面蒙上了一层阴影。市里相关部门对这堂彩塑进行了"除灰"处理。目前来看，除了有些煤灰已经渗入贴金层，实在除不掉以外，大部分还是被清理掉了。也许，梁思成先生他们当年来的时候，见到的会更加光亮一些吧。

就在这十位胁侍菩萨之中，有一尊特别引人注目。她也是 1982 年"辽代彩塑"邮票上的点睛之笔，那就是被百姓俗称的"微笑露齿菩萨"。她身高约两米，体态轻盈地赤足站立在莲花台上。上身穿丝薄的天衣，绸缎紧贴身体，从背后看，完全刻画出一位年轻女子

的背身。飘带悬在臂弯之处，头上戴着高高的发冠，身体微微向佛陀的方向倾侧，好似在认真聆听佛法。双眼微微地睁开，两手恭敬地在胸前合十，而最与众不同的是她微笑之时，张开了双唇，露出了牙齿。好像听到佛经的妙处，特别想对同修说点自己的感想，但又因为怕影响他人而并未出声的那一瞬间。

微笑，其实在北魏的石窟中特别常见。但找遍我国北魏石窟的雕塑和壁画，在成千上万尊菩萨中，类似这样笑得露出牙齿的，也只有两三个例子。唐代以后，佛菩萨越来越追求神性，法相庄严，笑容就越来越罕见了。而在大同，华严寺的工匠们，不会没有去过云冈石窟。也许就是他们屡次到云冈朝佛的过程中，受到了北魏微笑的感染，于是在辽代整体追求庄严的氛围下，还是找到一个配角，创作了这样一尊动人心灵的作品，这也是她令人备感特殊和喜爱的原因吧。

菩萨之外，出彩的还有弟子像。有意思的是，与通常所见的纵三世佛雕塑不同，华严寺的迦叶与阿难只在现在和未来佛身前有，过去佛身边把弟子换成了胁侍菩萨。而且仔细观察发现，未来佛的两位弟子的年龄明显比现在佛的两弟子要老。想一想这个逻辑也对，未来就是再过很多年，两个弟子肯定要变老嘛。

现在佛身前是中年迦叶，虽然比阿难年长几十岁，但是他看上去脸上还是有肉的。相

● 华严寺弟子与胁侍菩萨（梁颂　摄）

● 华严寺迦叶彩塑

比未来佛身前的老年迦叶就能看出很大差别，老年迦叶面部极为消瘦，脑门和两腮的褶皱巨多，锁骨更加突出，肋骨则一条条显露无疑，一望便有来日无多的感觉。

再看阿难，现在佛身前的小弟子阿难稚气未脱，简直就像一个未成年人。而在未来佛前的他，已经成长为佛教顶梁柱，面庞成熟稳重，俨然一位中年贵族的气象。至于为什么过去佛身前没有两弟子，按照设计师的逻辑，他们应该还没出生吧。

这样的设计，在历朝历代的纵三世佛题材造像之中，恐怕只有宋辽这个时期多有这样的安排。不仅在这里，在陕西延安子长钟山石窟北宋的中殿窟，甘肃天水麦积山石窟散花楼的七佛阁里宋代重塑的佛与弟子，也有相似思路创作的纵三世佛组合。

纵三世佛，本指过去佛燃灯佛、现在佛释迦牟尼佛、未来佛弥勒佛，是三位不同的人物。从雕塑的技术难度上讲，用完全不同的三种样貌去刻画表现，相对来说容易。而相同的人物，用不同年龄段的样貌来表现，这对于工匠的技术要求就高很多。既要相互之间有相似的外貌，一个人不同年龄再变样，但底子还

● 华严寺天王彩塑

要保持一致，又需要通过外表的脸部肌肉、皮肤粗细程度、眉毛胡子长短样式等细节把不同年龄的差别表达出来，更需要通过内在气质的变化，在眼神、嘴角、法令纹、酒窝等传达微表情的部位刻画出彩。可想而知，这就要求工匠对人物细微的表情能够精准地控制，难度虽大却体现出中国古代雕塑艺术的魅力。

薄伽教藏殿的四大天王，造型极有特点。与我们常见的清代四大天王不同，辽代天王身体充满力量——头部硕大、眼珠爆出、胸肌紧绷、腹部运气、手指揸开、飘带飞舞。我突然发现天王没有脖子，原来工匠为了描绘人物提气时，胸腔上移使脖子变短的样子，特意把天王的脖子做得特别短，几乎看不出来了。

大殿前槽右侧这尊天王造型更佳。只见他胸腔上提吸饱气力向外鼓胀着，而胸部下面的腰部却用腰带紧紧一勒，再向下到腹部运气一张，下腹吞口兽头处再一收，下面双腿叉开再一张。就在这形体的一张一弛节奏变化中，天王的造像趋于完美地表现了出来。再观左侧这尊，体型虽没有右边那尊完美，但是全身装备铠甲和兵器，双目圆睁、眉骨上挑、鼻翼大张、怒发冲冠、张臂发力，也显出威风凛凛的神韵。可见工匠在设计和制作这两尊天王时，也刻意地选择了不同的表现手法。一个体现形体的轮廓节奏，一个体现装饰细节的繁复。从两个方面向皇家供养人展示着自己的手艺。

整个佛坛上，除了29尊辽代原装的彩塑之外，还有几尊明代供奉的佛像，由于水平相差较大，一眼可以分辨。这里就不介绍了。我们欣赏着这组辽代皇家彩塑，久久不愿离去。在殿中待了小半天的时光，才算想起来把目光转向薄伽教藏殿的木结构上。

这座辽代大殿，面阔五间，进深四间，屋顶是歇山顶。正屋脊的两头有高大的琉璃鸱吻。

当年，梁思成先生他们来时，鸱吻还是古老的原物。现在原物已经被拆下来，作为文物展览在大同市博物馆辽代展厅里了。现在屋顶上是新的。我们后来去博物馆，专门看了这只辽代原物，足有2米多高，表面是釉烧制的琉璃瓦，黄色和绿色配色，

● 华严寺大雄宝殿金代鸱吻

下半部是一只张大嘴的龙头。龙身扁平，上下几乎一样宽，像是一条龙两面被铁板挤压了一下。不如独乐寺山门的陶制鸱吻尾部的曲线流畅。虽然那只是灰陶的，表面没有这个光鲜亮丽，但看造型还是独乐寺的舒服。

总结一下，薄伽教藏殿可以说是我国现存的木构古建筑中，最原装且完整的一座。它不仅保存下辽代皇家建筑的主体木制梁架结构，而且难能可贵的是它内部的小木作、天宫阁楼和藏经柜以及所有的辽代原作彩塑，里外一整套都完整地保留了下来。这在我国其他早期木建筑中，是非常罕见的。

看完下寺的薄伽教藏殿，往上寺方向走，路过一处新复建的大殿，这里就是当年的海会殿。梁思成先生在《大同古建筑调查报告》中这样评价已经毁掉了的海会殿——"（薄伽教藏）殿东北有海会殿五间，亦系辽构。外观无繁缛装饰，简洁异常，令人如对高僧逸士，超然尘表。"[1]

可惜，这种超然的感觉，我们现在是看不到了，也只能像凭吊所有已经逝去了的古迹一样，表示遗憾了。

在薄伽教藏殿正西侧，现在有一座高大的华严宝塔。这是根据《辽史·地理志》上的记载，近年重新建造的一座43米多高的木塔，三层，四方形。山西至今仍保有纯木结构建筑的单位，在全国范围内名列前茅。所以在这里用辽金时期的建筑方式重建了一座木塔。塔下有一个500平方米的地宫，内部用纯铜装饰。供奉着高僧的舍利及千尊佛像，据说铜料用了近百吨。我们登上塔顶向四周观望了一番，下塔继续向上寺方向前去。

上寺的大雄宝殿是金代建的。殿身也是东向，矗立在4米多高的月台上。华严寺上下两寺，整体都是面向东方，学界并没有给出一个准确的说法。我在想，难道是因为这里是西京，皇家建造时希望佛菩萨们都面向帝国的政治中心，保佑皇族吗？

月台就是一个高高的夯土地基。古建筑所谓"亭台楼阁"，这种台就是在高地基上建造房子。把地基抬高，有助于防水，这是古代高等级建筑尤其是皇家建筑都会有的常规操作。你不妨想一下故宫的三大殿，就都是建造在高台基之上。

未登上月台，就先看到大雄宝殿正脊两端的巨大琉璃鸱吻。这里又出现一个古建筑之最——高达4.5米，由八块琉璃构件组成，这是一对全国古建筑上正在使用的最大的琉璃鸱吻。位于北侧的鸱吻是金代的原物，在建造这座大殿时就在上面，有近900年的时间了。南侧鸱吻是明代维修换上去的。

大雄宝殿进门处高高地悬挂了两块匾额。除了竖着的大雄宝殿那块，还有一块横着的

[1] 梁思成：《大同古建筑调查报告》，《梁思成全集》第二卷，第49~50页。

● 华严寺大雄宝殿匾额

上面写着：调御丈夫。什么意思呢？这是佛的尊号之一。其实大雄也是佛的尊号。所以我们常见的寺院主殿，一般叫大雄宝殿或者大雄殿，就是因为殿的名字是以殿里供奉的第一主尊，即主角来命名的。

佛一共有十种尊号，调御丈夫是其中之一。历史上的佛教创立者乔达摩·悉达多，是伟大的教育家、哲学家、演说家。他能因材施教用不同的道理来调御修行者的心性，使得皈依佛门的弟子可以修得正道，就好像驯马师懂得怎么调御马性一样，所以得到一个名号：调御丈夫。佛陀其实就是佛寺这所学校中的校长。

一进大殿内部，感觉豁然开朗。不像在故宫看太和殿，里面密密麻麻很多柱子。华严寺上寺大雄宝殿内部空间显得特别开阔。这当然是为了更好地进行佛事活动，但古代木构建筑都是用立柱支撑的，金代的工匠是怎么得到这么大的跨度的呢？

原来，他们使用了减柱法。也就是把殿内前部空间最遮挡视线的12根柱子，通过巧妙的方法去掉了。你可能担心了，去掉了12根大柱，难道还那么稳定吗？如果都可以这么减，那古建筑里干吗要用那么多柱子？

根据梁先生在《中国建筑史》里讲的，"减柱造"这种方法并不十分可靠。很多建筑均因减柱或移柱使结构体系摇摇欲坠。所以到明清时期，大木制作技术趋于制度化，形式规整而不采取减柱造。所以说这种方式最流行的时候就是在辽金时期。可能因为是草原民族，早已习惯了开阔，不喜欢一个屋子里还有那么多柱子遮挡视线吧。

那么减柱从技术上如何实现呢？主要是靠几点：一是减柱也只减前部中间的柱子，既不会减后面的，也不减两端的。就像今天的人们装修时打掉非承重墙一样。减去前部的柱子之后，为了受力均衡保持大殿结构的稳定，就要把后面的柱子往前移动一定距离。仅仅向前移动后排的柱子不够，还需要将减掉的柱子周边保留下来的柱子，换上更粗大的柱子。横向连接和支撑的梁、枋等构件，也要相应地提高强度，也就是换上更粗的木材，以保证

● 华严寺大雄宝殿（许凯章 摄）

更大跨度空间的稳定性。不管用多么复杂的手段和精巧的设计思路，只要能减少柱子，增加大殿内部、前部的空间开阔感，对于当时的工匠来说，都是值得的。毕竟，建造一座大殿的目的，是为了让供养人满意嘛。

　　殿内还有些大型的明代彩塑和清代的巨型壁画，壁画人物众多，但受光线不太好的影响，大部分看不太清楚。用梁思成先生在《大同古建筑调查报告》中的描述结束我们在华严寺的走访吧。

　　　　殿内四周有壁画，构图描线，俱拙劣不足观，当为清代所绘。中央砖台上，置如来五躯，据明成化元年碑，其中三躯，系宣德间，僧了然造于北京，余二躯成于宣德景泰间。今以全体比例，与面貌衣饰，及背光、火焰、花纹、金翅鸟等项观之，亦确出明人之手。然胁侍中有数尊，虽迭经后世涂饰，略失原形，而权衡比例及姿态神情，犹能辨为辽金旧制。[1]

　　[1]梁思成：《大同古建筑调查报告》，《梁思成全集》第二卷，第105页。

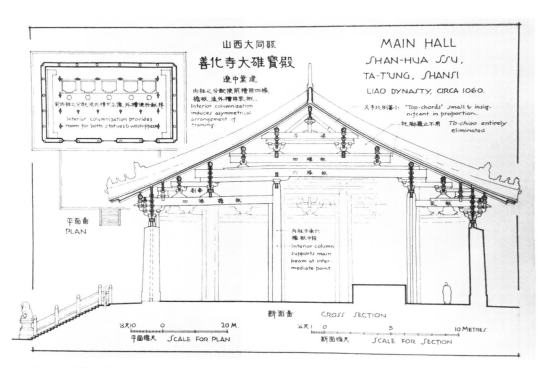

山西大同县
善化寺大雄寶殿
遼中葉建

MAIN HALL
SHAN-HUA SSU,
TA-T'UNG, SHANSI
LIAO DYNASTY, CIRCA 1060.

- 梁思成手绘善化寺大雄宝殿

善化寺在大同内城南门正门往西一点，离华严寺大约 900 米，溜达着十来分钟就可以到。梁先生的古建报告，经常把一些旅行小细节分享出来，让我们可以体验那个时候田野调查的状态。

● 善化寺

　　出下寺东行，赴善化寺，时已亭午，余等自晨至此未进食，饥肠辘辘不可耐，延颈四顾，觅餐馆不得，久之，获小店，入购饼饵数事，相与踞车上大嚼，事后思之，良堪发噱。[1]

　　看到梁先生这段记录，不由会心一笑。毕竟，时间虽过了近百年，实际上如今很多古迹还是在郊野之外，汽车虽然方便，但如没有准备好餐食，恐怕也还是要经常饿肚子的。毕竟，雕梁画栋也好，菩萨罗汉也好，都不能当饭吃。

　　当年，营造学社生活的清苦，能从梁先生的字里行间感觉到。这是他记述自己在大同云冈石窟调查时的伙食情况："我们第一次探访期间，在庙里住了几天。我们极其沮丧地发现，连最简单的食物亦无处可觅。最终，我们用了半打大头钉，从派驻此地的一支小部队的排长手里换得几盎司芝麻油和两棵卷心菜！"[2]

　　今天的大同，真的不一样了。不知从何时起，它成了山西的美食之城。比较繁华的餐饮饭馆集中区，在大同古城的正中心四牌楼附近，那里可以吃到大同及周边包括山西和内

[1]梁思成：《大同古建筑调查报告》，《梁思成全集》第二卷，第50页。
[2]梁思成：《华北古建调查报告》，《梁思成全集》第三卷，第347~349页。

蒙古一带的特色美食。为了凑"北魏都城"的热闹，我选择了一家叫"北魏家宴"的饭馆。一进门，就看到满大厅的墙壁上，挂满了《兰亭序》、莫高窟的《鹿王本生图》、龙门古阳洞《杨大眼造像记》等北魏或者同时代的名作仿品。虽然有几幅不是北魏的，但瑕不掩瑜，说明老板有点小情调。菜上来以后，味道很令人满意。记忆比较深刻的有一个平城烤鸡，挂着平城的古地名，用的是童子鸡，烤得外焦里嫩，鸡肉入味。还有一个炖鱼，在门口就看见大锅在那里一直炖着，鱼刺都炖酥了。大同当地的兔头，不像成都双流的兔头那么麻辣，但味道鲜香。由于这里地理位置挨着内蒙古，粗粮自然少不了，黄米凉糕、莜面鱼鱼、牛羊肉的烧卖，都是这里的特色。

大同的什锦火锅也非常有名。所谓什锦火锅，不是老北京的铜锅涮法，也不是重庆火锅的麻辣涮法，而是把各种食材都在锅里提前放好，服务员端上来，就可以直接吃，对我这样的懒人来说，省却了自己涮的麻烦，非常过瘾。

吃完大同菜，我们接着看善化寺。

善化寺的古建筑群，相对华严寺更加完整。主要的建筑沿中轴线对称状渐次展开。最南边山门，进门后北侧是三圣殿，这两座建筑是金代的。而八大辽构之一的大雄宝殿在最北边的高台上，在三圣殿和大雄宝殿之间，有两座建筑，东边是刚刚复建的文殊阁，西边是金代的普贤阁。五座主要殿宇中有四座是辽金的，含金量真是高。善化寺建筑高低错落，主次分明，整个建筑群显得威严庄重。

善化寺的大雄宝殿，坐北朝南，面阔七间 40.7 米，进深五间 25.5 米，单檐庑殿顶。殿内正中供有五方佛，从东往西依次排列。殿门向南而开，正午时分照进殿内的阳光是最充足的。佛像站立的位置距离大殿门口约有 13 米远，塑像高达 4 米以上，所以平时进到大殿之中看，光线是完全照不到塑像身上的。

大殿正门上方，也没有任何的窗户和能够进光的缝隙，所以整个大殿的光线控制得非常暗。这种格局下，当年的设计师做了一个巧妙的设计——利用大殿地砖来反射阳光。

大殿采用了表面光滑反光特别好的，类似故宫里"金砖"的一种地砖。金砖是明清皇家专门打造给皇宫使用的砖。制作时，选黏而不散的好土，筛掉杂质，曝晒一年；再浸水反复踩踏，排出气泡，形成稠密的泥团；再反复摔打后，装入模具，盖板上踩实；阴干半年以上，入窑烧制；糠草先熏一个月去潮气，然后劈柴烧一个月，整柴烧一个月，最后用松枝再烧 40 天才能出窑。据说故宫当初用这样的"金砖"，大臣们磕头的动静也响。不知道辽代地砖工艺有没有这么复杂，我想应该有过之而无不及吧。

今日的地砖不知道是否是辽代当年的原砖，但反光程度是不错的。我们专程赶在冬至这一天中午来到善化寺。一年里，只有这一天的阳光直射南回归线，对北半球地区照射角度最低。阳光通过大雄宝殿的大门，照射到大殿里，可以直射到里面大约6米位置的金砖之上。通过金砖的反射，阳光在一年里，难得地反射到大殿中的佛像脸上。

于是有了这张照片：

● 冬至的善化寺大雄宝殿

我们一行人在佛像的前方两三米的地方，抬头仰望佛像。屋顶得到的光线非常微弱，几乎看不清大殿顶内部的任何构件，这样就形成了一种漆黑一片的背景空间。此时正午时分，阳光反射在佛陀和弟子的脸上。看到他们三位明亮的面庞，在背景黑暗的虚空中，凸显出佛教人物的宏伟，使我们不由得心中大震。

据说像这样借助冬至的阳光照射角度最低，而进行建筑及内部塑像设计的古代殿宇还不止此处一座，大家知道古代工匠有这个心思后，今后不妨在冬至前后访古时多加留意。

大雄宝殿里的塑像，除了主佛坛上一排外，两侧还有精彩的二十四诸天。这也是善化寺另一个看点。

● 善化寺大雄宝殿侧视图

这是本书第一次谈及"诸天"，稍微详细地解释一下。通常我们在佛教艺术中，看到的人物除了佛、菩萨、弟子外，还有一些护法的天将。这就是那些带着"天"字的系列组合，如四大天王、天龙八部、二十四诸天等。这些护法天将是做什么的呢？所谓护法，可以理解为维护佛祖说法场所秩序及安全的岗位。比如咱们在蓟县独乐寺山门中看到的力士，就是他们中的一类。在佛教宇宙中所有的生命，分成了两大类，圣和凡。

圣类里有四种，分别是：佛、菩萨、缘觉、声闻。声闻是聆听释迦牟尼讲经说法的觉悟者；缘觉是独自观悟佛理因缘的得道者；菩萨是预备的佛；而佛是大彻大悟获得最高成就的觉者。

凡类里有六道，从下往上分别是：地狱道、恶鬼道、畜生道、阿修罗道、人道、天道。凡类中的生命，总在这六道之中轮回。天就是六凡当中最高级的一种，比人高一等。处在天界的生命，清静光明，自然自在，为佛教护法的各种天，就称他们为"诸天"。

我们经常听说的诸天组合，有二十诸天，二十四诸天，还有二十八诸天。但实际上诸天数量是很多的，诸天所居住的天界也有很多层，正所谓"天外有天"。每一层天，都有

● 善化寺大雄宝殿二十四诸天（梁颂　摄）

自己的守护神。最常见的四大天王是指东方持国天王、西方广目天王、南方增长天王和北方多闻天王，他们平时镇守在须弥山的四个方向，分别是东胜神洲、西牛贺洲、南赡部洲、北俱芦洲。《西游记》里的地理就是从这里来的。

须弥山一词来自婆罗门教术语。如果按照意译，应该叫宝山或者妙高山。须弥山是一座巨大的金山，宇宙的中心。关于须弥山的说法后来被佛教所采用。史为乐主编的《中国历史地名大辞典》认为该山就是喜马拉雅山。

四大天王，常被供奉在寺庙的天王殿的两侧。之所以这里叫天王殿，就是因为有四大天王，很多时候，小庙不建造专门的天王殿，直接把四大天王放山门里。这跟当代社区大门口设置一个保安室大概是一个意思。

四大天王里，最有名的是北方的多闻天王，他又叫毗沙门天王。因为是财富的守护者，也叫施财天，特别受老百姓的喜欢。在唐代，毗沙门天王在西域和四川都有一些显灵的传说。如打仗的时候出现，帮助中原的军队打胜仗，所以尤其受老百姓爱戴，常被单独供奉。宋代以后，毗沙门天王被解除财神的"职务"，跟其他的

● 善化寺大雄宝殿二十四诸天（梁颂　摄）

三位天王同等地位，变成了一个守门的护法神。在现存的早期石窟之中，我们只看到力士，到了北魏中晚期天王才开始出现。隋代出现了四大天王和两个力士合在一起的情况，一直到明清，寺庙有天王殿已经成了一个定势。

在诸天当中，还有一个常常被单独供奉的女性天神，她就是鬼子母。她原本不是善类，后来皈依佛教，变成了妇女儿童的保护神，甚至也有地方把她视为送子娘娘。

后来到了宋代，在巴中南龛、大足石门山，也都有鬼子母的形象。不过由于各地认知并不相同，也就没有出现统一的规范，大部分的情况下是一位慈祥的老母亲形象，带着一个小孩或者一群小孩。比如善化寺的二十四诸天中，她就是一位仪态大方、雍容华贵的中年妇女，脚旁站着一个小鬼。

这组诸天彩塑，是金代工匠打造的一组成功的作品。他们不但保持了护法的威严，还表现了当时佛度化众生的慈悲之心，高度地展现了人性善良的一面。甚至将原来在印度教中非常凶暴残忍的鬼子母，给改造成了温婉恬静、姿容端庄的母亲形象，赋予了她高雅的气质。原本丑陋的摩利支天等天神也都被美化了，可以说这是一组格调高妙、技术精湛的诸天彩塑。

相比之下，上一章说的大同华严寺上寺大雄宝殿明代的二十诸天就逊色多了。

梁先生的调查报告告诉我们，善化寺的文殊阁在他们去的前几年刚因火灾烧掉了，只剩西侧普贤阁还在。民国建立以后，善化寺一度成为大同女子学校，他们调查时，

● 善化寺大雄宝殿鬼子母天

● 善化寺三圣殿

学校已经搬走了，此时的寺院杂草丛生，荒凉破败。只见一群当地小孩，有的在寺院建筑中奔跑打闹，有的沿着柱子爬上殿顶掏鸟窝里的鸟蛋。寺院里倒是有一个垂垂老矣的住持叫妙道，四川人，已经在这里出家二十多年。跟梁思成一行人说起寺院衰落的故事，令闻者不禁唏嘘。[1]

大雄宝殿的南面还有一座金代建筑——三圣殿。矗立在高一米五的砖砌台基之上。大殿面阔五间，进深四间，是单檐庑殿顶。檐下为六铺作单抄双下昂，重计心造，殿内采用减柱法。"铺作"其实就是宋代《营造法式》里说的斗栱层。一大朵斗栱组合，就是一个铺作。斗栱是清代的词。梁先生认为：铺作的数量应该与每朵斗栱出跳数相关。"出跳"是铺作中自最下面的栌斗开始，凡是有斗的地方，向上挑出一层栱或昂，都算一跳。向内挑称为里跳，向外挑称为外跳。"计心造"是在每一跳的华栱或昂头上，放置横栱的一种

［1］梁思成：《大同古建筑调查报告》，《梁思成全集》第二卷，第 50 页。

结构。跟计心相对的是"偷心造"，是在跳头上不放置横栱的构造方法，与计心正好相反。

三圣殿佛坛上的华严三圣是金代塑，后世重妆过。殿内两侧有金代石碑两通，其中《大金西京大普恩寺重修大殿记》是金大定十六年（1176 年）南宋出使金朝的官员通问副使朱弁所撰。这些碑文均是研究善化寺建造年代的重要依据。

善化寺在大同城南门，华严寺在西门，而在东门现在建造了一个规模不大的"梁思成纪念馆"，这是一个沉于地下的仿古院落，显露于地面上的是院内建筑屋顶上的青瓦、鸱吻和脊兽。

纪念馆正门"梁思成纪念馆"的题字是他的弟子、著名古建筑学家罗哲文所书写的。纪念馆设置了四个展厅，分别是：一代宗师、不愧山河、大同调查、告慰先师。除了用图片和书籍介绍梁先生的生平以外，最重要的是对梁先生来大同进行古建筑调查的那段历史进行了充分展示。这也是国内唯一一家梁思成先生的纪念馆，他的老家广东没有，他常年居住的北京也没有。

● 　大同梁思成纪念馆大门

林徽因、梁思成后来在《晋汾古建筑预查纪略》一文中讲道：

> 山西因历代争战较少，故古建筑保存得特多。我们以前在河北及晋北调查古建筑所得的若干见识，到太原以南的区域，若观察不慎，时常有以今乱古的危险。在山西中部以南，大个儿斗栱并不希罕，古制犹存。但是明清期间山西的大斗栱，栱斗昂嘴的卷杀极其弯矫，斜栱用得毫无节制，而斗栱上加入纤细的三福云一类的无谓雕饰，尤其暴露后期的弱点，所以在时代的鉴别上，仔细观察，还不十分扰乱。[1]

从这段文字可以看出，他们在总结山西为何古建筑遗存众多之后，特别强调了一个我们古建筑爱好者非常容易犯的错误，那就是在山西很容易把晚期的古建错认为早期。原因就是我们习惯于单凭斗栱大小来判断时代，但山西经常是后代沿用前朝的制式和方法制作建筑。尤其是太原以南，也就是晋中、晋南、晋东南三个地区，这里的木构常常会被判断错误。这是梁林当年特意提出来提醒我们的。

---

[1] 林徽因、梁思成：《晋汾古建筑预查纪略》，载《梁思成全集》第二卷，第 354 页。

第五章　云冈石窟

现 存 最 早 的 大 型 皇 家 石 窟 群

● 林徽因在云冈

云冈灵岩石窟寺，为中国早期佛教史迹壮观。因天然的形势，在绵亘峭立的岩壁上，凿造龛像建立寺宇，动伟大的工程，如《水经注》漯水条所述"凿石开山，因岩结构，真容巨壮，世法所希，山堂水殿，烟寺相望"，又如《续高僧传》中所描写的"面别镌像，穷诸巧丽，龛别异状，骇动人神"，则这灵岩石窟更是后魏艺术之精华——中国美术史上一个极重要时期中难得的大宗实物遗证。[1]

---

[1] 林徽因：《云冈石窟中所表现的北魏建筑》，《林徽因文存》，四川文艺出版社 2005 年版，第 12 页。

看完这段文字，令人对云冈石窟充满向往。

从大同市区，开车向西约 40 分钟，便到达了云冈景区的门口。如今这里已经是世界文化遗产，市政府为了石窟文物的保护，将过去经过大佛眼皮底下的国道改换了线路。进出大同的主要交通道路为石窟让路，体现了当地保护文物的决心和魄力。

没去之前，有一个疑问一直在我脑海里萦绕——云冈石窟在 1961 年颁布的第一批全国重点文物保护单位名单中名次靠前，是所有石窟寺文物之中的第一号。这是为什么呢？

说起石窟，人们首先想到的应该是敦煌莫高窟吧。用一个现在流行的词汇，莫高窟可是咱们中国文物界最大的 IP（Intellectual Property 知识产权）。无论是享誉全球的百年前流落国外的敦煌藏经洞的遗书，还是遗存的 492 个洞窟里 45000 平方米历代壁画，无不显示着它的荣耀。年代上，它也是最早的，比云冈石窟开凿时间还早几十年，怎么没把它排在第一呢？

答案就是，云冈石窟是现存最早的大型皇家石窟群。而莫高窟是民间石窟，它的优势是延续千年的营造和保存完整的海量壁画。但要说其艺术水平、雕刻开凿的难度和施工量，跟云冈石窟还真是不好比。

在人类的文明史上体量规模大、艺术水平高、动用人力多、花费时间长的工程，以历史上的最高统治者举全国之力打造的项目为最，如皇家宫殿群，皇族陵寝群，还有皇族日

● 云冈石窟航拍图

常集会、祭祖、游玩和进行宗教活动的场所等公共建筑群，都是以上之最的典型代表。但由于我国朝代更迭时有个恶习，就是有将前朝"犁庭扫穴、断龙脉"的习惯。因此皇宫、皇家园林、皇陵通常会被一把火焚毁或盗掘。

只有宗教场所可能会受到信仰的保护而幸运地被保存下来。在我国，现存的早期皇家建设的大型宗教场所当属石窟寺了。而在我国石窟发展史上，最早由大国统治者主持开凿的石窟便是云冈石窟。时代更靠前的北凉和西秦也有国家开凿的石窟寺，但受其国力影响及太武灭佛的破坏，如今都已经找不到大型的十六国时期（北魏以前中原最早开窟的年代）的石窟了。

2001 年，在我国已有三个石窟列入世界文化遗产名录，很难新增名额的情况下，云冈石窟却毫无争议地入选了。所以国内学界有专家认为云冈石窟不仅堪称中国甚至这个星球上石窟寺的 001 号。

为什么北魏皇家要建造如此大规模的石窟寺呢？这事还要从太武帝灭佛开始说起。太武帝，名叫拓跋焘，是拓跋珪建立北魏以来的第三代统治者。少数民族政权往往重视利用佛教，北魏也不例外。从开国皇帝开始，佛教不但为北魏皇家所用，而且出家人还有免除税赋和兵役的优待。太武帝拓跋焘立志统一全国，他需要进一步增加兵力和粮草。但随着各地僧尼日多，竟然危及粮食税和服兵役。于是，太武帝下令，50 岁以下僧人还俗。

公元 439 年太武帝灭掉北方最后一个对手——北凉，这也是一个佛教发达、塔寺甚多、僧人工匠无数的国家。人力资源正是太武帝所缺乏的，他的下一步目标是统一全国。拓跋焘从北凉首都凉州，也就是今天的武威征调了三万僧徒前往平城。凉州的佛教艺术，就这样来到了北魏首都。

在这支从凉州到平城行进的队伍中，有一个人参加了北凉皇家天梯山石窟的开凿，他不仅满腹经纶，而且对石窟艺术也颇有心得。他的名字叫作——昙曜。

昙曜的名字是和云冈石窟紧紧联系在一起的，然而，在他主持开凿云冈石窟之前，却遭遇了从个人到佛教的生死浩劫。

太平真君六年（445 年）九月，盖吴在陕西起义，造反人数一度发展到十几万。太武帝亲率大军西征抵达长安，在长安的佛寺中竟然发现了大量兵器，不禁勃然大怒。在道教信徒崔浩的进言之下，太武帝下诏：寺庙尽毁，佛像经典一概焚烧，僧尼全部坑杀。这是中国佛教史上第一次空前的劫难。太子拓跋晃一下反转不过来，他一直是信仰佛教的。于是私下里通知僧人们赶紧避难。昙曜便是得到这个消息，有幸得以逃出平城的。他是一个信仰坚定、很有操守的僧人，在死里逃生到中山后（今河北保定平山县），并没有还俗务农，而是贴身穿着法服，继续弘扬佛法。

宦官宗爱一直与太子不合，借此机会向太武帝进谗言。拓跋焘一时糊涂将太子处死。太子死后他又立刻后悔了，宗爱担心自己危险，于是干脆谋杀了太武帝，立小皇子拓跋余为帝。拓跋余不服宗爱，被其杀害。这下大臣们受不了了，拥立拓跋晃的儿子拓跋濬为帝。他就是文成帝，拓跋濬终于杀掉了宗爱，北魏政权重新回归平稳。

文成帝深刻反省了爷爷的问题，认为灭佛是造成混乱的根源。于是他重新复兴佛法，公元 453 年，征召天下高僧回归平城。当得知昙曜即将赶回平城时，文成帝亲自出城迎接，所骑的御马见到昙曜后，神奇地上前衔住了昙曜的僧衣。佛教中本来就有"马识善人"的故事，拓跋濬于是奉以师礼，任命昙曜担任北魏沙门的最高领袖。

昙曜借鉴佛像在贵霜王国诞生的缘由——即政教合一的思路，向文成帝提出了在圣山开凿石窟"帝佛合一"来复兴佛法的建议。文成帝认为可以借此机会忏悔祖父灭佛之过，便批准昙曜的建议，从国家层面给予各种支持。

武周山本是鲜卑人迁都平城后选择的祭祀圣山，此时被昙曜选择为开窟地点。这段崖面是砂岩结构，硬度适中，适合雕刻。总体构想和设计方案出自昙曜本人，而雕凿的工匠，大多是北魏灭北凉后从凉州迁来的，他们开凿过天梯山或者马蹄寺石窟，积累了娴熟的技术和丰富的经验。

昙曜设计开凿五个洞窟，也就是为北魏文成帝及之前的四位皇帝建立太庙的意思。皇族、大臣和民众来此，按照佛法礼拜佛陀，按照国法礼拜皇帝，按照家法礼拜先祖。

如今的云冈石窟东西绵延一公里，现存的主要洞窟有 45 个。石窟总雕刻面积达到 18000 多平方米。各个洞窟中最高单体佛像有 17 米，相当于我们现在五六层楼那么高。而最小的石像只有 2 厘米，跟我们成人的手指头上一节一样小。全部数下来一共有 59000 余尊。听云冈石窟研究院的工作人员说，这是他们仔细计算后的准确结果。

并不是说，皇家最早的石窟就一定是最好的石窟。这个"好"不仅要年代早、数量多，关键还得艺术水平高。接下来，我们就看看云冈石窟好在哪些地方。

按照建造年代的先后顺序，最早的就是昙曜五窟了。这五座洞窟平均高 20 米左右，窟内各雕一尊大佛。他们身材高大、面相丰圆，高鼻深目，双肩齐挺，显示出一种劲健、浑厚、质朴的作风。现场看到云冈石窟的标志——编号为 20 窟的露天大佛的相貌以后，我不禁有一些疑问，这样的面貌是什么人呢？不是说皇帝就是佛吗？这尊巨像的样子，是照着当年北魏拓跋鲜卑家族的模样制作出来的吗？

在昙曜五窟中，20 窟与其他石窟有些不同。尤其是体现在脸部的特征上。不论远观还是近看，这尊佛的佛首都是浑圆的形状，好似一个纯圆形的球体。然后头顶加上发髻，正面加了尖尖的鼻子，两边加上大大的耳朵。让人感觉有浓厚的异域色彩，但看着又不像古

● 云冈石窟第 20 窟佛首

希腊那种特别写实的表现人面部细节的雕塑。

梁先生在他的《中国雕塑史》讲稿里写到 20 窟大佛时说：

佛像中之有西方色彩可溯源求得者亦有数躯，则最大佛像数躯是也。此数像盖即昙曜所请凿五窟之遗存者。在此数窟中，匠人似若极力模仿佛教美术中之标准模型者，同时对一己之个性尽力压抑。故此数像其美术上之价值乃远在其历史价值之下。其面貌平板无味，绝无筋肉之表现。鼻仅为尖脊形，目细长无光，口角微向上以表示笑容，耳长及肩。此虽号称严依健陀罗式，然只表现其部分，而失其庄严气象。乃至其衣褶之安置亦同此病也。其袈裟乃以软料作，紧随身体形状，其褶纹皆平行作曲线形。然粘身极紧似毛织绒衣状，吾恐云冈石匠，本未曾见健陀罗原物，加之以一般美术鉴别力之低浅，故无甚精彩也。[1]

读此描述，感觉梁先生对 20 窟大佛似乎不太喜欢。他讲到大佛眼睛细长无光，这我得解释一下。其实这个问题是因为辽代工匠在北魏大佛的眼睛上做了加工，凿出凹槽，镶嵌进去了黑色琉璃眼球。这本是后世很常见的一种眼睛的装饰方法，本意是"画龙点睛"。黑眼珠亮晶晶的，做得好看的话的确更有神采。可是时间久了，如今辽代补凿的部位已经风化开裂，眼球体完全暴露出来，直愣愣地盯着前方，的确让观者看着不舒服。

而梁先生认为看到的大佛面貌无筋肉表现，实际上就是说工匠技法不写实。它不像古希腊雕塑或者犍陀罗风格的佛像那般如真人一样的英俊。而今天的雕塑家对此的进一步理解认为，这是一种对人脸部线条进行高度抽象概括后设计出来的结果。

怎么会这样呢？考虑到主持开凿它的人是昙曜，要知道他年轻时参与了北凉的皇家石窟开凿，也就是说昙曜五窟这云冈最初的石窟样本，很可能是他从凉州带来的模型佛像，或称作"粉本"。古代工匠制作壁画和雕塑时，也需要模板、模型或者小型的样本。前不久，陕西省考古研究院召开发布会，宣布在西安发现了东汉末年的青铜佛像，这是我国出土的最早的金属佛像，在此之前，这个纪录属于民国期间出土于河北的十六国后赵时期的金铜佛，现存美国某博物馆。这种铜佛，不管是中国自己铸造的，还是外国僧人来中国传法带来的，都属于"样本"。云冈工匠开始开窟造像之时，一定会有参考依据。

所以，云冈最初的艺术风格，肯定有"凉州模式"的输入。"凉州模式"是石窟寺考古学的开山鼻祖，这是北大的宿白先生对以武威为首都的北凉及河西走廊早期石窟的一个定义。而"凉州模式"是位于新疆库车的古龟兹国石窟艺术风格的传承，又跟另一位佛教大师鸠摩罗什息息相关。从西域来的艺术技法，在人物刻画上注重写实，又遗传自中亚犍陀罗和秣菟罗的造像风格。犍陀罗又传承自古希腊，所以佛造像从西向东，经过了一系列的传承和演变。

写实作风与云冈的 20 窟大佛的高度概括技法完全不同，用"央美"老师的话说，20 窟大佛佛首是高度"器物化"的一种造型概念下设计出来的产物。器物化，简单说就是把人

---

[1] 梁思成：《中国雕塑史》，《梁思成全集》第一卷，第 79 页。

● 云冈石窟第 18 窟佛首

物往青铜器、陶器方向去做。大家回忆一下自己在博物馆里看到过的那些国之重器，不论尺寸大小，无不在庄严的线条中，体现宏大的气象。这是中国本土造型艺术的精华所在。

　　这样看来，20 窟大佛就佛首而言，就融合了至少不下三种高水平艺术风格于一身。

　　林徽因在《云冈石窟的北魏建筑》一文中写道：

　　　　《释老志》关于开窟事，和兴光元年铸像事的中间，又记载那一节太安初师子国（锡兰）胡沙门难提等奉像到京都事。并且有很恭维难提摹写佛容技术的话。这个令人颇疑心与石窟镌像，有相当瓜葛。即不武断的说，难提与石窟巨像，有直接关系，因难提造像之佳，"视之炳然……"，而猜测他所摹写的一派佛容，必然大大的影响当时佛像的容貌，或是极合理的。云冈诸刻虽多健陀罗影响，而西部五洞巨像的容貌衣褶，却带极浓厚的中印度气味的。[1]

　　文中说的师子国，就是今天的斯里兰卡。这位高僧难提，应该是位东南亚的人士。他

---

［1］林徽因：《云冈石窟中所表现的北魏建筑》，《林徽因文存》，第 16 页。

的佛像技法按照林徽因的分析，也对云冈昙曜五窟有着明显的影响。没错，从五窟中其他洞窟的细节来看，不难找出当时平城东南西北各个方向上的外来文化的影子。融合多民族的文明于一身，这便是云冈石窟的特色所在。

再看 16~19 窟这四窟的佛首，突然发现，他们跟 20 窟露天大佛脸型有着明显的不同。从浑圆的球形脸孔变成了长圆脸型，居然变瘦了。而这样的相貌，在云冈中期洞窟和北魏时期的贵族墓葬出土陶俑的头上常见。可以明确地知道，这种脸型才是鲜卑人本来的样貌。

今天已经没有鲜卑这个民族了，他们在十六国到唐朝几百年的时间里，通过与汉人不断地通婚，已经完全融入汉族之中。

昙曜其他四窟及中期洞窟，佛菩萨的脸型都变成瘦长的鲜卑脸了，这里面有什么原因呢？

如今的 20 窟露天大佛，本来是跟其他四座同期洞窟一样有穹庐型窟顶的，可惜初建石窟，技术不成熟，施工时外檐坍塌。20 世纪云冈石窟考古发现了 20 窟左侧大佛的碎块。由于"帝佛合一"的理论指导，大佛的碎裂引起文成帝极度不满。他下令杀了一批有过错的工匠。而后为补充人力，从徐州调派了上千石匠来平城加入开窟大军。

这些工匠带来的不仅是简单的劳动力。他们在徐州时，个个都是画像石和玉石的雕刻能手，于是，中原本土工匠的浮雕线刻等硬石雕刻技法也随之来到平城。

圆脸为何变长脸，梁思成先生并未给出答案，云冈石窟研究院的老师们也没有在古籍中找到明确的说法。那我只好自己猜测了：也许当年文成帝同意昙曜开窟时，并没有明确跟昙曜说清楚佛像该开凿成什么模样。然而随着工程的进展，文成帝很可能来现场进行过视察。当他看到 20 窟大佛那种西来的样貌后，会不会像我们今天第一次看到一样，心里也有点感到奇怪呢？明明说的是佛就是皇帝，皇帝就是佛啊。怎么这位佛陀，也不像我们拓跋鲜卑家的人啊。这恐怕不行，于是皇帝是否亲自问询过昙曜，抑或下令要求按照自己家族的面相去制作佛像，就不得而知了。

反正我们看到在之后的洞窟之中，不仅面相变得更像鲜卑人的外貌，而且还更多地使用了中原雕刻技法。今天学者所称的"北魏石窟艺术的汉化"也在这时不知不觉地开始了。

云冈石窟在冯太后主政的这段时间，进入了新的风格阶段。这一时期从公元 471 年至494 年，也是 495 年魏孝文帝迁都以前最稳定、最兴盛的时期，云冈石窟集中了全国的优秀人才，以国力为保障进而雕凿出更为精美的佛像。这是云冈石窟雕凿的鼎盛阶段——中期石窟。

中期在窟形上出现了佛殿窟和塔庙窟，造像内容丰富多彩，汉化色彩渐趋浓厚。佛菩萨们的面相丰瘦适宜，表情温和恬静，褒衣博带式佛装亦在北魏太和十年（486 年）以后的造像中出现，从而加速了云冈石窟汉化的进程。

第 5、6 窟是一组双窟，其内容丰富、规模宏大、雕饰瑰丽，是云冈石窟中期的典型代表。第 5 窟前是四层绕廊楼阁。窟内主尊释迦牟尼像高 17 米，是云冈石窟中最大的单体佛像。窟内四壁分层分段雕刻满满的佛龛造像。第 6 窟中心为方形塔柱，高 15 米，分两层。下层四面雕刻佛像，上层四角各雕刻大象背上驮着九层小塔。塔柱的四面和壁龛两侧共刻有三十三幅佛传故事图。

5 号窟的一尊佛，脸型瘦长、鼻梁挺拔、柳叶般的眉毛细细长长；双眼微睁，略低头慈祥地俯视众生；薄嘴唇，嘴角微微地上翘，由于在微笑，所以嘴角深深地凹进脸里。这是一幅让今天的观众非常喜欢的俊朗面容，称之为帅哥一点不过。而最打动人心的是那慈悲的微笑，这是一种普度众生后的安心一笑，也像看到礼佛者皈依佛门即将离苦得乐的会心一笑。

这尊佛像被云冈工作人员认为是云冈诸多佛像之中最美的。因此在一些关于云冈的书籍上，多选用他作为封面。但我们去过很多次，都没有找到他在哪里，因此一直心心念念。一直到 2019 年，云冈石窟研究院成立了研学部，开始对外开放一些难得一进的"特窟"，我才终于有机会见到了他。

2019 年的这天，我们在云冈石窟工作人员的带领下，在五号窟门前集合。这里有一个小门，是登上阁楼的入口，平时都锁着。我们换上工作服，带上安全帽，跟随工作人员依次顺着清代康熙年间建造的楼梯向上攀登。尚未见到雕塑，先被有趣的楼梯惊喜到了。这里的木制楼梯跟我上了 40 多年的各式楼梯都完全不同。

我们现在常用的楼梯在上下时，需要双脚交替踩在不同的台阶上，每只脚也就只踩一层的一部分。这实际上有一半以上的台阶是不用的，但是它占据了楼梯的空间。清代康熙年间的这个云冈楼梯，考虑到这点，为了节省空间，将每一层都进行了对半切分。切分后，每一层楼梯只有半截。结果我发现，在没有增加攀登难度的情况下，同样的楼梯高度，它向前的深度，却比我们当今的楼梯缩短了一半距离。

就在攀上二楼准备往三楼继续上的时候，我突然发现，那心心念念的他，就在拐弯处的楼层之间。刚夸完清朝人修建楼梯聪明，就发现他们对美简直是无感。这么好的一尊佛像，就给清朝人修进楼板之间了。我甚至怀疑，佛像上身的伤痕就是他们为了方便楼板安装而专门斩去的。如果这不是康熙年代的文物，真想建议云冈石窟研究院，把它拆了，恢复北魏当年的样貌。

大伙这时都发现了最美佛像，纷纷过来围观，不断有人控制不住地发出惊呼。在这样美丽的作品面前，已经无须任何描绘的言语，这是人类都可以体会到的震撼人心的力量。

云冈石窟第 5 窟佛首

第九至第十三窟因为被清代补绘重彩，俗称"五华洞"。其中的造像内容极为丰富，是研究北魏建筑、音乐、舞蹈、书法的历史遗珍。可惜清人审美低俗，所施颜料也比较单调，全无北魏的色彩运用之妙（北魏对颜色的运用可以参见莫高窟254窟）。难怪梁林在百年前高度评价了云冈石窟的伟大后，面对彩色重绘，发表了如下的感想：

> 石质松软，故经年代及山水之浸蚀，多已崩坏。今存者中最完善者，即受后世重修最甚者，其实则在美术上受摧残最甚者也。[1]
>
> 色彩方面最难讨论，因石窟中所施彩画，全是经过后世的重修，伧俗得很。外壁悬崖小洞，因其残缺，大概停止修葺较早，所以现时所留色彩痕迹，当是较古的遗制。但恐怕绝不会是北魏原来面目。[2]

2021年7月五华洞经过为期九年的维修，终于正式对游客开放了。我们参观五华洞时，这里还在维修。我们是经过申请，特批进入了维修工程的现场。

那时洞窟之中还搭着脚手架，架子上铺设竹板，钢管的两端都安装了保护性的软套，不仅可以保护工作人员，还可以保护石窟文物。我们戴上安全帽，把所有的背包和手持物品都放在窟外，然后跟随研究院的工作人员爬上窟去。

搭满脚手架的洞窟，不能一眼看到其全貌。但由此带来的优点比这个缺点要突出得多，那就是有前所未有的机缘近距离观看那些石窟造像。要知道历史上云冈石窟中，

● 云冈石窟五华洞局部

[1] 梁思成：《中国雕塑史》，《梁思成全集》第一卷，第78页。
[2] 林徽因：《云冈石窟中所表现的北魏建筑》，《林徽因文存》，第27页。

●　云冈石窟五华洞七佛

搭有架子的时间，也不会超过 1%。在建造好了之后，绝大部分时间都是不会搭架子的。只在各朝代维修时，有可能搭有架子。新中国成立后这也是第一次维修。从这个角度说，我们可能比梁林二位先生更为幸运呢。

包括五华洞在内的中期洞窟，样式都从昙曜五窟的椭圆形穹顶式，变成了方形的中心塔柱，或者长方形的前后室洞窟。四周壁面上分成了上下几段，窟顶端有平棋和藻井。"平棋"，就是我们今天所说的天花板。

中期洞窟雕塑题材也变得非常多样。遵照冯太后的懿旨也好，或者是僧人工匠主动献媚也罢，总之，这个时期开窟，特别流行建造"释迦多宝二佛并坐"的样式，以体现皇帝与太后在朝廷上并尊的地位。

同时，雕刻内容还出现了护法天神、伎乐天、供养人等单体造像，以及佛本生、因缘和经变故事等雕刻作品。内容之丰富，如果不是亲临现场，是无法想象的。我们以前去过敦煌，看到莫高窟里有那么多壁画，内容丰富题材众多就感觉很震撼，没想到，比莫高窟大部分洞窟都早的云冈，不但有同样丰富的内容，而且还都是石刻的。要知道石刻这种立体艺术比壁画平面艺术，更加费时费力。而且石刻是减法操作，不像华严寺的泥塑。泥塑做不好的话，还可以随时补泥直到完美。而石刻则完全不同，多一锤子下去石头可能就掉了。刻坏了的部分，再想弥补非常困难。如前所述，20 窟一个立佛碎掉，多少工匠遭到诛杀。可见给北魏皇家做石刻的活儿，不但需要艺术水平够高，而且还随时受到死亡的威胁。我们由此更加理解云冈石窟的珍贵难得。

佛菩萨的脸型，都像鲜卑人的面貌了，身形和穿着的服饰，当然也有巨大的变化。首先说身形，我们看到这个时期的佛菩萨，都变得比昙曜五窟的要瘦长了，就是俗称的"秀骨清像"。由于冯太后本人就是汉人，在她的心目中，自然是对汉文化有很深的情结，于是教育孙子辈的皇帝拓跋宏，也是汉化备至。

虽然还没有迁都洛阳和太和改制，但北魏全国上下的流行趋势，已经以南朝士大夫为风向标了。南朝士大夫什么样呢？咱们看看南朝陵墓出土的画像砖上的人物，比如竹林七贤，那一个个都瘦得跟麻秆似的。为什么呢？因为南朝士大夫崇尚清谈，爱吃五石散。对于身材的要求有点像现在，一味地追求减肥，流行"仙风道骨"，瘦成一把骨头的样子。这就是秀骨清像的意思，后来的北魏到了龙门、巩义、麦积山石窟就越来越瘦了。

而服装方面呢，汉人的服装一直是宽袍大袖。除了赵武灵王胡服骑射改了一阵短打扮之外，大部分时间，汉人不论男女，都还是穿比较长的袍子。这样的大袍子，穿到身上，

● 二佛并坐

就显得衣服很厚重，因此叫做"褒衣博带"，意思是厚重的服装，宽大的带子。袍子都要有腰带，有时女性还要肩披披帛，也是一种装饰用的长带。材质比较轻薄，类似我们今天的丝绸面料的长围巾。这种披帛遇到风吹，就会随风飘舞，体现出人物的潇洒飘逸。在壁画和雕塑上，无法直接画出风这种看不见的透明空气。如何表现风，就用飘带随风飘动的样子来表现空气流动。因此也把石窟或者佛殿墙壁上画满了这种戴飘带的菩萨、飞天等形象的壁画，形容为"满壁风动"。

云冈中期的石窟，掀起了北魏佛教石窟艺术的高峰。这种奢华的开窟造像行为，也广泛地影响到了北魏疆土覆盖范围内的广大地区。东到义县万佛堂，西到敦煌莫高窟，南到广元皇泽寺，北魏佛教造像遍布华夏北方。由多种文化的融合，产生了富丽堂皇的"太和风格"，主要特点就是内容繁复、雕饰精美，这跟早期的云冈石窟有很大的不同，具有明显的汉化特征。

看了许多人物雕塑之后，我们把注意力转到云冈石窟中的建筑元素方面。

当年梁林来此测绘，还是把重点放在北魏建筑上面。

他们写道：

> 以前从搜集建筑实物史料方面，我们早就注意到云冈，龙门，及天龙山等处石刻上"建筑的"（architectural）价值，所以造像之外，影片中所呈示的各种浮雕花纹及建筑部分（若门楣，栏杆，柱塔等等）均早已列入我们建筑实物史料的档库。这次来到云冈，我们得以亲自抚摩这些珍罕的建筑实物遗证，同行诸人，不约而同的第一转念，便是作一种关于云冈石窟"建筑的"方面比较详尽的分类报告。
>
> 这"建筑的"方面有两种：一是洞本身的布置，构造，及年代，与敦煌印度之差别等等，这个倒是比较简单的；一是洞中石刻上所表现的北魏建筑物及建筑部分，这后者却是个大大有意思的研究，也就是本篇所最注重处，亦所以命题者。[1]

在梁林二位先生详细记录了云冈的建筑元素之后，他们在文章的最后总结道：

> 云冈石窟所表现的建筑式样，大部为中国固有的方式，并未受外来多少影响，不但如此，且使外来物同化于中国，塔即其例。印度窣堵波方式，本大异于中国本来所有的建筑，及来到中国，当时仅在楼阁顶上，占一象征及装饰的部分，成为塔刹。至于希

---

[1] 林徽因：《云冈石窟中所表现的北魏建筑》，《林徽因文存》，第 13 页。

● 云冈石窟建筑雕塑装饰

　　腊古典柱头如 gonid order 等虽然偶见，其实只成装饰上偶然变化的点缀，并无影响可说。惟有印度的圆栱（外周作宝珠形的），还比较的重要，但亦止是建筑部分的形式而已。如中部第八洞门廊大柱底下的高 pedestal，本亦是西欧古典建筑的特征之一，既已传入中土，本可发达传布，影响及于中国柱础。孰知事实并不如是，隋唐以及后代柱础，均保守石质覆盆等扁圆形式，虽然偶有稍高的筒形，亦未见多用于后世。后来中国的种种基座，则恐全是由台基及须弥座演化出来的，与此种 pedestal 并无多少关系。

　　在结构原则上，云冈石刻中的中国建筑，确是明显表示其应用构架原则的。构架上主要部分，如支柱、阑额、斗栱、椽瓦、檐脊等，一一均应用如后代；其形式且均为后代同样部分的初型无疑。所以可以证明，在结构根本原则及形式上，中国建筑二千年来保持其独立性，不曾被外来影响所动摇。所谓受印度希腊影响者，实仅限于装饰雕刻两方面的。[1]

　　由于云冈石窟的中期洞窟中，雕刻了大量的北魏时代的建筑图案。所以为营造学社的学者们及当代建筑设计师，留下了大量可供学习和参考的依据。前些年，就在云冈石窟景

---

[1]林徽因：《云冈石窟中所表现的北魏建筑》，《林徽因文存》，第30~31页。

区内，当地拨款斥巨资打造了北魏风格的寺院群落，给我们这些游客重新欣赏到北魏风格的建筑实地创造了机会。

太和十八年（494年）魏孝文帝迁都洛阳，这次迁都是在很多大臣和权贵家族不十分接受的情况下，强行哄骗大家过去的。所以即使首都南迁，平城仍然在很长时间内都是北魏权贵所居住的大城市。留居平城的佛教信徒继续开窟造像，一直到正光五年（524年）。

第4、14、15、21至45窟，是云冈石窟第三期的代表。这一时期，因为不是国家工程了，都是个人建设，所以都是中、小型窟龛。但是数量众多，从东往西布满崖面。主要分布在第20窟以西，约有200余

● 云冈石窟第3号窟唐代大佛

座中小型洞窟。洞窟大多以单窟形式出现，不再成组。此时的云冈，基本上已经完全汉化了。

最后我们再说一下3号窟。它是云冈石窟尺寸空间最大的一窟，高约25米，传说是昙曜翻译佛经的场所。但是可以看出，里面的石窟并未真正雕刻完毕。3号窟分前后室，前室上部中间凿出一个弥勒窟室，左右凿出一对三层方塔。后室南面西侧雕刻有一尊大佛和两尊菩萨。他们的面貌与之前我们看到的云冈造像都不一样。既不是凉州模式，也不是北魏汉化后秀骨清像的瘦长脸，而是更接近唐代的圆润丰满的面相。梁先生用了较多篇幅分析它到底是什么时候的作品，这里就不赘述了。其实看多了石窟的人，一眼就能看出来，这应该就是初唐的作品。

第六章　应县木塔

抖　抖　历　史　的　灰　尘

应县木塔，自从我开始重走梁林路以来，去过很多次了。最近的一次，是 2022 年 3 月。这次去，我是想趁冬天还没走远，候鸟还没飞回的时节，去航拍一下我心中的这座中国"现存最伟大"的古建筑。

木塔附近，在夏天的时候，居住着极多雨燕。所以，前一次来时，大概是两年前了，没敢航拍。我不知道燕子是否能躲开无人机，我本觉得它们那么灵活，应该没问题，但不想冒一点险，免得伤及小动物。当时就想好了，一定要找一个冬天，晴朗的天气时，再来航拍一下天空和周边环境清静的木塔。反正这里来多少次都不会看腻。

● 应县木塔塔刹

如今，北京到应县，已经全程开通了高铁。这在 90 年前梁先生所处的时代，完全不敢想象。他们当年从大同到应县，可是费了一整天的时间。

● 夕阳下的应县木塔及倒影

营造学社考察大同寺院的计划进行得很顺利，于是思成和莫先生起程前往应县。他们两个人七时由大同出发，车还新，路也平坦，到了站才知道离目的地还有四十公里，他们只好另雇了辆驴车，又忍受六个小时的颠簸，到应县已晚间八点。思成写道："我们到达离城约有八公里的地方时，已是落日时分，我蓦地看到前方山路差不多尽头处，在暗紫色的背景中有一颗闪光的宝石——那是在附近群山环抱中一座红白相间的宝塔，映照着金色的落日。当我们到达这座有城墙的城市时，天已黑了，这是盐地上的一个贫穷小镇，镇上只有几百家土房子和几十棵树。但它自夸拥有中国至今仅存的木塔。"[1]

现在的我，对比当年的交通，简直不知道幸福多少倍。我从北京出发，下午4点多的高铁，先到大同，不出站，站内换乘山西省内动车，又经过一小时，便抵达了应县火车站。

酒店就订在离应县木塔最近的地方，这样一会儿去看看它，也很方便。出站时，天已经黑了，今天肯定是看不到梁先生当年在落日余晖中见到木塔的那种景象了。不过还好，前年来的那次，我们幸运地赶上了落日，把整个木塔照得红彤彤的，我们一行人都特别兴奋，相约等2056年，一起来给木塔庆祝千年。

到了酒店，一进门，发现一个人都没有，包括前台的服务员。喊了半天也没人出来给我办房卡。走出酒店黑漆漆的大门，外边除了远处的木塔矗立在黑夜之中，一个人影都看不到。能咋办，干等着吧。于是跟朋友打电话聊天，还好大约只过了十分钟，服务员从外边回来了。我把行李放到房间，便自己带上照相机和无人机，前往木塔。夜里去看看，又是另一番感受。

不管怎么说，我们现在的条件比梁先生他们当年好上太多，关于考察差旅环境和使用的设备，他在文集中写道：

> 不似那些昂贵的考古探险、大兽狩猎、热带或极地科学考察，我们考察的设备很简陋。除了测量和照相的仪器外，装备大部分是自制的小器件……每天每夜我们在这种非常悬殊的条件下露宿、做饭、吃饭和睡觉，而我们的交通工具又如此的不确定，从最古老怪异的到普通的、现代化的，而我们认为必要的东西，在别人看来常常又很特别。[2]

---

[1]［美］费慰梅著，成寒译：《林徽因与梁思成》，第87页。
[2]［美］费慰梅著，成寒译：《林徽因与梁思成》，第84页。

走了不远，我就到了木塔之下，景区早已关门，进不去，但并不影响观赏木塔。因为它实在太高大了。景区内有一点灯光从下面照在木塔之上，就趁着这点光线，木塔依然可以在夜色中看得很清楚。走到门口时，看到了"禁止使用无人机"的告示。看来，作为文物保护单位，木塔的保护还是非常到位的。既然已经禁止使用，我就别飞了。

踏实了，不想着飞的事，倒正好拿出手机，给朋友们做一个现场直播。我于是给几个好朋友在微信群里用视频聊天，讲起了应县木塔。

应县木塔全称是佛宫寺释迦塔，它绝对是世界建筑史的一个奇迹。建成于辽道宗清宁二年（1056 年），从 2023 年算再有 33 年就满 1000 岁了。其实古老的年代并不是它最神奇之处，若仅以年代论，在国内的木构建筑中，它只能排在第 42 位。

而高达 66 米的纯木材料的高层建筑，并且能够完好保存至今，成为世界上现存最高的古代木结构建筑——这才是它最神奇的地方。

所以当年梁先生来到这里时，也由衷地赞叹。他在给夫人林徽因的信中这样写道：

　　　　塔身之大，实在惊人。每面三开间，八面完全同样。我的第一个感触，便是可惜你不在此同我享此眼福，不然我真不知你要几体投地的倾倒！回想在大同善化寺暮色

● 应县木塔夜景

里面向着塑像瞪目咋舌的情形，使我愉快得不愿忘记那一刹那人生稀有的，由审美本能所触发的锐感。尤其是同几个兴趣同样的人，在同一个时候浸在那锐感里边。[1]

中国历史上有记载的最高的木构建筑，是 136 米高的北魏洛阳的永宁寺塔。当然，永宁寺塔里面是有一个很高的夯土台基的。不像应县木塔，一层开始就是空心的，它的高度数据是比较令人信服的。永宁寺的夯土台基是啥样的呢？如果读者没有概念，可以参见一下西夏王陵。被称为东方金字塔的西夏王陵现存的一座座的土丘，实际上就是当年王陵木构建筑的夯土台基。

不难想象，136 米高的木构建筑，是极容易遭到雷火袭击的。如明代永乐年间北京故宫的太和殿，刚刚修建完几个月就着火了。永宁寺塔坚持了 15 年，还是在公元 534 年（北魏灭亡那一年）付之一炬。这么高的建筑，一旦着火，是根本没法扑救的。即便在今天，这么高的建筑着火，施救起来仍然是一个巨大的难题。于是，这使我不由得想到关于应县木塔的第一个谜：为什么近一千年没有着火。

世界上现存的辽塔近百座，除了我国东北华北地区有辽塔之外，蒙古国和俄罗斯也有。但它们都是砖石结构，只有这一座是木结构的。它使用了 2600 吨的木料，所有重量都压在第一层的 32 根木柱子上，一算便知，每根木柱平均负重高达 80 多吨。

在古时，木塔最多可以容纳 1500 人同时登临。粗略算一下，如果 1500 人在塔上，每根柱子承受的重量，增加约 4 吨，也就是增加了 5% 的载荷。听起来 1500 人很多，但对于木塔来说，实在是影响不大。但是，最近十几年，应县木塔二楼以上是不允许游客登临的，为什么呢？因为它歪了。

虽然说十塔九歪，可它总有歪的原因吧。比如说比萨斜塔，这座意大利的钟楼比应县木塔晚 120 年建造。可是由于地基不均匀和土层松软的问题，还没建成就发现它歪了。那应县木塔是不是因为地基的问题歪了呢？

不是。我在现场绕着木塔反反复复地观察。一层还是非常正的，倾斜发生在第二层，肉眼可见的歪。

应县木塔在建成后近千年的时间里，经历了大大小小 40 余次地震，仅烈度在五度以上的地震就有十几次。木结构建筑对于地震来说，其斗栱的活性连接结构受力是一种非常稳定的抗震方案。所以，地震对于它来说，就像挠痒痒，抖一抖身上的灰尘，就继续挺立了。

到了 1926 年，冯玉祥率部攻打山西，在应县一带跟阎锡山的部队发生激战。木塔中弹

［1］梁思成：《闲谈关于古代建筑的一点消息》，《梁思成全集》第一卷，第 317 页。

● 应县木塔二层受损部位

二百余发。之后到了 1948 年，解放应县时，木塔又被 12 发炮弹击中。梁先生在当年还是可以登上去的，他写道：

> 这塔的现状尚不坏，虽略有朽裂处。八百七十余年的风雨它不动声色的承受了，并且它还领教过现代文明；民国十六、七年间冯玉祥攻山西时，这塔曾吃了不少的炮弹，痕迹依然存在，这实在叫我脸红。第二层有一根泥道栱竟为打去一节，第四层内部阑额内尚嵌着一弹未经取出，而最下层西面两檐柱都有碗口大小的孔，正穿通柱身，可谓无独有偶。此外枪孔无数，幸而尚未打倒，也算是这塔的福气。现在应县人士有捐款重修之议，将来回平后将不免为他们奔走一番，不用说动工时还须再来应县一次。[1]

所以可见，经过炮弹打击之后，木塔还没有歪斜。那么到底是怎么回事呢？

原来是民国时期的一位县长为了美观，要创造一个"玲珑宝塔"的观赏效果，他命人拆去木塔诸多斜撑构件，在那里开设了窗户。这件事是在梁先生他们走后做的。这个不懂

---

[1] 梁思成：《闲谈关于古代建筑的一点消息》，《梁思成全集》第一卷，第 318 页。

应县木塔

结构力学的改造行为，大大降低了木塔的稳定性，再加上那些炮轰的伤痕并没有及时修复，结果直接导致了如今的倾斜。

据中国文化遗产研究院长期对应县木塔进行监测的结果，确定出木塔的第二层是整体结构中的薄弱层。近20年来，监测与测绘数据分析结果表明，应县木塔第二层整体和局部结构倾斜变形都在继续发展，而且倾斜方向一致。照这么下去早晚要倒掉，怎么办呢？

在古代，对于木构建筑，本身就是要定期维修的。毕竟我国古代99%的建筑都是木构的，维修建筑是一个特别常规的行业。日常使用中，建筑就会定期保养；每隔五十年、一百年，大型建筑都要进行修缮。如果出现重大问题，还有可能落架大修。这个架，就是指梁架。一座木结构建筑，主要就是靠在地基上的立柱和梁架系统支撑起来的。其余基本是辅助性耗材，是要经常更换的。

落架大修就是将木塔每个构件，就跟积木一样，一个个全部拆下来，找到糟朽的，或者变形的，更换成新的，然后再重新组装回去。比如离应县不远的朔州，这里最有名的古迹崇福寺的金代大殿——弥陀殿，就是在20世纪80年代由山西古建筑专家柴泽俊先生领衔，进行过落架大修。在弥陀殿落架大修时，甚至连墙壁上的壁画都拆下来了。没办法，柱子在墙壁里面，不拆壁画，没法修柱子。

说到这，你可能想了，既然如此，那应县木塔干脆赶紧落架大修吧，别哪天一阵狂风来了，把它吹倒了。然而，如今这活儿真没人能干。修崇福寺的柴老，2017年去世了。像木塔这样复杂的结构，全塔共使用斗栱480朵，还不是统一的结构，按照不同的组合方式，专家统计出54种。

斗栱这种构件的组合，还不能简单地理解为积木。因为它除了看上去锁扣在一起之外，其实在看不见的构件里层，还有暗榫。这些榫口如果搞不清楚内部结构，强行拆开，必然损坏。有些因为已经几百年了，就算知道结构，也未必能完好地拆开。所以，落架大修这事，基本是不太可能了。

目前，木塔采用保守方案，在第二层倾斜最严重的位置，进行了物理加固。用钢筋和木梁进行支撑和栓拉。当然，木塔也有24小时不间断的监测，一旦发现倾斜加速，立即采取物理措施，先搭建钢铁的脚手架将其扶住再说。

2600吨，是三四千立方米的木料。据说当年把旁边黄花岭整座山上所有的树木都砍光了，才建起的木塔。可想而知，当年在应县一带有那么多这样的大树，自然环境应该是不错的。而能把一座山砍光，这样的工程，也必然不是普通土豪就可以搞定的。当时的应州地面上，最有权势的家族，就是辽国著名的萧氏家族。我们听评书《杨家将》总能听到萧太后的名字，实际上，萧太后不止一位，辽朝皇后都姓萧。从开国皇帝耶律阿保机的母亲开始就姓萧。

　　辽代最后四位皇帝特别崇佛。大举兴建巨型高塔就是从倒数第四位皇帝辽圣宗耶律隆绪开始的。他的后妃萧耨斤正是应县木塔的首席供养人。之后，兴宗的仁懿皇后萧挞里、道宗的宣懿皇后萧观音，也都被画在木塔的壁画之上，据此推测此塔应该是从圣宗时代开始修建，直到道宗执政的清宁二年建设完毕的。在木塔一层的门楣上，有萧家供养人的彩画，推测为三位皇后和三位封王的男子。

　　木塔千年不倒，地基起着至关重要的作用。匠师们首先用石料砌成深入地下 2 米，建成后总厚度为 6.4 米的塔基。石塔基上面有 32 个圆形柱础，分布为三圈，每根承受着 80 多吨重量的巨型木柱，就被放置在这些柱础之上，柱子跟柱子之间，再通过木制梁枋进行连接，形成一张八角形的柱网。

　　第二至五层，每一层都是上下两部分。下半部分是平座，木料密实地组装在一起，几乎没有缝隙，形成一个八角的圈状结构层，在金代对其加固时，又在暗层内非常科学地增加了许多斜撑（民国县长拆的就是这些构件）。暗层上面是楼阁，也就是明层，楼阁里除了四周有楼梯外，中间还设有佛坛。佛坛上每一层均有一些精美的辽代佛像。

　　这么多年，木塔不可能不被雷击中，那么它为什么没有起火呢？我们看它的顶部塔刹。上面各种宗教法器，从下至上依次排列，中间由铁刹串联，每当电闪雷鸣时，铁刹充当起

● 应县木塔塔刹

避雷针，四周八条铁链成了引雷的引下线，顺着引线传导至地面，形成了近代物理学叫做"法拉第笼"的一种避雷结构。千年之前，辽代工匠当然不知道什么法拉第笼的道理，但他们那样安装铁链，本来是为了固定高耸的塔刹，结果无意中组成了法拉第笼，庇佑木塔安然度过千年雷电的袭击。

当年，梁思成先生登上塔顶进行测绘时，铁链子还救过他的命。

> 今天工作将完时，忽然来了一阵"不测的风云"，在天晴日美的下午五时前后狂风暴雨，雷电交作。我们正在最上层梁架上……而且紧在塔顶铁质相轮之下，电母风伯不见得会讲特别交情。
>
> 我们急着爬下，则见实测记录册子已被吹开，有一页已飞到栏杆上了，若再迟半秒钟，则十天的功作有全部损失的危险。我们追回那一页后，急步下楼——约五分钟——到了楼下，却已有一线骄阳、由蓝天云隙里射出，风雨雷电已全签了停战协定了。
>
> 我抬头看塔仍然存在，庆祝它又避过了一次雷打的危险……[1]

来瞻仰木塔的游人，除了远观木塔的外形，近处欣赏木塔的斗栱外，每一位来此的游客，都会对上面的匾额产生兴趣。整个木塔每一层的四周，都挂有众多匾额。有人统计过一共有48块，其中3块已经遗失，还剩45块。

首先，是南侧也就是木塔正面正中间，第三层檐下的塔名的匾额。上面书写着三个大字——"释迦塔"，这三个字是金代的昭信校尉、大书家王瓛题的。制匾时间为金代的明昌五年（1194年），字体是标准的颜体，大字两边，还有236字题记，分6次做成，记述了历次修塔的历史，是珍贵的史料。题文中就有"大辽清宁二年特建宝塔，大金明昌六年增修益完"，是木塔建造年代的确凿记载。

然后看正面最高处，第五层檐下挂着一块匾，上书"峻极神工"四字。这是永乐帝朱棣的御笔。永乐二十一年（1423年），他第五次御驾亲征，出师宣化，打击南侵的鞑靼和瓦剌部，大获全胜。回京时，朱棣登上木塔，瞭望四境，睥睨天下，志得意满，于是亲笔题下了"峻极神工"四字。既是夸赞木塔，更是在表扬自己的功绩。

下面一层，就是第四层的塔檐下挂着"天下奇观"的匾额。1517年，正德十二年，鞑靼小王子侵犯阳和（今山西阳高）进军到应州，明朝总兵王勋被困，这时，正德皇帝朱厚照以"大将军朱寿"的名义带兵出征。两军血战六天，小王子败退。这次决战给鞑靼不小

---

[1]梁思成：《闲谈关于古代建筑的一点消息》，《梁思成全集》第一卷，第318页。

● 应县木塔"峻极神工"匾额

　　的打击，边境地区一下安静了多年。第二年，朱厚照再一次来到应县木塔，登塔宴赏群臣，题写"天下奇观"。从这件事上来看，朱厚照可能没有后来史书里写的那么差劲。

　　第二层檐下，"天宫高耸""永镇金城"，这两块都是清光绪年间的应州知州所书。

　　第二层平座外的"正直"二字，出自清代雍正年间怀仁知县李佳士之手。"正直"二字一语双关，一指木塔笔直，二指为官做人应正直无私、心地坦荡。

　　而这块匾与一层塔门上方的"万古瞻观"匾遥相呼应，这块匾的作者是清康熙年间应州知州章弘，这块匾上没有留下书写人的名字。之所以没留下，据说原因在于章弘是个贪官，本来不该留下牌匾，只是因为字体优美、立意颇佳才得留下。所以才会有后来楼上"正直"的牌匾来表明心意。不过，也有说章弘是个大大的清官，不与当地的地方势力同流合污，遭到这些人的报复，诬陷为贪官。历史烟尘已去，事实无暇考证，但"万古瞻观"四个字却也印证了应县木塔今后的命运。

　　最后咱们说一下正面第一层塔檐下的"天柱地轴"匾额，这四个字来自于《淮南子·天文训》："昔者共工与颛顼争为帝，怒而触不周之山。天柱折……"这块匾是万历年间应州的文人田蕙所题。田蕙这个人刚正不阿，曾经一度考取功名，入朝为官，但因与同僚不和，愤然辞职回乡，赋闲在家，研究起木塔的历史。

应县木塔

"天柱地轴"这词说得真好，由于当代应县地方上对木塔保护意识很好，这么多年来，在木塔周围没有高大的建筑物。我们去木塔下面，仰望木塔，满眼只能看到蓝天白云，以及满天飞翔的燕子。蓝天就是木塔唯一的背景，湛蓝湛蓝的天空，应县这里的云又显得那么的低，真的感觉木塔上面就是紧接着天空。好一个天柱地轴！

此刻，我似乎也能够体会梁先生当年看到它时的那种兴奋和崇拜的感受。用《梁思成传》里的一段话，来表达我对他实地调查古建筑意义的感受吧：

（其意义）早已超出了建筑学本身，而是在独辟蹊径地体味和发扬着中国的传统文化。……而梁思成则特别认为，建筑"完全是由于当时各地的人情风俗，政治经济的情形，气候及物产材料所提供的，和匠人对于力学之智识，技术之巧拙，等等复杂情况总影响之下产生"的。

而"到了各地各文化渐渐会通的时代，一系的建筑，便不能脱离它邻近文化系统的影响。……而不同民族的生活习惯和文化传统又赋予建筑以民族性。它是社会生活的反映，它的形象往往会引起人们感情上的反省"。[1]

---

[1] 窦忠如：《梁思成传》，百花文艺出版社 2007 年版，第 103 页。

第七章　沧州狮子赵州桥

民　谣　中　的　华　北　之　宝

● 梁思成在赵州桥

1933 年 4 月，梁思成和林徽因去了正定，9 月去了大同和应县，下一个民谣中的古建筑，当是赵州桥了。

华北四大名胜，当年最为平民百姓所熟知的，恐怕就是赵州桥了。京剧《小放牛》里牧童和村姑有对唱："赵州桥鲁班爷爷修，玉石的栏杆是能人留，张果老骑驴桥上走，柴王爷推车就轧了一道沟……"

于是，1933 年的 11 月，梁先生同夫人林徽因、社员莫宗江一起登上了南下的列车。他们的目的地是石家庄南边的赵县，但途径正定，于是第二次对隆兴寺等古建筑进行了补测。

这一次考察赵州，不意不单是得见伟丽惊人的隋朝建筑原物，并且得认识研究这千数百年前的结构所取的方式，对于工程力学方面，竟有非常的了解，及极经济极聪明的控制。所以除却沧州铁狮子我尚未得瞻仰不能置辞外，我对于北方歌谣中所称扬的三个宝贝，实在赞叹景仰不能自已，且相信今日的知识阶级中人，对这几件古传瑰宝，确有认识爱护的必要，敢以介绍人的资格，将我所考察所测绘的作成报告，附以关于这桥建筑及工程方面的分析，献与国内同好。

除大石桥外，在赵州更得到许多宝贝，其中有两座桥，一座是县城西门外的永通桥，

● 今日赵州桥（许凯章　摄）

即所谓的小石桥；一座是县西南八里宋村的济美桥。因为他们与大石桥多有相同之点，所以一并在此叙述。[1]

今天的我们对赵州桥耳熟能详，倒不是因为《小放牛》，而是因为我国桥梁专家茅以升写的《中国石拱桥》之中一段关于它的文字，成了小学三年级的语文课文。这篇文章短小精练，描述准确，将赵州桥的所有特点亮点介绍得清清楚楚：

河北省赵县的洨河上，有一座世界闻名的石拱桥，叫安济桥，又叫赵州桥。它是隋朝的石匠李春设计并参加建造的，到现在已经有一千四百多年了。

赵州桥非常雄伟。桥长五十多米，有九米多宽，中间行车马，两旁走人。这么长的桥，全部用石头砌成，下面没有桥墩，只有一个拱形的大桥洞，横跨在三十七米多宽的河面上。大桥洞顶上的左右两边，还各有两个拱形的小桥洞。平时，河水从大桥洞流过，

[1]梁思成：《赵县大石桥即安济桥》，《梁思成全集》第二卷，第225页。

发大水的时候，河水还可以从四个小桥洞流过。这种设计，在建桥史上是一个创举，既减轻了流水对桥身的冲击力，使桥不容易被大水冲毁，又减轻了桥身的重量，节省了石料。

这座桥不但坚固，而且美观。桥面两侧有石栏，栏板上雕刻着精美的图案：有的刻着两条相互缠绕的龙，嘴里吐出美丽的水花；有的刻着两条飞龙，前爪相互抵着，各自回首遥望；还有的刻着双龙戏珠。所有的龙似乎都在游动，真像活了一样。

赵州桥体现了劳动人民的智慧和才干，是我国宝贵的历史文化遗产。[1]

梁先生在 1933 年的《6 世纪的开拱桥》的调查报告中，也不吝溢美之词：

它的单拱跨度将近一百二十英尺……完全相仿于当代工程里所谓的"开拱桥"！如此建造方法直至本世纪方才普遍运用于西方，尽管法国曾在 14 世纪出现过一个例子。但是，这座中国桥建于隋代之初，公元 591 年至 599 年之间……虽已历时十三个半世纪，这高贵的建筑物看去犹如最新型的超级摩登桥梁。若非上面那些不同年代的铭记，它极其古老的年代简直令人难以置信。据我所知，它是中国尚存最古老的桥梁。[2]

可能是从小听太多，现场看赵州桥时，我并没有太多惊喜和感触。真正让我对它刮目相看的，是后来一次偶然在国家博物馆里看到一块精美的石刻，围着它看了半天后，才发现说明牌上赫然标注：隋代石栏板，出土于安济桥。

赵州桥上的隋代石栏板，怎么跑到北京的国家博物馆里了呢？

原来，梁先生测绘完后，发表调查报告，开始呼吁修缮赵州桥。但很快到了 1937 年，全面抗战爆发，修桥事宜无法进行。一直到新中国成立后，梁先生再次推动修缮工程。1952 年 11 月，赵州桥的修缮工程开始，进行了重新测绘和考古发掘。并于之后的三年内，先后挖掘出土大小桥石 1500 多块。

这些都是历朝历代维修换下来的桥体构件，经过拼合，较完整且有雕栏和铭记的石块包括：隋代饕餮栏板 2 块，隋代雕龙栏板 7 块，走马栏板 1 块，斗子卷叶栏板 16 块，雕凤栏板 1 块，石雕狮子两只，仰天石 52 块，唐到明代石碑、桥面石、"布施"栏板等多块。这些文物后来被收藏至国家博物馆中。

---

[1] 茅以升：《赵州桥》，《语文》（三年级下册），人民教育出版社 2020 年版，第 40~41 页。
[2] 梁思成：《华北古建调查报告》，《梁思成全集》第三卷，第 337 页。

● "国博"藏赵州桥隋代石栏板

　　隋代建成时，赵州桥的雕刻装饰主要集中在桥中部每侧5块蛟龙栏板、6根蟠龙竹节望柱上，形成一个气势恢宏的群龙阵图。赵州桥上石刻的风格非常接近北齐的皇家石窟响堂山。

　　石质栏板的功能，是保护人车安全。因此栏板本身不能太薄，为了减轻对大石桥面的压力，栏板又不能太厚。所以我们看到栏板上的雕刻，均采用薄浮雕的技法。国博这一块栏板的正面有两条龙分别从两边钻过石板冒出头来，相遇之下前脚互相推执，而龙头不能重叠，则雕刻成扭回头向后的姿态。龙身遍体雕刻鳞甲，头角峥嵘，力道十足，像是真的在蜿蜒移动。龙的嘴部有三道弯曲，这是北朝龙首的特点，在邺城遗址出土的建筑构件龙首上，有几乎一样的造型。龙身粗壮，眼睛炯炯有神地盯向前方，体现出大隋王朝国力此时处于蒸蒸日上的状态。这和明清时代的龙身体瘦得像条蛇，气象是完全不同的。宋代赵州刺史杜德源有诗赞曰："驾石飞梁尽一虹，苍龙惊蛰背磨空。"

　　不仅雕刻精致，当年的石料选择也应该是非常考究的。国博展出的这块石栏板掉入河水中，经过这么多年的水流冲刷，淤泥腐蚀，现今看起来，雕刻纹路还是如此的清晰完整。似乎当年被路过的行人触摸出的包浆还留存在栏板上面一样。

　　1952年国家准备修缮长城，后来的长城保护专家、营造学社年龄最小的社员、梁思成先生的学生罗哲文向自己的老师请教。梁先生当即提出了许多宝贵意见。令罗先生印象最深的，也是梁先生对于文物保护和修缮最有远见的意见就是：古建筑维修要有古意，要"整旧如旧"。不要全部换成了新砖新石，千万不要用洋灰。有些残的地方，没有危险，不危及游人的安全就不必全部修齐全了，"故垒斜阳"更有味道。他还提出在长城脚下千万不能种高大乔木，以免影响观看长城的雄姿，树太近了太高了，对长城的保护也不利。

修长城如此，按说修赵州桥也应该是同样的道理。历史上的赵州桥经历过九次大修，在1400多年里，它经历了8次以上的地震考验，从隋代建成之后，承受了无数的人畜车马的倾轧，饱经了无数风霜雪雨和洪水的冲蚀。可最终，赵州桥还是按照新的工艺进行了维修。1963年，梁思成再次回到赵县，看到修缮后的赵州桥痛心不已。他说："直至今天，我还是认为把一座古文物修得焕然一新……将严重损害到它的历史、艺术价值……在赵州桥的重修中，这方面没有得到足够的重视，这不能说不是一个遗憾。"[1]

还有一件事，也让人遗憾。为了保护赵州桥，让它不再承担交通功能，当地在旁边专门修了一座桥，以便让人和车通过，这座桥也是仿古造型，建的时间不长，却显得又破又旧，粗鄙不堪。

离赵州桥不远的赵县县城，在小石桥、柏林禅寺和古城遗址公园之间的"石塔路"中心环岛里，保存着著名的赵州陀罗尼经幢。来赵州桥，必然路过这里。由于就在环岛里面，不需要门票，只要在远处把车停好，就可以溜达进去看了。"幢"的本意指佛寺里用宝珠丝帛装饰的柱子，后来为了永久保存，使用石刻。一般置于大殿前的庭院内，从唐代开始出现，之后的五代宋时期全国流行，于是各地留下了很多唐宋的经幢。

游览到中午我们又饿了，当地的驴肉不错，就在赵州桥边上，有一家"祖传八代全驴宴"，我打电话过去，老板一说话就自信满满："放心吧，我们干了多少辈了。"

● 赵县陀罗尼经幢（许凯章　摄）

---

[1] 梁思成：《闲话文物建筑的重修与维护》，《梁思成全集》第五卷，第441页。

● 沧州铁狮子

我吃着喷香的驴肉，脑海中闪现出当年一头头驴走过赵州桥的情景，我们吃的，可称之为"过桥驴肉"吧。

华北四宝之中，梁先生文集里唯一没有写报告的古迹就是铁狮子。我猜测梁先生应该还是去看过，可能是他更关注古建筑，所以没有专门论述铸铁雕塑。沧州离赵州也不远，铁狮子就在沧州古城往里不远的一个小院，门口的说明牌上记载，原来铁狮子置于附近的麦田之中，为了保护搬迁至此。

1984 年因狮足长期陷于土中，而在狮旁新建了一座 2 米高的台座，将铁狮挪置其上。这个想法也应该是好的，君不见巩义的宋代皇陵前面的石刻狮子，多少已经半没于黄土之中了。台座，就在这个小院里，门票 20+10 元。20 元是铁狮子，10 元是旁边的铁钱库，绑定销售。

进院就赫然看见了它。很明显，跟我们在全国各地尤其是山西看到的晚唐到宋代的佛教雕塑中的狮子是非常相似的，如佛光寺东大殿里和文殊殿里的文殊菩萨的坐骑。背上的莲台形状非常明显。上面如果是当年完成了的话，应该也有一个文殊菩萨。其实原来是有一个铁菩萨的，就是离沧州不远的东光县。据说在大炼钢铁时给炼了……

它是什么年代的呢？在狮子脖颈右侧有"大周广顺三年铸"七字（953 年），右肋有"山东李云造"五字。这一件铁器，是我国古代最大的铸铁品，其体态究竟有多高大？狮身高 3.8 米，头部高 1.5 米，整体高度 5.48 米，通长 6.5 米。以前传说铁狮总重量约 40 吨，1984 年为保护狮身为其移位时，经过准确称量，铁狮的总重量为 29.30 吨。

铁狮躯体高大，面南尾北，昂首挺胸，怒睁双目，巨口大张，四肢叉开，仿佛正疾走乍停，又好似阔步前进。其威武雄壮的气势，栩栩如生的姿态，与其头部铸有的"师（通狮）子王"三个大字，这比辛巴更有资格被称为狮王！

难怪历代文人都为之赞叹讴歌。比如清代就有文人李云峥作了一首《铁狮赋》：

飙生奋鬣，星若悬眸

爪排若锯，牙列如钩

既狰狞而踯躅

乍奔突而淹留

昂首西倾，吸波涛于广淀

掉尾东扫，抗潮汐于蜃楼。[1]

当年作者看到的，还是一个完整的狮子。可惜的是在清朝嘉庆八年（1803 年），不知道怎么来了那么大的风，居然把铁狮子给吹倒了，其下颌、腹部和尾部都遭到了严重损坏……就这样倒下了 90 年，一直到光绪十九年（1893 年）终于被当地官员组织人力扶起。

接下来的故事，就不太让人开心了。

1956 年以前，铁狮子被扶起 63 年来，一直站在黄土地上。沧州虽然经常闹旱灾，但是有时候，夏季也会雨水很大。大的时候，水淹到狮腹，狮腿在雨中连泡数月。在苏联专家的建议下，沧州地区文保所在铁狮子上面修建了八角亭。说到苏联专家，特别像"砖家"，也是同一年，苏联专家给昌平定陵挖掘的考古人员出主意，在出土的万历皇帝陪葬锦缎上，涂玻璃胶用以保护。结果是——华美的锦缎全部破碎像秋天的败叶。

从当时的资料图片上看，苏联专家建议建造的亭子十分低矮，将狮子严密地遮盖在下面。没过多久，就发现亭子虽然解决了狮子的淋雨问题，但因狮子所处地势低洼，积水不能快速蒸发扩散，最后导致"亭子形成了一个潮湿高温的小气候"，加重了狮子的锈蚀，

---

[1]《沧州风物志》编写组：《沧州风物志》，河北人民出版社 1989 年版，第 259 页。

沧州铁狮子

铁狮子锈蚀得更加严重。类似情况在太原晋祠铁人上也有出现，越是不通风，没人去触摸，铁生锈越快。

1961年，国家文物局颁布第一批全国重点文物保护单位，铁狮子这么有名的后周巨型铁塑，必然进入了名单。但是进国保名单，没有解决生锈的问题，1972年，为了让铁狮子不再进一步锈蚀，拆除了建筑，恢复为露天状态。

后来，经过论证，由沧州当地文保部门为铁狮子建一座隔水的水泥台。将狮子放置在上面，但由于铁狮子太沉，不敢移位太远，就把台子修建在狮子北边八米处。为把狮子吊装到水泥台上，可是颇费周折。找了十几家单位，都不愿接这个活儿，怕国宝有闪失成千古罪人，最后由本地的一家铁路服务公司承担工程实施。

为减轻起吊重量，先吊下了狮头和莲花座。吊装时在狮子腹部焊接了井字架底盘，为不让中空的腿部受到挤压，暂时灌注了硫黄锚固合剂。当时认为合剂加热后会融化，吊装结束后易于清除。1984年11月，四台十吨级的千斤顶顶住底盘，两部三十吨级的吊车同步起吊。先吊起一厘米，观察30秒，再吊50厘米，观察30秒。狮子平安无虞地落在了台基上。

这次吊装的同时，也为铁狮子做了一次全身检查。发现当时狮子全身破损共42处。除下巴、尾巴、左后足、右前足完全缺损外，最大的空洞是肚皮。就是这次吊装却遗留下了一个严重的问题：硫黄锚固合剂未及时清除。

原因竟然是吊装完成后，当时主要负责这件事的人被调任。清理硫黄合剂这件事，没人管了。铁狮子灌注这种合剂后，常有红、黄、黑液体分泌物从铁狮子腿部裂缝渗出。这些分泌物是硫铁化合物以及铁锈。液态的硫黄合剂降温凝固，体积膨胀，导致本来就有裂缝的狮腿加速断裂。

1994年铁狮子告急。工作人员清除硫黄合剂时，发现狮子腿内大约2厘米粗的钢筋如今已经腐蚀成了铁丝一样细。这次从狮子身体里清理出已酥裂的铸铁碎块大约有60公斤。铁狮子就快站不住了，于是就给它装了我们现在看到的粗大的金属支架。

金属文物在保护上的难题，使得文物部门进退两难。虽然面向全国专家寻求帮助，但至今尚未有一个合适的维修方案，也不知铁狮子如今怎么样了。

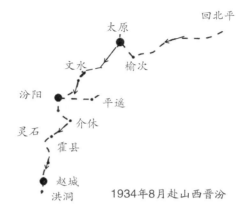

太原

回北平

文水　　　榆次

汾阳　　　平遥

灵石　　　介休

霍县

赵城

洪洞

1934年8月赴山西晋汾

二　晋中流连不知返

第八章 洪洞广胜寺及晋汾古建

消 失 的 壁 画 回 来 了

　　1933 年，在广胜寺发现一整套金代版《三藏经》（公元 1149 年），这是中国佛教典籍研究界的一件大事。正是经书的发现把我们引向了这里。[1]

● 林徽因在晋汾

　　了解林徽因女士那著名的"太太的客厅"的朋友都知道，梁思成与林徽因夫妇的共同好友很多，如果那时有"朋友圈"，互相能看到诸多点赞。但，其中跟他们一起进行过田野调查的，恐怕只有一对美国的夫妻——费正清和费慰梅。

　　费正清（John King Fairbank）比梁先生小 6 岁，1932 年来中国清华大学任教，讲经济史。在中国多年，号称头号中国通，他后来跟崔瑞德一起主编了《剑桥中国史》。她的夫人费慰梅（Wilma Canon Fairbank），比林徽因小 5 岁，研

[1] 梁思成：《华北古建调查报告》，《梁思成全集》第三卷，第 352 页。

究中国艺术和建筑。他们俩在北京结婚，之后认识了梁林，并成为非常好的朋友。

费正清这个名字是梁思成为他取的。正直清廉，"正"和英文John，"清"跟King都是谐音。梁先生说："使用了这样一个汉名，你真可算是一个中国人了"，费慰梅的中文名字也是梁思成所取。她在1994年出版了《Liang and Lin，Partners in Exploring China's Architectural Past》一书，中国译本叫《林徽因与梁思成》。这本书也成为我们重走梁林路的很重要的一个阅读资料。

1933年冬天，从赵州回到北平后，梁林整理并在《中国营造学社汇刊》上发表了关于正定隆兴寺等古建筑的调查报告。在学校教书一直忙到1934年夏天，趁暑假之便，应费氏夫妇的邀请，梁林去了一趟山西汾阳。一边在泉水边避暑，一边在周边进行古建筑调查。费氏夫妇也对此颇有兴趣，于是四人干脆包车从汾阳出发，一路向南到赵城作了一番"预查"，之后折返回太原。

一路上，他们吃了很多苦，前后十几天的调查，加上在汾阳周边的一些短途踏查，他们一共走访了近40处古迹。拍了照片，后来简要地编写了《晋汾古建筑预查纪略》。1936年，梁思成带着营造学社社员又重走这一带详细进行了测绘。

林徽因在《晋汾古建筑预查纪略》的开篇写道：

> 汾阳城外峪道河，为山右绝好消夏的去处；地据白彪山麓，因神头有"马跑神泉"，自从宋太宗的骏骑蹄下踢出甘泉，救了干渴的三军，这泉水便没有停流过。千年来为沿溪数十家磨坊供给原动力，直至电气磨机在平遥创立了山西面粉业的中心，这源源清流始闲散的单剩曲折的画意，辘辘轮声既然消寂下来，而空静的磨坊，便也成了许多洋人避暑的别墅……（作者注：山右指的就是山西，马跑泉至今还在）

> 以汾阳峪道河为根据，我们曾向邻近诸县作了多次的旅行，计停留过八县地方，为太原，文水，汾阳，孝义，介休，灵石，霍县，赵城，其中介休至赵城间三百余里，因同蒲铁路正在炸山兴筑，公路多段被毁，故大半竟至徒步，滋味尤为浓厚。餐风宿雨，两周间艰苦简陋的生活，与寻常都市相较，至少有两世纪的分别。[1]

至于道路有多难行，我们可从费慰梅的书中看得更仔细些。他们四人从传教士那里包

---

[1] 林徽因：《晋汾古建筑预查纪略》，《林徽因文存》，第56页。注：本文在《梁思成全集》中署名为林徽因、梁思成。

● 梁林雇黄包车在路上

了一辆带司机的汽车，一出门就遇到滂沱大雨，黄土路淋成了烂泥塘，汽车根本没法顺利前行。只好放弃汽车，在附近一座庙里住了一晚。

第二天，他们在当地雇了两辆驴车，一起搭船过河，向介休方向前进。此时，阎锡山正在修建窄轨铁路。在没有完全填实和碾平的公路路基上，生锈的窄铁轨高高低低东倒西歪地胡乱安装着，驴车只好从旁边的沟里穿行。

第三天，他们在灵石遇上了铁路的施工路段。现如今，我们遇到"前方施工"，通常也只能绕行了，他们却坚持换人力车，硬着头皮继续前行。"幸好，聪明的旅店老板用出奇低的价钱，帮我们找来三辆人力车"[1]。四人把行李扔上车就开始徒步上路了。

在费慰梅的书中看到这样的描述，我不禁为他们捏了一把汗。不是因为路不好，而是"出奇低"的价钱。其实这哪是"幸好"，而是隐患。在我们重走梁林路的过程中，遇到很多不同的司机，但要想大家路途顺利，相互理解和价格公道是前提。出奇低的价格，不会是什么绝对的好事：这不是后面有消费陷阱，就是服务态度必然不好。一项服务，但凡价格出奇得不公平了，出问题的概率就大增。这是一个换位思考很容易就能明白的道理。

白天需要艰难的徒步，晚上的住宿，也绝不简单舒服。找不到正经旅馆很正常，有时根本没地方休息，只能摸黑赶夜路。

接着看时，我担心的问题立即出现了。费慰梅书中写道："人力车夫每两个小时就停下来休息和吃东西。夜幕低垂时，我们还在离霍州（霍县）十二公里的地方。人力车夫已

---

[1]［美］费慰梅著，成寒译：《林徽因与梁思成》，第99页。

经知道，正如我们即将发现的，在黑夜中走这崎岖的道路，要拉四个小时才到得了。他们不肯再往前走了。"[1]

很显然，超低的车费使得车夫没有继续赶夜路的动力，但在凉雾和充满尘沙的黑夜中，也找不到一个像样的地方投宿，这是多么难过的处境啊。最终，他们只能屈服于车夫，加钱让他们继续往前走，而且还得再雇个小孩打着灯笼带路。万幸的是，前方居然遇到了英国传教士夫妇，得以吃上了热乎的面汤和住上了温暖的房间。浑身疲惫的他们，吃饱后，估计也没有条件洗澡，"躺在帆布床上便不省人事了"[2]。

说起在晋南洗澡，想起我们有一次在山西，住的就是窑洞。本想体验一下民俗，结果发现我们这代人可能真的吃苦能力下降了。山西的窑洞酒店里，睡在硬板的大土炕上还可以接受。但没条件洗澡，真的有点想不到。只好凑合烧了些热水，洗了洗脸和脚就睡了。

研读《晋汾古建筑预查纪略》后，我们发现梁先生他们在文章中记录下来的20处古迹，今天还存在的只剩区区5处。其他全部都找不到踪影。不知道是何时何因，这些古建筑无声地消失在历史的长河之中。

这5处之中，我们最早去的是洪洞广胜寺。因为洪洞县名气很大，从小就在京剧里听苏三开口就唱那里。长大后，也经常听家人说，祖辈是从那里迁过来的，明洪武年间从山西迁到山东，洪洞县大槐树老鸹窝是一个中转集散地。当初的移民被迫离开家乡，一路翻太行，渡黄河，手绑成一串，和快递差不多，被暴力运送。小便解一只手，大便解一双手，留下了解小手、解大手的俚语，至今流传。

所以，2015年我专门去了一次大槐树。当然，明朝的槐树已不在，景区倒是很大，还把祭祖仪式做成了一个旅游项目，说不清是仪式感还是形式感，难得去，可以体验一次。

那次对洪洞县印象最深刻的，不是大槐树，而是广胜寺。如今，大巴车可以直接开到上寺门口的停车场，不像当年梁先生一行四人，历尽艰苦才能抵达。

尽管如此，山路旁的自然风光和百姓人烟，让林徽因忘记了旅途的疲惫，她的眼里都是美好："山中甘泉至此已成溪，所经地域，妇人童子多在濯菜浣衣，利用天然。泉清如琉璃，常可见底，见之使人顿觉清凉，风景是越前进越妩媚可爱。"[3]

[1]［美］费慰梅著，成寒译：《林徽因与梁思成》，第100页。
[2]［美］费慰梅著，成寒译：《林徽因与梁思成》，第101页。
[3]林徽因：《晋汾古建筑预查纪略》，《林徽因文存》，第71页。

● 飞虹塔琉璃砖雕（路客看见　摄）

进到上寺，就会发现，实际上飞虹塔是上寺的中心，这其实是古老的佛寺格局。八角形十三级 47.13 米高的砖砌楼阁式塔。全身从上到下贴满了琉璃瓦，当然它也不是一造好就这样的。明代嘉靖六年（1527 年）建成砖塔，接近百年后的天启二年（1622 年）后人给飞虹塔贴了琉璃，类似于今天的建筑物外立面贴瓷砖。

飞虹塔之所以被称为四大名塔，正因为它满身的琉璃。塔身外表全部镶嵌着蓝、绿、黄、白、黑五彩琉璃雕饰。各层皆有琉璃出檐，琉璃的仿木斗栱与琉璃莲瓣相间。第三层以上各面均砌筑有门龛，里面或者是琉璃佛，或者是菩萨、童子，门龛两侧则镶嵌琉璃盘龙、宝珠等。塔身第二层的平座上面装饰琉璃勾栏，平座上有天王和力士、童子等人物。各层的塔檐下安装琉璃垂花柱，以及殿宇、亭台楼阁、花卉、人物、龙凤、狮象等佛教和中国古代流行的装饰题材，一层一组图案，形式多样，制作精巧，色彩靓丽。

梁思成先生评价说：

虽然在建筑的全部上看来，各种琉璃瓦饰用得繁缛不得当，如各朵斗栱的耍头均塑作狰狞的鬼脸，尤为滑稽；但就琉璃自身的质地及塑工说，可算无上精品。[1]

如果说这个塔有什么不足，那就是整体比例和造型上的问题了。林徽因女士评价称："这塔的收分特别的急速，最上层檐与最下层砖檐相较，其大小只及下者三分之一强。而且上下各层的塔檐轮廓成一直线，没有卷杀（entagis）圜和之味。各层檐角也不翘起，全部呆板的直线，绝无寻常中国建筑柔和的线路。"[2]用今天的白话说，就是太像一个大锥子了，从上到下的线条太直，像是用直尺设计的外轮廓线。而在北朝至隋唐时代，塔讲究的是流线型的外轮廓线。也就是类似炮弹头或者老玉米，下面收得比较缓，直到快接近顶端时才急速收成塔尖。这种曲线的美，在北魏的嵩岳寺塔到唐代小雁塔、法王寺塔等均有良好的保留。而到了宋辽时期，收分的曲线开始逐渐变得僵直，到了明代成了锥形。

看完宝塔，前往广胜寺的下寺，这里的建筑、雕塑和壁画都有看点。

建筑方面，下寺的正殿：

内部中柱上用斗栱，承托六椽栿下，前后平椽缝下，施替木及襻间，脊抟及上平抟，均用蜀柱直接立于四椽栿上。檐椽只一层，不施飞椽。如山门这样外表，尚为我们初见；四椽栿上三蜀柱并立，可以省却一道平梁，也是少见的。

这与斗栱的用昂在原则上是相同的，可以说是一根极大的昂。广胜寺上下两院，都用与此相类的结构法。这种构架，在我们历年国内各地所见许多的遗物中，这还是第一个例。尤其重要的，是因日本的古建筑，尤其是飞鸟灵乐等初期的遗构，都是用极大的昂，结构法与此相类，这个实例乃大可佐证建筑家早就怀疑的问题，这问题便是日本这种结构法，是直接承受中国宋以前建筑规制，并非自创，而此种规制，在中国后代反倒失传或罕见。同时使我们相信广胜寺各构，在建筑遗物实例中的重要，远超过于我们起初所想象的。

正殿佛像五尊，塑工精极，虽经过多次的重妆，还与大同华岩寺薄伽教藏殿塑像多少相似。侍立诸菩萨尤为俏丽有神，饶有唐风，佛容衣带，庄者庄，逸者逸，塑造技艺，实臻绝顶。东西山墙下十八罗汉，并无特长，当非原物。

东山墙尖象眼壁上，尚有壁画一小块，图像色泽皆美。据说民十六寺僧将两山壁

---

[1] 林徽因：《晋汾古建筑预查纪略》，《林徽因文存》，第75页。
[2] 林徽因：《晋汾古建筑预查纪略》，《林徽因文存》，第74页。

画卖与古玩商，以价款修葺殿宇……惟恐此种计划仍然是盗卖古物谋利的动机。[1]

林徽因在文章中提到的这个壁画被僧人卖掉事件，按僧人自己的说法是"一件善举"，并刻在石碑上记录着。至今到下寺依然可以见到这块碑。碑文记载了卖壁画的经过："邑东南广胜寺名胜地也。山下佛庙建筑，日久倾塌不堪，远近游者无不触目伤心。邑人频欲修葺，恒以巨资莫筹而止。去岁，有远客至，言：'佛

● 大都会博物馆展广胜寺壁画（许凯章　摄）

殿绘壁，博古者雅好之，价可值千余金。'僧人贞达即邀请士绅，估价出售，众议以为：'修庙无赀，多年之憾，舍此不图，势必墙倾像毁，同归一尽。'因与顾客再三商确，售得银洋一千六百元，不足，以募金补助之。"[2]

1927 年，美国人华尔纳、普艾伦、史克门等人发现广胜寺下寺大殿内的元代壁画十分精美，遂与当地豪绅李宗钊等人联络，登门求购。僧人贞达给出的解释是："与其等大殿坍塌，壁画随之毁坏，不如舍画保殿。"他同几个乡绅向当时的赵城县长打了报告，请

［1］林徽因：《晋汾古建筑预查纪略》，《林徽因文存》，第 72~74 页。
［2］李国富、王汝雕、张宝年主编：《洪洞金石录》，山西古籍出版社 2008 年版，第 499 页。

求拨款修寺。民国初年，县财政哪有钱。贞达便跟县长串通，将壁画分割剥离，以 1600 块银元的价格出售给了美国人。说到华尔纳这个名字，大家肯定熟悉，他就是在敦煌莫高窟剥走壁画的哈佛大学那个人。

广胜寺下寺的元代壁画被剥下后，装箱运到美国，几经周折重新拼装到美国几座博物馆的墙上。贞达之后很快还俗，带着钱跑路了，自此下寺彻底败落。如今，广胜寺被剥下的四幅壁画被分别收藏在美国的三座博物馆中。后殿西壁《炽盛光佛佛会图》现藏于纳尔逊－阿特金斯艺术博物馆；后殿东壁《药师佛佛会图》现藏于美国大都会艺术博物馆；前殿东西两壁的《炽盛光佛佛会图》《药师佛佛会图》现藏于宾夕法尼亚大学博物馆。

现在我们可以在国外博物馆的网上看到这些照片，细节真是精美。就拿佛前的一个小弟子的刻画来看：在弟子身上，运用了两种线条。绘制弟子头部、胳膊和手使用纤细柔软的线条。而绘制他身上的服装，画家则采用粗大硬朗的线条。运用两种线条，来拉大画面软硬的质感。在人物衣褶、头光和装饰花纹的用线上，则分别选择浓淡不同的三种深浅墨色来勾勒。体现出画家对骨法用笔的精确掌握。另一个细节处，我们看到菩萨赤足站在莲台之上，莲花的每个花瓣都饱满圆润，而菩

● 美国宾夕法尼亚大学博物馆藏广胜寺壁画

萨的脚也非常丰腴。两相呼应，可以看出元代对人物和花卉的审美取向。而细看这些莲瓣，又能发现每一个莲瓣均不相同，大体一致，但都有细微的差别，绝不是现在的复制粘贴出来的纹样。

再看站立的一尊大菩萨，在背景繁复的花卉和几何装饰纹样之中，脱颖而出。背景那么纷繁复杂，为什么这尊菩萨看着如此的清新脱俗，像莲花一样出淤泥而不染呢？这还是源于工匠对线条的运用。画家在菩萨身上尤其是腰以下部分，大量使用行云流水描。也就是许多长长的线条，都是用同样的弧度进行弯曲，互相平行，排布在裤子上面，在繁密的细花之中，出现一大块完整的白描整体。这一下就从背景之中凸显出来。

这么精彩的壁画，现在只能去美国博物馆才能看到，真是一种遗憾。有一天，我在新闻里看到，2015 年 6 月，中国一对夫妻通过投影将巴米扬大佛进行了影像形式的还原。突然受到启发，我们是否也可以现场用影像还原一下广胜寺壁画呢？

有了这个想法，我就找到太原的朋友小鑫，他跟临汾文物局的有关工作人员认识，可以向文物部门申请这样的尝试。经过文物部门的同意，剩下就是技术和内容了。壁画的高清图，在博物馆的网上可以下载。虽然不是非常清晰，但投影仪本身的像素也是有限的，能不能用，就得去现场测试一下了。难题还有现场的投影设备。壁画原始长度是 15.2 米，高 7.5 米，想把壁画高清地投影到寺院中这幅壁画原来的位置——现在的空白墙壁上，而且看着足够亮，需要性能非常高的投影设备来实现。另外，在寺院中连接电源也是一个要特别注意的安全问题。

小鑫花了一周时间，在太原寻找最好的投影设备，又背着到临汾测试了两回。前两次都因为参数不够，投影效果不够理想。这次重走梁林路时，我们找到了山西境内能找到的最好的设备，把它随车带上。能不能行，就在此一举。

来到广胜寺下寺的大雄宝殿时，找到提前联系好的文管所的工作人员，安排现场的布置。我们一起忙碌了半小时，线路和设备都安全地安装就位了。随着文管员接通电源，投影仪逐渐亮起，那幅在原位置消失了 90 多年的壁画，又赫然通过光影还原的方式，出现在了它本来的位置。不仅是我俩，其他一起随行的朋友，也有人激动得红润了眼眶。

下寺旁边还有很多泉眼，一直以来供应周边人民饮水，也是农耕灌溉的主要来源。于是，这里也建有一座水神庙。它的主殿叫"明应王殿"。殿内四壁皆有壁画，与下寺壁画一样也是元代杰作。壁画以祈雨、行雨、酬神为主线分了六大部分，有《元杂剧图》（即《大行散乐忠都秀在此作场图》）《祈雨图》《行雨图》《下棋图》《卖鱼图》《梳妆图》等。

最有名的恐怕就是《大行散乐忠都秀在此作场图》了。壁画上画着一个戏台，演员们正在表演元杂剧。由于是在大殿进门的右手边，正好是背光一面，阳光一整天都照不到壁画上面，因此颜料氧化慢，色泽保存得不错。画面上绘满人物，旦、净、末、丑一应俱全，服装、道具、乐器、舞台等也都刻画得十分精细，是难得一见的古代戏剧史料图。

壁画中的舞台上方挂横标，台面

● 大行散乐忠都秀在此作场图（梁颂 摄）

上方砖铺地，台口对着主神位。这跟各地古代庙宇中戏台都对着主殿的情况是一致的。幕布将舞台分为前后台，台前10人正在集体亮相，后台有一个人撩着台帘在看。台前的十位分列前后各五位。穿着的服装及脸上画的妆容均保存完好，一看便可分辨出戏剧角色：旦、净、末、丑都有。戏班子的主角是忠都秀，表情恬静，衣着红袍，头戴官帽，她装扮一位官人，反串在元代中期的戏剧中已经是很常见的表演手法。其他演员各执道具，有宫扇，有笏板，还有兵器。整个舞台布置非常真实地体现了元代戏剧舞台的原貌。

西壁是《祈雨图》，东壁是《行雨图》。为感谢水神，所以在南壁就设置了这个戏台。大行散乐就是为了感谢龙王施雨，专门花大价钱请来的当时当地最流行的演出团体来表演。

这也是修建此龙王庙的出资人对自己能力的一种炫耀吧。

水神庙明应王殿的主体壁画，其实是《祈雨图》，这才是建造这座大庙的主要目的。画面正中是水神明应王，头戴皇冠，身着龙袍，腰系玉带，足蹬高靴，端坐龙椅，面露威严，双目有神，直视前方。在他的两旁，依次列队排开着文武大臣及宫娥神鬼。文臣手持笏板，武将刀剑森森，宫娥端盘供奉，神鬼相貌吓人。王宫的台阶之下，跪着一位地方官吏，很可能就是修建庙宇的主要供养人、功德主。只见他手中展开一卷长长的奏折，正在向水神祈求施雨，救助干旱的河东大地。整组画面气势磅礴，宏伟壮观。

广胜寺元代壁画，是我国元代壁画的代表和缩影。我国古代壁画艺术发展的高峰比雕塑要来得晚。雕塑的高峰在北朝到隋，壁画的高峰则是金元时期。可恨的是，百年前，在我们国家人民和政府对文化艺术还没有深入理解之时，某些外国人趁乱怂恿当地一些只图私利的中国人，将我国大量的北朝至隋唐的石窟石刻，以及大量的金元壁画盗割卖去了外国。响堂山、天龙山、山西寺观壁画，这些都是"吾国文化之伤心史也"。

暂时平复一下情绪，我们回到梁林晋汾旅程之中，林徽因在《晋汾古建筑预查纪略》总结古建筑的场域之美时给了我们这样的提示：远观山西庙宇，通常都有两大看点：一是建筑跟环境的协调。寺院中的建筑群参差高下，大小相依，从任何角度去拍它们，整体的画面都非常舒服。二是颜色搭配得当。不论是砖筑还是石砌，建筑大多带有红黄两色，在大晴天里看这些斑彩醇和的古建在翠绿山冈和蓝天白云的衬托下，颜色明快。在夕阳西下时，砖石如染，远近殷红映照之下绮丽非常。看到林徽因如此描述，只恨当年他们没有彩色相机了……

而关于这趟晋汾之旅，令人倍感唏嘘的是一行人当年曾经走访并记录下来的40余处古迹，如今仅剩五处，大部分已经消失在这不到百年间的历史之中了。大家有兴趣，不妨阅读一下《晋汾古建筑预查纪略》原文，通过为数不多的文字和一些难得的老照片，了解那些曾经的岁月。

我们选出一处汾阳市小相村灵岩寺，也就是那张著名的"林徽因抬头，与铁佛低头两两相望"老照片的拍摄地，对照《纪略》原文作为怀念吧。

灵岩寺在山坡上，远在村后，一塔秀挺，楼阁巍然，殿瓦琉璃，辉映闪烁夕阳中，望去易知为明清物，但景物婉丽可人，不容过路人弃置不睬。

离开公路，沿土路行可四五里达村前门楼。楼跨土城上，底下圆券洞门，一如其他山西所见村落。村内一路贯全村前后，雨后泥泞崎岖，难同入蜀，愈行愈疲，愈觉灵岩寺之远，始悟汾阳一带，平原楼阁远望转近，不易用印象来计算距离的。及到寺前，残破中虽仅存山门券洞，但寺址之大，一望而知。

进门只见瓦砾土丘，满目荒凉，中间天王殿遗址，隆起如冢，气象皇堂。道中所见砖塔及重楼，尚落后甚远，更进又一土丘，当为原来前殿——中间露天趺坐两铁佛，中挟一无像大莲座；斜阳一瞥，奇趣动人，行人倦旅，至此几顿生妙悟，进入新境。再后当为正殿址，背景里楼塔愈迫近，更有铁佛三尊，趺坐慈静如前，东首一尊且低头前伛，现悯恻垂注之情。此时远山晚晴，天空如宇，两址反不殿而殿，严肃丽都，不借梁栋丹青，朝拜者亦更沉默虔敬，不由自主了。

铁像有明正德年号，铸工极精，前殿正中一尊已倾欹坐地下，半埋入土，塑工清秀，在明代佛像中可称上品。

灵岩寺各殿本皆发券窑洞建筑，砖砌券洞繁复相接，如古罗马遗建，由断墙土丘上边下望，正殿偏西，残窑多眼尚存。更像隧道密室相关连，有阴森之气，微觉可怕，中间多停棺柩，外砌砖椁，印象亦略如罗马石棺，在木造建筑的中国里探访遗迹，极少有此经验的。券洞中一处，尚存券底画壁，颜色鲜好，画工精美，当为明代遗物。

砖塔在正殿之后，建于明嘉靖二十八年。这塔可作晋冀两省一种晚明砖塔的代表。

砖塔之后，有砖砌小城，由旁面小门入方城内，别有天地，楼阁廊舍，尚极完整，但阒无人声，院内荒芜，野草丛生，幽静如梦；与"城"以外的堂皇残址，露坐铁佛，风味迥殊……

各处尚存碑碣多座，叙述寺已往的盛史。惟有现在破烂的情形，及其原因，在碑上是找不出来的。

正在留恋中，老村人好事进来，打断我们的沉思，开始问答，告诉我们这寺最后的一页惨史。据说是光绪二十六年替换村长时，新旧两长各竖一帜，怂恿村人械斗，将寺拆毁。数日间竟成一片瓦砾之场，触目伤心；现在全寺余此一院楼厢，及院外一塔而已。[1]

---

[1] 林徽因：《晋汾古建筑预查纪略》，《林徽因文存》，第63~65页。

第九章　太原晋祠

那 些 宋 代 女 子 的 喜 怒 哀 乐

● 晋祠圣母殿

　　就在梁思成与林徽因从北平到太原，再转车去汾阳的路上，路过晋祠的那一刻，林徽因的目光突然被一座深远的出檐吸引，那便是高大的屋顶下由雄硕的斗栱承托起的圣母殿转角飞檐。

　　因为晋祠的名气太大，"凭在其他省调查时积累的经验"，梁林误以为晋祠也肯定是被清代重建过的"假古董"，并未对它抱有任何希望。然而山西就是山西，这里的木构建筑完全不能用相同的"经验"去评估。

　　我们惭愧不应因其列为名胜而即定其不古，故相约一月后归途至此下车，虽不能详察或测量，至少亦得浏览摄影，略考其年代结构。由汾回太原时我们在山西已过了月余的旅行生活，心力俱疲，还带着种种行李什物，诸多不便，但因那一角殿宇常在心目中，无论如何不肯失之交臂，所以到底停下来预备作半日的勾留，如果错过那末后一趟公共汽车回太原的话，也只好听天由命，晚上再设法露宿或住店。[1]

　　梁林从汾阳回太原时，携带的东西实在太多。有杏花村汾酒坛子，有峪道河边的植物种子，肯定还有换洗衣服，摄影器材，累累赘赘，手提肩扛。尽管拖着疲惫的身体和繁多的行李，两位还是到晋祠里考察了一番。在学社发行的报告中林徽因仍忍不住借晋祠吐槽了清代中后期建筑。"我们几乎埋怨到晋祠的建筑太像样——如果花花簇簇的来个乾隆重建，我们这些麻烦不全省了么？"[2]看她的文章，这样犀利的句子不少。想来，难不成当年"太太的客厅"竟会是我国最早的"吐槽大会"现场吗？

　　晋祠，我们去过多次。看建筑，看雕塑，或随便看看。所谓"祠"，是为纪念伟人而修建的纪念性建筑。到东汉末年，社会上建祠堂抬高自己家族门第的风气很盛。所谓晋祠，也可以理解为"晋"的祠堂。

　　山西省简称"晋"，最早源于西周的晋国。西周初年，周成王封弟弟姬虞做唐国的国君，故称唐叔虞。传到了他的儿子燮父这一代，因尧墟之南有晋水，又改国号为"晋"。尧墟现在有考古学家认为就在临汾的陶寺一代，燮父这个晋侯的大墓，也在那边出土。后人为纪念唐叔虞，就在晋水的发源处，建祠堂祭祀他，所以叫唐叔虞祠，又被简称为晋祠。

　　既然晋祠是纪念唐叔虞的，为什么主殿却叫做圣母殿呢？因为主殿里供奉的是唐叔虞的母亲——邑姜。邑姜是姜太公的女儿，嫁给了周武王姬发做王后，是周成王姬诵和唐叔虞的亲生母亲，也是商周之交一位光彩照人的女性，有史料记载的女政治家。

　　如今的晋祠，已经成为一个大景区，从门口穿过一系列的新造景点，才能走到真正的晋祠门口。如果是今天梁林路过此处，别说圣母殿的屋檐，就是晋祠西南角高大的舍利生生塔，怕是也从马路上丝毫不得见了。

　　进得门来，最先看见的便是大门左右那一对明代铁狮子。

　　我们第一次来时，正好遇到这对铁狮子在做"除锈保护"，文物工作者用一台看起来

[1]林徽因：《晋汾古建筑预查纪略》，《林徽因文存》，第79~80页。
[2]林徽因：《晋汾古建筑预查纪略》，《林徽因文存》，第80页。

很先进的机器，喷气似地清理铁狮子身上的褐色铁锈。那时正处理到一半，狮子头部已经清理得干干净净，铁器原有的乌黑发亮的效果显露出来。但也有同行者感觉不好，觉得清理干净以后，没有了文物的古旧之感，完全像个新做的。我们倒觉得适时处理掉铁锈非常有必要，铁器生锈问题会严重影响文物寿命，而文物的价值也不是从外观的新旧来判断的。艺术上做得好的造型，无论新旧都看着舒服。做得不好看的，就算再旧，还是不舒服。

进门往前走不远就是明代戏台——水镜台。前部为单檐卷棚顶，后为重檐歇山顶。宽敞的舞台朝前，其余三面均有走廊，建筑式样别致。

水镜台的名字来自《汉书·韩安国传》："清水明镜，不可以形逃。"大概意思就是，这个台子上的忠奸美丑，可以清晰分辨。

● 晋祠明代铁狮子

我尤其喜欢戏台上的楹联，因为戏台不像宫殿庙宇，没有那么庄严肃穆，本身就以娱乐为主，再加上人生如戏、戏如人生，所以有很多非常有趣的对联。水镜台的还不错：水秀山明，无墨无笔图画；鸟语花笑，有声有色文章。

印象比较深刻的，还有在浙江金华一个戏台上看到的：古今人何遽不相及，天下事当作如是观。

最喜欢的，则是衡山南岳大庙戏台上的楹联，上联：凡事莫当前，看戏不如听戏乐。下联：为人须顾后，上台终有下台时。横批：古往今来。

也许，我们都生活在一个戏台上。

● 二郎庙戏台（梁颂　摄）

　　今天能看到的最早的戏台，也是在山西。高平二郎庙，建于金大定二十三年（1183 年）中秋。我去的那年也是中秋，所以颇有感慨。只是可惜，戏台没有楹联，也没多少文字，最醒目的字涂在大门上：小心狗咬。

　　过了水镜台，再往前走，有四个褐色铁人，站在被称为"金人台"的四个角上。铁人穿着盔甲，一只手臂向上抬起，手掌攥拳，另一只手向下按压，使着十足的力气。手心是空的，很可能铸造时是有兵器在手里拿着的。每一尊铁人都超过两米高，西南角那一尊在四尊里脱颖而出，显得格外精致。他头戴芙蓉冠，很像《长安十二时辰》电视剧里主角李必戴的那种道冠。如果不是这样的打扮，我还以为这是四大天王。铁人双腿叉开，姿势有点像独乐寺辽代的力士，但身体上下的动势太过僵硬，比起人家力道有很大差距。最好看的这尊铁人胸前还有铸上的铭文：北宋绍圣四年铸。这是公元 1097 年的作品，经历九百多年，居然外观还这么完整、光洁。不过仔细一看，他身上还是有铁锈的。

　　宋代铸铁，为什么可以做到近千年没有锈烂？有人说是因为铁人摆放在这里，是供香客祈福的，很多人就会触摸铁人，这样一是帮他除了锈，二来人手上的天然油脂也相当于帮铁人涂了一层防水的保护层。除了这西南角上的铁人格外精神外，其他三尊一个比一个差。估计是禁不住岁月的锈蚀，都一个一个损坏了。最差的可能就是民国期间重铸的那尊……有点不忍直视。所以，看来人手除锈之说，只能是听听罢了。目前金人台已经不允许游客

● 晋祠宋代铁人

进入，铁人也不可能再由人手除锈保护了，而是使用上了先进的现代除锈和保护工艺。

再往北，过了牌坊，就是献殿。这是祭祀圣母的享堂、供献祭品的场所，重建于金大定八年（1168年），由于没有土墙，四周只安装了直棂栅栏围护，不像一个房间，而像一个凉亭，显得格外利落敞亮。

献殿再往里，就可以看到圣母殿了。它们之间，有一座横跨在水池上的十字矮桥。水池取名"鱼沼"，上面架桥名为"飞梁"，它们都建于北宋。池水中立有三十四根石柱，这石柱十分讲究，不是简单的四方柱，而是八棱柱。柱顶架起斗栱，斗栱上支撑木梁来托着十字形桥面，一条通道连接圣母殿和献殿，另一条通道呈大鸟翅膀一样向下斜至地面。此种形制奇特、造型优美的桥式，在国内是极为罕见的宋代古老样本。

晋祠圣母殿高19米，大殿四周有围廊，前廊进深两间。最外边两圈有柱子，但就是没有做墙，把墙体向里推，空出外围空间，形成一圈回廊。这种做法在《营造法式》中，被称为"副阶周匝"。大殿檐柱侧角抬升明显，致使屋檐曲线弧度显著，林徽因在路过此地时，一眼望见的便是它了。

殿顶覆盖黄绿色琉璃剪边。剪边就是整体本来都是绿色琉璃瓦，毕竟不是皇家建筑，不能全都用黄瓦，但为了突出一定的级别，在屋顶边缘处一圈，使用了黄色琉璃瓦，这叫剪边。屋脊上，装饰了各种动物走兽。回廊的梁上，高悬着众多的楹联匾额，古香四溢。

大殿内采用"减柱法"，以外围的廊柱和檐柱来承托殿内梁架，这样就扩大了殿内空间。

● 圣母殿宋代木龙

殿内完全无柱，增加了高大神龛中圣母的威严，为参拜者提供了良好的视野。

大殿前廊柱上雕饰有八条蜿蜒欲飞的木龙，豪放健美，是太原府吕吉等人集资添置的。增刻于元祐二年（1087 年）。八条龙各自盘在一根殿前的柱子之上，怒目圆睁，利爪前伸，跃跃欲飞。虽然已经距今近千年时光，但依然保存着大部分龙头和龙身，不能不叫人叹服木质的优良及工艺的精巧。这种龙柱的形制也是《营造法式》中提到的，但这组建筑和装饰均早于《营造法式》颁布几十年。在目前国内现存的实例中是非常罕见的，更显出圣母殿的珍贵。

圣母殿上下两檐阑额和普拍枋上用斗栱承托深远的屋檐。这里的斗栱，外形变化多端，看起来十分精彩。根据斗栱的形制不同统计下来有十二种之多。

"昂"是斗栱组合中斜撑的长条形构件，在唐代木构建筑中开始出现，名之为"枊"。它分为下枊、上枊两种，是高级建筑才能使用的建筑构件。一般说来，昂身大致都与向斜下方延伸的屋面平行，它的作用就是杠杆，以斗为支点，前面支撑出檐，后面支撑梁的重量。

也有一些类似昂的外观，斜着向下的构建，比如昂形华栱、插昂、昂形耍头，它们都是单纯的受重构件，不起"杠杆"的作用，所以昂式华栱或耍头也被称为"假昂"。

晋祠圣母殿下檐柱头铺作、上檐补间铺作，使用假昂；转角铺作用真昂。而下檐补间铺作和上檐柱头铺作则是真假昂混用，真昂昂头为批竹形，假昂昂头为琴面形。一座殿宇之上如此繁复变化的斗栱样式，功能和装饰兼备，避免了模式化的呆板现象和千篇一律的做法，使沉重的建筑看起来有灵动之势，这是中国古代建筑科学和技术高度发达的表现。

圣母殿让人印象最深刻的，是殿内的四十三尊宋代彩塑。主像为圣母，端坐在木制的神龛内，戴凤冠披蟒袍，神态端庄。两侧依壁，塑造了四十二尊彩塑，其中有宦官四人、女扮男装者四人、宫娥侍女者三十四人。她们分别是宫廷中尚室、尚膳、尚玺、尚宝的侍女和歌伎、舞伎等。

据神龛内木椅子背面保留下来的北宋元祐二年（1087 年）的墨书题记可知，这四十三尊彩塑，除了龛内的两个小像是后人添配以外，其余均为宋代的原作。这些彩塑都是以真实人物为原型，按照真人大小制作。比例适度，身材修长，面目清秀圆润，发型、服饰、冠带以至于姿势形态神情无一雷同。尽管有后世的重妆，但还是能看到宋代宫廷侍者的真实一面。

她们与华严寺彩塑时代接近，但完全不同。华严寺菩萨更像辽国的草原王子，晋祠的侍女把宋国的文弱女生的形象刻画得丝丝入扣。她们手中各有所执，有的是为帝后供奉文印翰墨，有的梳妆洒扫，有的奉饮食、侍起居，有的奏乐歌舞……而在表情上，有的天真，

● 圣母殿转角铺作

● 圣母殿圣母像

有的怨抑，有的欢喜，有的酸楚，彩塑匠人把这些有着不同经历，不同个性，却同样美丽、善良的女性，那种虽然处于奴婢的角色，但依然拥有自己的尊严的一面表现得淋漓尽致。

北侧面北的五尊是唱戏的侍女，从东至西分别扮演生、旦、净、末、丑五种角色。令人叫绝的是一位头扎红饰的花旦。从右侧看去，她喜上眉梢，含羞带笑，大概是刚刚唱完受到了主人夸奖。可再从左侧看她，感觉完全变了。隐约可见其红肿的眼睛和含泪的眼角，生活的辛酸及艺人的苦楚被她强压于心中，不敢表露，但又不自觉地展露无遗。工匠将一个角色的两种人生刻画于同一张脸上，这种创作方式，我在其他地方还真是没有见过。

再来看东侧第五位，是一位机智灵便、善解人意、识人辨色、伶

● 圣母殿侍女

俐尖巧的丫环。只见她的整个身姿颇向前倾，显然身法很快，尤其是和周围几个丫环相比，她更加灵活利索。而她的脸，则是朝向和身体前倾不同的方向，估计是正好有人招呼她，在回头应对。反应机敏、眉飞色舞，应该是乖巧会讨好主人的小姑娘。

东侧最后一位，则完全相反，是一天真憨厚、初来乍到、动作缓慢，对主人的吩咐还有点不知所措的丫环。只见她圆鼓鼓的脸庞充满了稚气，漂亮又毫不世故。头大而脖子很细，肩膀瘦弱下溜，更加凸显柔弱的气息。

右侧第一位，看着是个领班。一副庄重矜持、不苟言笑的模样，表现她深得主人认可的傲气。只见她全神贯注于所拿的印玺，一手捧托，一手护持。尤其这护持的手，把保护印玺生怕磕碰的心理表现得十分贴切。她的年龄也显然大于其他丫环，眼神犀利、含威不露、抿着的嘴角显出她是位办事果敢的中年妇女。

右侧第二位，头戴高冠的侍女。看起来年老色衰，显然已经不再受到重视，但她历尽沧桑，早已看透人情冷暖、世态炎凉。她的眼睛里没有希望和失望，有的只是入微的洞察，微微下撇的嘴角体现出她对环境的不满。

再看看这组晋祠侍女的形象代言，最有名的就是左侧北墙正中间的一位。她身材纤弱而风姿绰约，可是双手捧心，神情落寞，好像有着满腹心事。看起来是一位自尊心强、不

● 圣母殿侍女像

会讨好主人，甚至连别人的同情都会拒绝的女子。她总体造型内敛，正侧两面呈现微微的"S"型弯曲，从上到下的衣纹与身体动势线一致，柔和中带有倔强之气。她的眼神内省，对周围的一切不予理睬，更显出心高气傲、孤芳自赏的性格。这是一件精致地道的杰作，体现了工匠对社会上女性深刻的认识。

可以确定，这些表情身姿所传达的思想内涵绝不会是"甲方意图"，而恰恰是雕塑艺人们自己的深刻构思。这些宋代艺术佳作，已和纪念圣母这个主题没有多大关系，纯属雕塑家在经历了生活的丰富多彩之后，有感而发的"借题发挥"。

彩塑是立体的记录，真实具体地记录了北宋时期有血有肉的真实社会，让我们千年之后，依然可以体会到这些人物所表达出来的复杂心态和深刻个性。感谢那个时代，感谢技艺高超的匠人，感谢太原保留下来了圣母殿这样的神迹。

● 圣母殿侍女像

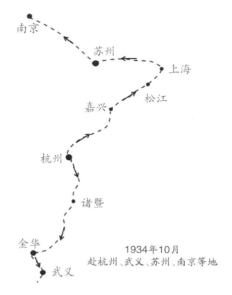

南京
苏州
上海
嘉兴
松江
杭州
诸暨
金华
武义

1934年10月
赴杭州、武义、苏州、南京等地

三　人人都说江南好

第十章　浙江古建筑

失 落 的 吴 越 国 时 代

● 武义延福寺

　　1934 年暑假，梁林从晋中一带回北平后，投入到北京大学的教学工作中，并代表中国营造学社受中央研究院历史语言研究所委托，开始详细测绘北平故宫。到 1937 年抗日战争全面爆发，梁先生团队共测绘故宫建筑 60 余处，还测绘了安定门、阜成门、东直门、宣武门、

闸口白塔

崇文门、新华门、天宁寺、恭王府等多处北平古建筑。这一年，梁先生又应中央古物保管委员会之邀，拟定蓟县独乐寺、应县佛宫寺木塔修葺计划；并与刘敦桢先生合作拟定景山五亭修葺计划大纲，该工程于 1935 年 12 月竣工。

1934 年 10 月，应浙江省建设厅厅长曾养甫先生之邀，梁先生到杭州商讨六和塔重修计划。他在杭州周边调查了灵隐寺双石塔及闸口白塔，又南下武义，调查了延福寺元代大殿和金华的天宁寺元代大殿。回程中路过江苏吴县、南京顺便又调查了甪直保圣寺、南京栖霞寺石塔及南梁萧璟墓石刻等古迹。

闸口白塔坐落于钱塘江边闸口的白塔岭上，当年就在沪杭车站路轨旁边，与六和塔遥遥相望，是钱塘江的标志性建筑。15 米高的白塔八面九层，孤零零地挺立在一个三米高的小坡上。梁先生来时，每天从塔下经过的火车冒着黑烟，已经将白塔熏成黑塔。

严格说起来，虽然叫做白塔，但实际上是一个大个头的经幢。说它是建筑，不如说是一座石雕，或者说是一座大型木构楼阁式塔的石质大模型。难得的是，当年雕刻者非常忠于木构的实际样子，所以它也是一个极为可贵的古建筑调查参考资料。梁先生发现，白塔保存情况非常不理想，残破的比例超过 50%，但是仅存的部分，作为研究建筑构件来说也足够了。鉴于闸口白塔身上的建筑信息真实全面，干脆叫它幢式塔可能更加准确。

白塔是八边形的，从最下面的土衬，须弥座开始，一直到最上面一层都是八面的。东南西北四面开门，中间四个方向则是墙壁，上面浮雕佛像。当然，都是石刻的浮雕的样子，不是真实的石门。从第二层以上，每层还有平坐。平坐外檐还有榫卯用的孔，虽然现在没有构件了，但当年可能是有栏杆。

塔的最下边是土衬，俗称基座。上面雕刻九山八海，即除了两角的山以外，中间还有七座山，其间是八条水波纹。土衬上是须弥座。闸口白塔的须弥座极为简朴，束腰的八个面上刻满了《佛顶尊胜陀罗尼经》，这是唐代以来经幢上最流行的佛经。字迹工整，但没有留下纪年和人名信息。束腰上部是四层叠涩，没有仰莲瓣或者其他装饰。

塔身上浮雕有佛、菩萨和经变故事，人物形象生动。每层檐下雕五铺作斗，单杪单下昂，偷心造塔檐雕凿出飞子、椽子、勾头、滴水。翼角雕凿出老角梁、子角梁和脊兽。塔檐上设平坐，平坐前沿安装栏杆，形成外回廊。

杭州灵隐寺大雄宝殿前也有两个石塔。除了建筑形制与闸口白塔极其相似之外，连佛经的刻写字体、佛像雕刻的刀法，都与闸口白塔一致，只是尺寸略小一号，塔高为 11 米。那么，三座塔可以作为一个年代特征的文物来进行断代。而难点在于，历史上关于这三座石塔的文献极少，塔本身虽有佛经，偏偏就是没有年号。

灵隐寺石塔（尹逊波　摄）

　　如何断代呢？梁思成先生是这样分析的：首先依靠建筑形式，判断一个大概的年代区间。毕竟他研究《营造法式》多年了，走访了这么多实地，对当时的梁思成来说，判断古建形式的大体年代，已有非常大的把握。第二步再在浩如烟海的史料中，寻找这个时间段内的靠谱的文献，进行分析。

　　闸口白塔石刻忠实仿木，基本能反映建筑的时代特征，如承托塔檐的斗栱配置，补间铺作和转角铺作用材一致，偷心造、批竹昂；深远豪放的出檐，翼角施大角梁、直棂窗等细部做法，由此梁先生初步判断为唐末至宋初这段时间。

　　进一步查阅史料中关于灵隐寺双石塔，有《西湖志》二十八卷《殿前石塔》记载：五代钱镠王为永明延寿大师建"矗立如双阙，浮屠耸殿阴。悉檀钱氏物，标榜永明心。八面雕镂古，千龄剥绣深。巨鳌擎不倦，劫海拥狮林"[1]。晚唐会昌法难之后，灵隐寺毁僧散，至宋太祖建隆元年（960年），吴越王钱弘俶重建灵隐寺。

　　因此梁先生判断，杭州这三座塔，应该是重建灵隐寺时，或者之后数年间建造的，即五代十国中吴越国时代的文物。

　　梁林在杭州工作期间，有人对他们说，200公里外的金华南部，有一个宣平县，那里保存着千年的木构建筑。当地希望他们可以过去考察一下。于是，测绘完杭州的几座古建筑后，两位便前往宣平县陶村（今属武义）。他们在这里花了9天时间，进行了详细测绘。

　　长江以南的木构建筑，遗存很少。主要是因为在潮湿的环境中，木材更容易腐朽。而且在这种潮湿的地区，啃食木料的白蚁等虫害也非常广泛，综合因素导致长江以南的早期木构凤毛麟角。其中最古老的算福州华林寺大殿，公元964年建，当时福州属于十国中的吴越国。第二是肇庆梅庵大殿，北宋至道二年（996年）建；第三宁波保国寺大殿，北宋大中祥符六年（1013年）建；第四莆田元妙观三清殿，北宋大中祥符八年（1015年）建；而武义延福寺大殿建于元延祐四年（1317年），也排到长江以南木构建筑的第12名的位置了。在这次调查中，梁林发现的另一座元代建筑金华天宁寺大殿，正巧是延祐五年（1318年）创建，跟延福寺只差一年。

　　2019年春节，我们专程踏查了南方古建筑，排在前列的几乎一网打尽。设计线路时，我们从宁波开始向南，一路奔福州、泉州、潮州、广州、肇庆，最后到广西的容县，看梁思成先生一生中测绘的最后一处古建筑——明代的真武阁。而金华和武义因为绕路实在不便前往，最后遗憾地放弃了。一直到2020年底自驾前往这两处，才完成重走梁林浙江路的最后心愿。

────────────

[1]转引自梁思成：《浙江杭县闸口白塔及灵隐寺双石塔》，《梁思成全集》第三卷，第302页。

● 武义延福寺

　　我带父母先乘坐高铁从上海来到金华，照常在高铁站租车。开启导航沿国道235，一小时二十分钟就来到了延福寺停车场。别看这会儿是冬天，武义延福寺门外依然是绿草如茵。在延福寺南边山坡下，新修建了一大片仿古建筑。我们并无兴趣，直接从停车场走不到50米进入山门。

　　门内由文物管理部门栽种的植物花开似锦，这对于我这样一个在北方过了40多个冬天的人来说，感觉南方的冬天也太欣欣向荣了。延福寺并不大，进门往前一走，穿过天王殿，就看见大殿了。但与北方寺院格局完全不同的是，延福寺大殿前，竟然有一个水池。这是北方寺院很少见的布局。可能是因为南方多雨，而很多民居中，都有水池在院子中央的建筑习惯吧。

　　延福寺大殿对于看惯了辽构那种宏大建筑的人来说，第一眼看上去并不太夺目。平面基本上是个正方形，立面是宝塔形，原本的元代建筑是单檐的歇山顶。后来在明朝增建时，加了一个下檐，变成重檐建筑，面阔和进深也变成了各五间。

　　在五间中，中间的"当心间"特别大，比两边剩下的次间和梢间加一起还大。

　　走进大殿，内部空间感觉非常宏阔。大殿中间又高又大，周围两重檐实际上就是在当心间外加的两小圈廊子。在大殿的阑额上没有普拍枋，使得斗栱层全部是镂空，一直到殿顶都非常透光。这种建构的方式在元代以后很少见了。幸运的是大殿主要梁架结构都完整地保留了元代构件。梁先生在《中国建筑史》中，有如下的专业描述：

● 延福寺大殿内景

　　其上檐斗栱出单杪双下昂，单栱造，第一跳华栱头偷心。第二三跳为下昂，每昂头各施单栱素枋。其昂嘴极长，下端特大。其第二层昂不出自第一层昂头交互斗以与瓜子栱相交，而出自瓜子栱上之齐心斗。第二层昂头亦仅施令栱，耍头与衬枋头均完全省却。其在柱头中线上，则用单栱素枋三层相叠。其后尾华栱两跳偷心，上出靴契以承昂尾。昂尾不平行，故下层昂尾托于上层昂尾之中段，而在其上施重栱……此斗栱全部形制特殊，多不合历来传统方式，实为罕见之孤例。[1]

　　梁先生所说罕见，也许是因为武义地处东南丘陵的山地之中，当年属于相对偏僻的地域，工匠在搭建房屋时，不一定是严格按照首都的官方制式，如《营造法式》这类标准去执行。很多时候会特别的自由，只要顺手能把房子搭好，满足甲方的要求就好了。这种情况，其实在山西的晋东南地区，也非常普遍，实用至上的中国人，充满智慧，必不缺乏灵活运用的建筑样例。也许，在古代大都市之外，更多的民间建筑采用的建造方法都更加灵活多变，只是现在都消失在历史的尘埃之中了。

　　大殿内除了一个 U 形的砖石佛坛，已经没有壁画和塑像了。但佛坛挺高，外面贴了一层花卉纹的砖雕，看起来并不俗气。在延福寺大殿外的一间展室中，看到了梁林当年拍摄

[1] 梁思成：《中国建筑史》，《梁思成全集》第四卷，第157页。

的一张大殿内情形的黑白照片。原来 90 年前，延福寺大殿内还保留着看起来像元明时代风貌的一堂彩塑，就矗立在那个 U 型佛坛之上。老照片只拍到了一半塑像，只见中央主尊佛祖盘腿端坐莲座之上。面部丰满，身体魁伟。面带一丝微笑，手持说法印，天衣被清代重绘得花里胡哨。在佛祖的身体右侧是小弟子阿难。他站立在花瓣饱满的莲台上，恭恭敬敬，双手合十，表情严肃，认真地聆听佛法。肩宽背厚，衣服的大长袖厚重地垂在身前，上面当然也被重绘了。但依然可以从泥塑造像上看到人物比例拿捏得很准，体态稳重，姿势优雅。阿难右侧就是佛坛 U 型拐弯的部分了。上面站立着两位胁侍菩萨。靠近阿难的那位，脚踩高高的莲台，莲台装饰与主尊相同，好像被重绘过，莲瓣也变得长而扁平，并没有阿难脚下的饱满之感。靠外这尊胁侍，干脆直接站在一个低矮的仿山形的台子上，两尊胁侍级别相近，单体的高度胖瘦都差不多，但脚踩的位置高低相差一截，因此这组塑像整体上看，主尊最高，弟子次之，菩萨逐渐降低，完整的话应该是七尊塑像，呈现金字塔形排列态势。

七尊造像体型巨大，照片本来是在拍摄林徽因进行测绘的实况，正好拍下她背后的彩塑。相比之下，大致估算一下，每尊菩萨都超过 2 米高，主佛高度应该超过 4 米。虽然现在这七身精彩的彩塑已经荡然无存，但老照片让我们很好地了解到 90 年前的原貌，实属难得。更体现了梁林田野调查中测绘和拍照的重要意义。它让我们知道在过去，这样的大殿为什么中间做得那么高大，而两边则非常窄小。毕竟大殿的主角其实是佛像，这座房子不是盖来住人的，而是住佛菩萨的。所以，必须体现佛菩萨的庄严，而周边围廊，窄小就窄小吧，只要可以让信众通过，能够顺时针绕佛礼拜即可了。我们同时也可以了解到，古代佛寺大殿之中的塑像和建筑的真实合理的比例关系。毕竟，现在很多古建筑里面的原装的壁画和彩塑都没有了，就像失去了宝珠的盒子，心空空的。要想自行脑补还原当年的样貌，延福寺老照片是一个珍贵的参考资料。

带着复杂的心情，从延福寺出来往回开，去金华看看天宁寺大殿。

金华的天宁寺，就在市区里面，对面是一个大公园，大殿坐落在一个三四米高的小山坡上。这座寺院始建于北宋，政和年间被赐名为"天宁万寿禅寺"。不知什么原因，大殿于元代的延祐五年（1318 年）重新建造，保留了一小部分宋代的建筑构件，明清又多次修葺。

整个天宁寺，现在仅存这一座大殿了，外围的围墙也离着大殿很近，后背没多远就是小区的居民楼。南面，隔着江边公园就是婺江。大殿面阔、进深各三间，单檐歇山顶；梁架的结构介于厅堂与殿堂之间，采用抬梁式结构，彻上露明造，全部以梁枋拼合而成，充分利用了小型木材，以小拼大，有点像故宫太和殿的柱子，找不到足够大的材料，就多根拼在一起。外边再刷上油漆，也看不出来有什么不同。大殿外檐的斗栱，明间用三朵，次间用一朵，都是六铺作单抄单下昂、单栱、素枋偷心造式。里跳用上昂，上承第一跳的下昂后尾，既节省了大量的木材，又方便施工。看来这情况与浙江这一代元朝木工施工的习惯有关，属于地方特色。

根据国家文物局测定的碳十四结果得知，天宁寺大殿有的柱子距今的时间近千年，有的梁栿和斗栱构件距今有八百多年，这验证了它是宋代创建、元代重建的一座具有过渡演变性质的南方木构实例。

根据国保定位的手机小程序显示，就在江的南岸不远处，还有一座唐代经幢。驱车十几分钟就到了一个住宅小区之中。路上的时间主要是堵车，到了这里还没有停车位。看来唐代国保，已经陷落在钢筋丛林里面了。

进到楼群之中，还未见到经幢，先看到几栋大楼墙壁上，绘制着"法隆寺经幢"的一些宣传画作，看起来地方上对它还是蛮重视的，再往前走了几十米就看到铁栅栏里的唐经幢了。

法隆寺自然早已无存，现在当地仅剩一个石刻经幢。这座唐代经幢，虽然也叫经幢，可是跟前面介绍的赵州经幢和闸口白塔（幢式塔）却有非常大的不同。最明显的差别就是中间主干部分是一个八面柱子的幢身，上面刻满了经文。幢身柱下面也是须弥座，也有托角力士，平座勾栏等仿木建筑的构件。而幢身柱上端，除了仰莲座以外，还有刻满飞天的

● 金华天宁寺大殿．

华盖及球形幢顶。

　　从金华法隆寺经幢的外形来看，它跟上海松江唐经幢及海宁惠力寺经幢，基本上是如出一辙。这进一步说明，唐代经幢有着标准的制式，而且与五代宋的幢式塔完全不同。这么看，赵州经幢其实更是一座幢式塔。而说闸口白塔是一座大的经幢，反而容易混淆唐代和宋代经幢的区别。

　　金华天宁寺大殿及法隆寺经幢的相关记录，我并未在《梁思成全集》中找到。不知道是梁林没来得及调查，还是他们认为不太值得记录。但按照梁林在其他地区调查时严谨的工作态度而言，即使没时间测绘，这样的唐代经幢和元代木构，没有道理不拍照记录。

　　我想，一定有什么原因吧。

法隆寺经幢

第十一章　天下罗汉两堂半

庙　堂　里　的　人　间　烟　火　气

1934 年 10 月，梁思成和林徽因从杭州结束调查，取道苏州、南京返回北平。在苏州，他们去了当时在京城文化界名气很大的甪直保圣寺。

保圣寺，保哪方神圣已不重要，却是我国文物保护史上的一个里程碑。

在梁林到来的 16 年前，1918 年，25 岁的北大学生顾颉刚就来到了这里。这位后来的著名历史学家，此时正因发妻病逝而伤心不已。到甪直镇，是为了访友，以舒缓心情。当他第一次见到保圣寺和大殿里的罗汉像时，被塑像的古朴生动的气质所吸引。顾颉刚在文章里写道："这寺的罗汉和别寺的罗汉两样。别个寺里，罗汉总在两壁排班坐着，面上身上满涂着金。这寺的罗汉是着色的，尤其是未失真的几尊着得特别浓重。

● 甪直保圣寺老照片

两壁是堆塑的山，十八尊罗汉有的是在山顶上，有的是在山坡上，有的几个凑在一处，有的两个隔开得很远，极参差不齐之致。最好的，是各有各的精神，各有各的注意对象：谈话、题壁、打坐、降龙、伏虎，他们真在山上做这些事情，并不是替三世佛排班护卫。未修过的几尊，衣褶的轻软，可以显出衣服中的筋骨；面上的筋肉更能很清楚的表示他们的神情。"[1]

接着，顾颉刚看见大殿里一副元代书法家赵孟頫所题的对联："梵宫敕建梁朝推甫里禅林第一，罗汉溯源惠之为江南佛像无双"，他不禁大吃一惊。他万没想到在这古镇上竟然来过唐代著名的雕塑家杨惠之，而且，留下的作品如今还完好保存在这里。当然，这塑像出自杨惠之，仅是对联上后人的一种说法，顾先生并未获得确凿的证据，但也足以让他对这堂彩塑极为重视。

北宋绘画史著作《五代名画补遗》中说："杨惠之，不知何处人，唐开元中，与吴道子同师张僧繇笔迹，号为画友，巧艺并著。而道子声光独显，惠之遂都焚笔砚，毅然发愤，专肆塑作，能夺僧繇画相，仍与道子争衡。时人语曰：'道子画，惠之塑，夺得僧繇神笔路。'……且惠之之塑，抑合相术，故为今古绝技。惠之尝于京兆府塑倡优人留杯亭像，像成之日，惠之亦手装染之，遂于市会中面墙而置之，京兆

● 甪直保圣寺泥塑罗汉

---

[1] 顾颉刚：《记杨惠之塑罗汉像——为一千年前的美术品呼救》，载《古保圣寺》，古吴轩出版社 2002年版，第 57 页。

人视其背，皆曰：'此留杯亭也。'"[1]杨惠之还著有《塑诀》一书，现已不存。他在业内被称为"塑圣"。

1922年，顾颉刚从北大毕业并且留校任教，暑假中与好友著名摄影师陈万里（后来跟着华尔纳去敦煌莫高窟，并揭穿他图谋盗割285窟的计划，使他最终被民国政府驱逐）再访保圣寺。发现保圣寺的大殿因为年久失修，屋顶已坍塌了一部分，雨水都漏到塑像上。几尊"传为杨惠之的作品"，有两尊已被水泡坏了。顾先生心急如焚，陈万里拿起照相机，赶紧把剩下的一些塑像拍了三张照片。这也是保圣寺泥塑最早的影像资料。

深知这堂塑像艺术价值的顾先生，立刻写了一篇文章《记杨惠之塑罗汉像——为一千年前的美术品呼救》发表在《努力周报》上，呼吁各界捐款用以保护保圣寺罗汉塑像，而且致信北大研究所国学门主任沈兼士和北大校长蔡元培，期望他们能发挥影响力，呼吁维修大殿保护古物。

百年之前，由于遍地都是清代遗留下来的木构寺观，泥塑还相当普遍。当年文物保护还属于全民无意识。据说，当地一些与此事相关的要员，并不认为这些古物有多大必要去保护，反而更看中保圣寺的土地，欲除寺而占有之为快。可见百年来，不仅需要真正唤醒中国人的文物保护意识，更要解决文物的长久价值和商人眼前利益之间的矛盾。

● 甪直保圣寺红衣罗汉

[1]转引自顾颉刚：《杨惠之塑像续记》，载《古保圣寺》，第73~74页。

保圣寺几尊塑像被搬迁到旁边的陆龟蒙祠中，更多悬塑和罗汉，还都在保圣寺大殿里继续经受风雨的洗礼。眼见保护运动收效甚微，1924 年，顾颉刚继续呼吁，连续在《小说月报》上刊登了五篇连载文章《记杨惠之塑像》。他在文章中写道："我们想，洛阳龙门造像给兵士打碎得不成样子了，泰山上的没字碑给某校的学生刻上字了，无论智识阶级与非智识阶级一例的没有历史观念与艺术观念，把先民的遗产随便打破，几个唐人塑像在他们眼里原是算得什么。但我总很希望在这一件事上，有几个智识界的真领袖出来，好好的做了，一雪妄人破坏艺术的耻辱，一雪妄人不知艺术而占据艺术界的耻辱，一雪妄人只知占据地盘，说好听的话，而不肯真心作事的耻辱。"[1]

一位日本教授看到了他的文章。在东京大学教授美术史的大村西崖，他研究中国艺术，写过一本《中国雕塑史》。大村西崖当然知道杨惠之的意义，看到陈万里拍的照片，更懂得这堂彩塑的价值。1926 年 5 月，他专程从日本跑到甪直来看保圣寺罗汉塑像。回去后，出版了《吴郡奇迹：塑壁残影》一书。在书中他表达了自己对这堂泥塑的看法：

> 据可知者，十六罗汉画塑，实始于唐末五代之禅宗。由此观之，杨惠之有十六罗汉，或十八罗汉之作，究难取信。则保圣寺之十八罗汉塑像，不得不谓为与本尊佛像，同为祥符重建时之物也。[2]

> 臆必当摹作之际，旧作诸像之未十分破损者，或加妆銮而用之；其不可救者，则摹之，并增新作以满十八之数；其配景亦皆规抚原作，故其真态，尚不致于全漓。[3]

大村的意思非常明确，这堂罗汉根据史料记载、外貌特征和题材出现的规律等几个角度判断，应该并不是杨惠之当年的原作。他判断这是宋代参照之前的作品补塑或重塑的作品。

同时大村西崖还注意到，罗汉的背景那一满墙壁的山海悬塑，与罗汉像的塑法风格有明显区别。他认为："其岩石皴法，全属唐风，不似宋式……图中石皴，随处胥表现唐人作风，亦即后代和绘皴法渊源之所自。是故保圣寺塑壁之石皴，与此正复相同。"[4]用现

---

[1]顾颉刚：《记杨惠之塑罗汉像——为一千年前的美术品呼救》，载《古保圣寺》，第 64 页。

[2]转引自殷之书编著：《古保圣寺考》，古吴轩出版社 2008 年版，第 103 页。

[3]转引自殷之书编著：《古保圣寺考》，第 103 页。

[4]转引自殷之书编著：《古保圣寺考》，第 94 页。

在的话说，如果对联上提到的保圣寺与杨惠之确实有关，那么这堂满墙悬塑的山海背景塑壁，才极有可能是唐代的作品。

墙内开花墙外香，随着大村西崖这本介绍保圣寺泥塑的书籍出版，终于引起了国内的重视。再加上 1927 年保圣寺又遭受火灾，大殿半边坍塌，半数罗汉被毁。到了 1928 年 5 月，大殿轰然坍塌，只剩残壁一堵。

1929 年，中央研究院院长蔡元培、教育部副部长马叙伦等人专程到用直保圣寺调查泥塑，并组成"唐塑罗汉保存会"。2 月 4 日国民政府教育部正式发文，予以保护。

此时的保圣寺大殿已严重损坏，几年前还有十八尊罗汉和两墙壁的悬塑山海，现在仅剩一半。经多方努力，总算在用直重建了保圣寺古物馆，由雕塑家江小鹣带着他的弟子滑田友（后成为著名雕塑家，参与人民英雄纪念碑的设计制作，曾任央美雕塑系主任）等，把那些因为迁出而幸运地保存下来的九尊罗汉塑像复原在山海悬塑背景之中。1932 年 11 月 12 日，保圣寺古物馆落成开放。

两年之后，梁林也来到了保圣寺。

在看完古物馆的泥塑后，梁先生留下了这样的评价：

> 惠之作品，今尚存苏州用直镇保圣寺。按《甫里志》，保圣寺塑壁为惠之作。其中有罗汉十八尊，其后壁毁，其所存像六尊，幸得保存，今存寺中陆祠前楼。"一尊暝目定坐，高四尺，邑人呼之为梁武帝，一尊状貌魁梧，高举右手，且张口似欲与人对语，其高度为三尺八寸，一尊温颔端坐，双手置膝上者，高四尺；一尊眉目清朗，作俯视状……"此种名手真迹，千二百年尚得保存，研究美术史者得不惊喜哉！此像于崇祯间曾经修补，然其原作之美，尚得保存典型，实我国美术造物中最可贵者也。[1]

我们去保圣寺时，看到的情景和梁林差不多。空空的古物馆内，展示着保护下来的这一壁山海悬塑和其间的各种姿态的罗汉。为了保护文物，室内并未投射灯光，我们利用微弱的自然光线观察这一幅立体的山水巨作。下面是大海的波涛翻滚，之上有怪石嶙峋，惊涛拍岸。再上是海边的深山，各种形状的岩石和山林交相辉映。正如大村西崖分析的，悬塑的艺术加工意识，更像是唐人的风格。虽然不是保圣寺原有作品的主角，但极好地衬托了罗汉修行的山野环境，在罗汉被宋代重塑、明代修补之后，背景反而有点喧宾夺主了。

---

[1] 梁思成：《中国雕塑史》，《梁思成全集》第一卷，第 117 页。

　　而九位罗汉，即便是宋代的作品，也是相当精彩。他们有的闭目打坐，有的抬头望仰，有的瞪大双眼，有的心平气和，有的在相互交流说话，好像探讨佛法，有的却目光发愣不知道在想些什么；有的明显是汉人，而有些则是长着络腮大胡子的番僧；有的胖胖的憨厚可爱，有的则瘦得锁骨都现出两个凹槽；可以说是充分地体现了宋代人文的气质和理性的光辉。这些人物不像北朝和唐代那样高不可攀，就像邻家兄弟贴近百姓。

　　与圣母殿的侍女图创造时的自由发挥相似，宋代的艺术家在塑造罗汉形象时，也比唐代塑造人物更加注重真实感。侍女和罗汉这两类角色，在祠堂和佛寺之中，都不是主角，于是有更自由的创作空间。古代工匠尽可能充分地发挥平时在普通市井之内观察到的各种人物特征，不同年龄段，不同体重，不同民族，不同服装，不同修饰，不同气质，不同身高等，来施展他们的技术。这使我们今天的观者，有机会看到宋代工匠高超的手艺。因此，如果从人物的真实感方面来品评，罗汉这类题材，可以算是最容易让我们观众眼前一亮的艺术作品。我寻访古刹，尤爱里面的罗汉。佛陀大多过于庄严，让人敬畏；菩萨要好些，能看到香火气，而罗汉身上是能闻到烟火气的，最近人间。

　　说到看古代寺观彩塑，就看"罗汉"。看罗汉，就有了民间流传的一句话"天下罗汉两堂半"。保圣寺这只能算是半堂了，毕竟对面墙壁和九尊罗汉已经毁掉无存。另外两堂，则是指据此

● 苏州紫金庵罗汉

不远的苏州东山紫金庵和济南长清灵岩寺里的两组完整的罗汉造像。

坐落在太湖东山的紫金庵，仅存一殿一堂，但它因为有南宋民间雕塑名手雷潮夫妇塑造的罗汉像而声名远扬。与保圣寺泥塑不同，这里是名副其实的彩塑。保圣寺罗汉和山海，都因长期受到潮湿甚至水泡的影响，泥塑身上那层彩绘褪色严重，现在除了位于最高位置的一尊红衣罗汉以外，其他看起来就是纯泥的褐色。好在造型实在是高级，仅凭"三分塑，七分绘"中的三分，即可夺人耳目。而紫金庵这一堂，因为保护得当，至今仍色彩鲜艳。这里的罗汉依次坐在罗汉堂三面墙壁之前，一米多高的台座之上。并将原来分散于天王殿、大雄宝殿和配殿中的剩余塑像，都搬迁到罗汉堂内，显得整间大殿精彩纷呈。

用紫金庵讲解员的十六字来概括这里的罗汉造像是：慈、虔、嗔、静、醉、诚、喜、愁、傲、思、温、威、忖、服、笑、藐。从这十六字中可以体会每尊罗汉的个性，这不仅仅是在塑造外形，更是在做内心的刻画了。而紫金庵彩塑罗汉最大的特点则是南宋的世俗气浓厚，充满温暖的人间烟火气，让观者经常会发出会心一笑。

紫金庵的许老师，是我们印象最深刻的讲解员之一，他自称许文强，在这里讲了三十七年，是当地的"名嘴"，把罗汉讲得绘声绘色，让人叫绝。对他来说，讲解这件事，就是他用一辈子干好的一件事。这里借用他对这些罗汉的描述，分享给大家：

"长眉"罗汉慈颜善目，满脸福相；"评酒"罗汉遍尝杜康，一副醉态；"伏虎"罗汉虽老态龙钟，然而却法力无边，只用手向老虎一招，那斑斓猛虎，竟如温柔小猫驯服在他的脚下舔袍角；而"抱膝"罗汉则傲气横溢，认为降伏一虎，只不过雕虫小技。右壁那3尊罗汉目光不约而同地注视柱头的蛟龙，只见"降龙"罗汉大眼圆睁，嘴唇紧闭，双脚脱鞋，放在座上，右手手掌向上，在做"请"蛟龙下来的姿势，左手则放在屈起的左膝上，神情威严自若，信心十足；一旁的"钦佩"罗汉，眼睛望着蛟龙，双手一摊，嘴一抿，对于"降龙"罗汉的法术不胜佩服之至；而"藐视"罗汉一旁跷着二郎腿，转过头去，一副不屑一顾的神情，但他那凹陷的眼睛却在窥视着柱头的蛟龙，看它是否真会被降伏，那心口异态的样子被表现得淋漓尽致。"听经"罗汉最为虔诚，他正专注一境听佛说法，而不彼此争斗生气。"沉思"罗汉别出神韵，他低垂着双目，凝视着下前方，似乎在思索着一个什么问题，想求得答案。[1]

[1]袁一锋主编：《500旅游热点自导手册》，上海科学技术出版社1996年版，第186页。

紫金庵渡海观音

　　紫金庵里除了一圈罗汉精彩之外，最精彩莫过于大殿后门处的渡海观音。与隆兴寺倒坐的水月观音自在坐姿不同，这里的观音菩萨是站立在一条鳌鱼之上，从大海的波涛之中出现。身体呈微微的弯曲姿态，向斜下方俯视众生。虽然由于年代久远，面部的彩绘金漆有些病害，已经起甲龟裂了，但是依然可以看到她低眉悲悯的眼神慈祥地望着前来礼拜她的游人们。她的微笑与其他罗汉的微笑气质统一，形成了紫金庵整堂彩塑特有的气质。

　　最后一堂，济南长清灵岩寺的宋代罗汉。梁林于 1936 年 6 月来山东考察 19 个县的古迹时，应该来过灵岩寺。因为在梁思成先生的著作中，多有对辟支塔等灵岩寺内多处古建的明确记录。但灵岩寺的罗汉，他在《中国雕塑史》里只字未提。据说，他的父亲梁启超先生 1922 年也来过此地，并且将这堂彩塑评价为"海内第一名塑"。难道，老子盛赞的，儿子偏要逆反？

　　这堂罗汉现存于千佛殿的东西后壁台座上，共计 40 尊。原来他们并不在这座殿内，而是在鲁班洞上面的十王殿里，清末搬迁至千佛殿中。

　　跟前面介绍的两组罗汉相比，灵岩寺罗汉最大的特点是写实。每一尊造像的面部、骨骼结构和肌肉组织，遵从于真人的比例进行刻画。另外从人物的肤色上看，灵岩寺这一组罗汉，罕见地采用了真人的肉色渲染皮肤。

　　这一尊抬头向上看的罗汉，微蹙双眉，紧闭嘴唇，大双眼皮下一双亮晶晶的眼

● 灵岩寺罗汉（路客看见　摄）

睛。眼睛是心灵的窗户，眼神飘忽的人，内心是很危险的。这位罗汉眼神坚定，一看便是心胸开阔、自信专注之人。而另一尊罗汉，左手托一块方巾，右手拇指、食指和中指三指捏在一起，像是正在缝补方巾。他眼睛紧盯着手上的针线，工匠则用"纫针"的这个动作的谐音来指出学习佛法必须"认真"。

关于这堂罗汉的塑造年代，一直有所争议。大画家刘海粟先生在灵岩寺看完之后，一度还认为是唐塑。一直到 1982 年，济南市文管会对这堂彩塑进行维护时，在泥塑体内的装藏中发现有宋代的铜钱数十枚，这下可以确定这组造像应该是宋代塑造的。

说起来，我第一次来灵岩寺，还是上大学时，学校组织的文化考察。当时一进千佛殿，就觉得相当震撼，昏暗的光线里，一尊尊罗汉栩栩如生，就像一个个有生命的人，穿过幽暗的岁月，从宋朝抵达今天。二十多年来，我去了无数次，最后一次是前不久，有半堂罗汉正在维护中，被围挡挡住了。不过，只要能看到的罗汉，还都是老模样，不管是眉目还是身躯，不管是彩绘还是上面的灰尘，老模样的罗汉让人放心，老模样就是最好的模样，就是不变的模样，尽管自己早变了模样，想必罗汉们也看到了。

● 灵岩寺罗汉群像（路客看见　摄）

第十二章　南朝石刻

散　落　乡　野　的　石　兽

● 梁吴平忠侯萧景墓石刻

　　结束苏州的考察，梁林来到南京。在这里他们顺路考察了南朝石刻和栖霞舍利塔。云冈石窟是北朝的顶级艺术遗存，南朝石窟却很少被人说起。其实，就在他们考察的栖霞舍利塔旁，就是千佛崖南朝石窟，可惜非常遗憾，历经磨难，这里的南朝造像已经所剩无几了。

想了解南朝的艺术，就要看帝陵石刻。

今天，每当行人来到南京南站前，就可以看到在进站口处矗立着一尊巨大的类似雄狮的雕塑，它就是以南京境内的南朝石刻萧景墓石兽为原型设计的。

南朝石刻，就是宋齐梁陈四代帝王或皇族的公侯们墓葬地面的雕刻遗存。公元420年，东晋的权臣刘裕废掉晋帝，建立宋朝，史称刘宋。之后的南方并不太平，朝代更迭也非常频繁，经历了皇帝都姓萧的齐、梁两朝。到170年后的公元589年，在北方已被隋统一的局势下，隋文帝派晋王杨广出兵灭掉南陈政权，再次统一了全国，历史进入了隋唐大帝国时代。

南朝是宋齐梁陈四朝的统称，是继东晋之后由汉族建立起来的王朝。延续了华夏文明，兴起了建康、江陵、广陵等大城市。四朝的首都均在建康城，也就是今天的南京。建康与同时代的罗马城，并称为当时世界的两大文明中心。由于南朝经济发达，社会财富有一定积累，这个时代的艺术在中国本土艺术发展史上，也书写了关键的一笔。刘宋、南齐时期的名画家陆探微、梁武帝时绘画大师张僧繇都以画人物或者佛教壁画而闻名。

南梁著名的艺术评论家谢赫，在他所著的《古画品录》中，总结了六条艺术审美的标准，被称为"谢赫六法"。包括气韵生动、骨法用笔、应物象形、随类赋彩、经营位置、传移模写。

他所提到的气韵，原是魏晋品藻人物的用词，是说一个人从他的体态和表情中显示出的气质和韵味。跟气韵描述类似的还有传神一词。气韵有点像我们今天常说的气场，指一个人由他的谈吐和姿态所传达的内在素养，而传神更多是指面部表情尤其是眼睛传达出来的精神状态。

在南朝，气韵被作为品评艺术作品的标准，不论绘画、雕塑甚至书法皆是如此。气韵生动也成为艺术家追求的最高目标之一。谢赫六法总结出的不仅是南朝艺术精神，也是当时南朝社会的真实写照。从南朝开始，一直到现在，谢赫六法被运用着、充实着、发展着，后人鲜有超越，成了中国古代美术理论方面最受艺术家推崇、最有指导性的原则之一。

由此可见，南朝艺术在我国艺术史上具有何等的地位。而如今，南朝的建筑早已无存，书画原件也几乎不存于世。我们能看到的南朝高等级原真文物，以皇族陵墓的石刻为最佳。

梁先生来到此处留下了这样的一些评价：

（南朝）有少数雕刻遗物为学者所宜注意者。其大多数皆为陵墓上之石兽。多发现于南京附近。……其中最古者为宋文帝陵，在梁朝诸陵之东。宋陵前守卫之二石兽，其一尚存，然头部已残破不整。其谨严之状，较后代者尤甚，然在此谨严之中，乃露出一种刚强极大之力，其弯曲之腰，短捷之翼，长美之须，皆足以表之。中国雕刻遗物中，鲜有能与此颉颃比刚斗劲者。

● 梁桂阳简王萧融墓石刻

　　　　萧梁诸墓刻，遗物尤多。……吴平忠侯萧景及安成康王萧秀，俱卒于普通年间，
　　故其墓刻俱属同时（公元六世纪初），形制亦同。其石兽长约九尺余，较宋文帝陵石
　　兽尤大，然刚劲则逊之。其姿势较灵动，头仰向后，胸膛突出。此兽形状之庄严，全
　　在肥粗之颈及突出之胸。其头几似由颈中突出，颈由背上伸如瓢，而头乃出自瓢中也。
　　其口张牙露，舌垂胸前，适足以增胸颈曲线之动作姿势。其身体较细，无突起之筋肉，
　　然腰部及股上曲线雕纹，适足以表示其中酝藏无量劲力者。[1]

　　从文字中，不难读出梁先生对南朝石刻在中国雕塑史上地位的认可。这些散落在南京
到丹阳之间的约三十处陵墓石刻，由于年代久远，地面文物上只有很少的文字题记，因此
很多石刻的主人，至今还有争议。我们接下来说到陵墓的主人按照目前文物管理部门的定
义为准。

　　我们一行人在南京到丹阳之间，走了三天。石刻按地区划分，南京市十七处，句容市一处，
丹阳市十一处。我们从南京往丹阳方向走。

　　第一站，我们去了梁桂阳简王萧融的石刻，在南京炼油厂中学的东边。现在还遗存两
只辟邪。按照专业的叫法呢，石兽头上有两只角的，被称为"天禄"，一只角的被称为"麒

［1］梁思成：《中国雕塑史》，《梁思成全集》第一卷，第75~76页。

麟"。南京南站那种脖子很粗的，叫做"辟邪"。皇帝用麒麟和天禄，而王爷一般只能用"辟邪"。所以，萧融作为王爷，他的配置是一对辟邪，而这对辟邪是南京市范围内现存最早的一对了。

辟邪跟天禄最大的区别还是上半身。只见东北侧这只雌兽，头上无角，头不大，但是脖子粗，仰着头，长长的舌头吐出嘴外，下巴没有刻画胡须。胸到尾部，很像一只狮子，但体格要更加雄浑，就是腰更粗。东北侧这只身前还有一只很小巧的辟邪，看着像她的孩子。这么小的石刻，居然经历一千五百年还能保留在此，实属难得。

这只小辟邪原先是神道华表上的，头部已毁，据说是以前当地农家有丢孩子的，被人胡说是这只"小狮子"吃了小孩。于是村民们一气之下就把小辟邪的头敲掉了，从此还真的没有丢失小孩的事情了。这只是一个传说，听着就不靠谱。在神道石刻西北约一公里处，1980 年发现了萧融夫妇合葬墓，出土石墓志两方，现收藏在南京博物院。在西南侧的辟邪为雄兽，很明显有水泥和新石料的修补痕迹。它体型高大威猛，腹侧两翼有鱼鳞纹和五根翎毛，线条堪称流畅。

梁安成康王萧秀墓神道石刻，现在被收藏在甘家巷小学里面了。虽然在门口的位置，学生上学放学也要经过神道，但想进去，必须经过看门大爷的同意才行。好在大爷也不为难游客，说明来意，递上一根香烟，也就让我们进去了。

萧秀墓石刻最全，一共三种八件。包括两只辟邪、四个石碑、两个华表，虽然都多少有些残缺不全，但能收集齐这么完整的一套，也算是在南京市范围内最全的了。跟绝大多数南朝石刻的保护方式不同，这里的八件文物，估计也是沾了学校的光，全部都被保护在一个铝合金大棚之下。虽然辟邪再也看不到头顶上的天空，身上也落满了灰尘，没有大自然的雨水帮它洗刷，但对于石质文物防水保护，应该是有很大的好处的。有时候，文物保护方案的设计的确是门大学问，既要保护好文物又要保留文物的古朴风貌和场域和谐之美，梁思成先生在这方面具备超越时代的眼光。他对于中国文物保护事业的开创和具体工作原则的构思，都是让我们这些几十年之后的人叹服不已的。

梁鄱阳忠烈王萧恢墓和始兴忠武王萧憺墓，都在一起。在栖霞街道新合村的市民广场里，在萧憺墓辟邪北侧有一块石碑还保存着。这非常难得，几乎是留下来的唯一一块完整的石碑了。在 1956 年已被建成的碑亭保护起来了，它是南朝石碑中保存文字最多的一通，共有3096 字，如今能够辨认的有 2800 余字。该碑碑文为楷书，难怪梁思成先生的父亲梁启超称"南派代表，当推此碑"。

梁吴平忠侯萧景墓石刻。别看现在只剩一只辟邪和一座华表了，但这两个遗存的精彩程度，堪称南京之冠。南京南站仿塑的正是这只辟邪。外形上，跟之前见到的辟邪大形一

● 梁吴平忠侯萧景墓石刻

致。但细节有所不同，比如为了避免胸大肌只是单纯的突出，而没有了层次感。这尊雕像特意刻画两片胸肌一大一小，在不同的位置观看时，有所区别，体现层次感。辟邪的头部，鼻端刻画成一个平面。虽然真实的野兽狮子老虎的鼻子都不会这样平，但在这里，就跟圆形的胸部有了对比。而不是上下全部都是圆形的线条，有圆有方，方圆对比，使得雕塑整体看起来更加优美。

　　神道西侧的华表，则是所有南朝石刻的现存华表中最特别的一只。特别之处在于华表上中部的石碑文，居然是"反书"。就是像我们见过的印章上面的左右颠倒的文字。内容是："梁故侍中中抚将军开府仪同三司吴平忠侯萧公之神道。"楷书精细，字迹清晰。有人说这是因为神道是陵墓使用，阴间文字就是反着写的，这有点说不通，因为后面我们看到的其他同时期华表碑文，就是正常文字。至于到底为何，成了历史未解之谜，而这样的反书，在全国的古迹碑刻之中，也是非常罕见的。

　　碑文下面，有三只焰肩兽。这种图案非常有趣，它是来自波斯祆教的神兽，也被泛称为"畏兽"。祆教是波斯人琐罗亚斯德创立，崇拜火，也叫拜火教。"祆"

● 华表上的畏兽

梁吴平忠侯萧景墓华表

者，就是天神的意思。不称"天"而称"祆"，是为了强调是外国的神。它与景教和摩尼教在隋唐时期被称为"三夷教"。

畏兽在拜火教中，非常常见。由于肩膀上着火，因此又称焰肩兽。它是人身兽头，它的头跟南朝石刻中麒麟、天禄、辟邪的头很相似。手脚都是两或者三根趾。每只畏兽会有不同的法器，有的拿石头，有的拿长矛，有的手持闪电，可能是跟我们国家神话传说中的雷公电母有融合。不同法器的畏兽，名字也不同。据说一组有 16 只。但这方面的论文很少，查了很久莫衷一是。

但这种畏兽的形象太有特点，一眼便可以分辨出来。而且广泛流行于南北朝中晚期到隋代初年，在中国南北方的墓葬和石窟的雕刻和壁画中频繁出现。

石柱雕刻了 20 多道棱，柱头为一饰有覆莲瓣的莲花座。莲花座顶上有一只仰天长啸的小辟邪，基本就是旁边那只大辟邪的等比例缩小版。萧景墓这整根华表是南朝石柱中保存最完整、最精美的一件。

第一天的最后一站，去了"狮子冲"。多么动感且形象的名字。"狮子"其实就是此地的南朝石刻，百姓不管它专业名词叫啥，外表看起来像狮子，那就这么叫。"冲"字在地名里使用，一般指山间小平地。

大巴车开到离目标最近的停车场，我们就要下车走路了。前往一片水塘和小树林，看不到什么景区和文物的踪影。这里基本上还是处于一个很原始的状态，挺好，比之前走访的那些修建成 5A 级景区的世界遗产，感觉要好很多。可能这样更符合"遗迹"的一个"遗"字吧。既然有千年的岁月洗礼，那环境的原生态，能更好衬托文物的沧桑。

穿过水塘之间的小路，在一条离水面宽度大约只有一米左右的田埂上小心地走过，再穿过一条两旁长满了 2 米多高灌木的土路，就看到田地里的永宁陵石刻了。这里的主人，按照永宁陵来说，是陈朝的陈文帝陈蒨。但在 2013 年，附近发现了两座罕见的带有明确纪年的大型南朝壁画砖墓，据出土文物推测，墓主为梁武帝萧衍的嫡长子萧统，也就是昭明太子，他 31 岁因病早逝。所以，现在更多专家把它叫做昭明太子墓。这对石兽，被很多朋友认为是南京地区最漂亮的一对南朝石刻。

由于昭明太子后来被追封为皇帝，因此他的墓前使用的不是辟邪了。西边这一只是雄兽麒麟，在它的肩头处，肋生双翅，翅膀尖端长出七根羽毛，遍身饰花瓣纹和云纹，形象威猛。四腿用力蹬着，四只爪子都蜷缩成半握拳头状，爪尖紧紧地抠在地上。看起来特别像刚刚从天而降，落地之后，还带着向前冲的惯性，需要用爪子在地上踩一下刹车一样。这么一看，这地方叫狮子冲，真是太名副其实了。

东边的这只还是雄兽，只有一只角，因此是"天禄"。麒麟和天禄身上的纹饰，看起来要比白天看到的那些辟邪精致多了。可能这也是为了体现墓主人在身份级别上的差别吧。

时间随着我们参观流逝，转眼到傍晚 6 点多，天色暗下来了。我们拿出准备好的照明补光灯，寻找光线与石刻纹路相符合的角度，用老师的话说：好的石刻，是可以用光影来进行检验的。如果 360 度无死角都好看，那就是雕塑极品了。狮子冲这对石兽，是经得起光影检验的。

丹阳，是齐梁两朝多位皇帝陵墓的集中地。因为这里是萧家的祖籍所在地，死后落叶归根，他们纷纷在此建陵安葬。古运河萧梁河大桥是萧氏神道的总入口，被称为"陵口"。流经这里的古运河，至今可见河岸线开凿十分整齐，是当年建康来兰陵（丹阳在南朝时的名字）谒陵的主要交通水道。

丹阳市有 11 处南朝石刻，包括齐宣帝萧承之永安陵、齐武帝萧赜景安陵、齐景帝萧道生修安陵、齐明帝萧鸾兴安陵、齐废帝萧宝卷陵、梁文帝萧顺之建陵、梁武帝萧衍修陵、梁简文帝萧纲庄陵，以及陵口的石刻。

来到丹阳先从陵口看起，就在丹阳新世纪鞋业厂房的墙外菜地里。由于设置在总神道

● 昭明太子墓石刻

● 丹阳修安陵石刻

的入口处，因此这里的石兽也是整个丹阳地区现存体积最大者。这只麒麟造型生动，纹饰华美，头朝东方，遥望对岸的那一只。从麒麟后背看去，身上的纹饰漂亮清晰，不同的图案的纹饰组合在一起，呈现出变化又不显得凌乱。虽然四肢都已残缺被石柱撑着，但是它华美的身姿、雄壮的体态和不可一世的霸气还是让我们一览无余。

　　我们来时正是油菜花开的季节，金黄色的油菜花田为石刻营造了一个充满野趣的场域环境。天色将晚，我们便在陵口附近找了小饭馆，吃点农家小菜，决定天黑之后，去修安陵。

　　修安陵的主人萧道生是南齐开国皇帝萧道成的二哥，被他儿子齐明帝萧鸾追封为景皇帝。这里的石兽被很多小伙伴称为丹阳最美。

　　去陵墓夜游，如果人少，真的需要一些胆量。停车之后，按照导航软件的大概方向，我们往路边的土路里走。

　　前面见有个小院，不像农家，而是一个建筑施工工地的样子，赶紧敲门询问看看。很久没有人应答，只能再往田野深处找寻目标。刚走出五十米，看到一个分岔路口。左侧的大路被拉上铁丝网，而往前的小路是漆黑一片，一点光亮都没有了。我拿出手电照了照，也看不出什么像有皇陵的迹象。

　　正在犹豫之时，前方突然传来狗叫。急促而凶狠，我有点不敢乱跑了。还好这时那个施工小院终于有人出来。仔细一打听，工人告诉我们修安陵就在不远处，大概几百米，前面的小路走 50 米，左转穿过茶园就是。

　　循着狗叫的声音，我们一行人不敢走散，按照指路的说明，来到了茶园，中有一条小路，看起来往前应该有路。大家打着准备好的手电，向树林深处行进。别看这么短的几百米，对于一帮没来过的人，又走夜路，那是一种漫长的心理体验。不知道走了多久（其实后来回来的时候看表，也就是五分钟），走在最前面的我，隐约看到前方露出一只麒麟的屁股。哎呀，终于到了。

　　兴奋之情将一点点的害怕彻底扫净，我们打着灯光，围拢过来，一起观看。只见修安陵的石兽天禄和麒麟确实极其俊美。站立在高台之上的它们，身躯挺拔，头颈和胸腹屈曲弯折，在光影的映衬下，清秀颀长。头颈和身体整体呈现出 S 形的大弯，和之前看多了的水桶腰相比，这两只神兽扭动着的小蛮腰更加像非洲大草原上的猎豹。

　　石兽身上的纹饰繁缛，但刻画羽毛的线条繁而不乱，颈部及胸部上的胡须刻画得细致入微，双翼上饰有旋涡纹和麟纹，衬以羽翅纹，令人觉得神兽可以展翅高飞。从后面看到神兽丰满的圆臀和有力的四肢，感觉它就像猎豹一样，随时准备追逐猎物。

　　我们分散在两只石兽旁边，反复用各种角度的灯光去投射，寻找最佳的摄影角度。这真是一种别致的体验。不知道当年梁先生带着营造学社的同仁来没来此，毕竟那时照明设备还比较稀少，环境也没有今天安全，估计是没有夜游的。

　　第三天的第一站是齐宣帝萧承之永安陵石刻，萧承之是南齐开国皇帝萧道成的父亲，生前并没有当过皇帝，只当过将军，是一位智勇双全的大将。他 65 岁去世，被萧道成追封

● 丹阳永安陵石刻

为宣武帝。在油菜花田里，永安陵的两只石兽对应而立，还没靠近，就已经体会到它们的灵动。只见天禄的造型肉丰骨劲，神态矫悍生动。仰首长啸、怒目圆睁，长须飘拂垂在胸前，又分为三缕向上卷曲。粗大的长尾巴拖地并盘成一圈，体现出石刻曲线的变化。西侧的麒麟头部彻底没了，但仍然可以看得出它的矫健。其破损程度，看样子不是一般的人力可为的，听说是被雷电击中，才变成这样。得知此事，不禁让我们感慨其他保存相对完整的石刻，跨越 1500 年能留到今天，是多么的不易。

齐武帝萧赜的景安陵在建山乡前艾庙一个煤炭堆场旁边。背景的黑煤及上方的电线网，跟地面的天禄，形成一种特别违和的画面。古代苍生与现代化设施及工业混合在一起……平添一股悲凉。

最后一站，也是一处比较集中的地方，就是三城巷。梁文帝萧顺之的建陵，是这一区域的中轴。萧顺之是梁武帝萧衍的父亲，被儿子追封为文帝，庙号太祖。建陵神道规模宏大，保存下来的石刻是数量最多的，包括石兽两只，石柱华表两个，龟趺两只，还有方形石块若干。

两个华表上都刻写"太祖文皇帝之神道"，字迹清晰，左右两侧一为正书，一为反书。石柱上雕刻的绳纹和图案也很清晰。华表底座的两只翼虎，虎头含珠，尖牙利齿，腰身明显。下面的方形基座上雕刻了精美的焰肩兽浮雕。

梁武帝萧衍修陵前如今只有一只天禄了。它可以作为梁代石刻的代表作，齐代石刻雕刻技法复杂，纹饰华美夸张，而梁代石刻趋向简朴和写实。另外梁代石刻强调巨大的体积感，头大颈长，昂首天边，雄据一方，不可一世。天禄躯体修长，肥臀细腰，动感十足。头上双角向后弯曲一直垂至脑后，就像两根辫子。这也是全部南朝石兽中，唯一留下完整的双角的作品。

梁简文帝萧纲的庄陵只有一只残破的麒麟立在田野里，它的后半身缺失。不过仅存的前半个身躯就足够华美、精致和威武。好雕塑好就好在气质，它对周围的空气都有一股强大的辐射力。它身上的纹饰颇具复古风格，似乎为南齐风貌再现，细微之处又像后世陈陵石兽，可以说这尊石兽是南朝石刻艺术承前启后的典范。侧翼和前胸装饰得如此华贵，完全可以和齐武帝的景安陵石刻相媲美。

雕塑家分析此石兽气场之强大，雕刻之精美，可以看出雕刻之时应该是国力强盛、社会稳定之时，更像萧衍统治时期，我们观者都比较信服这种判断。可见文物考古应该从多角度进行研究。

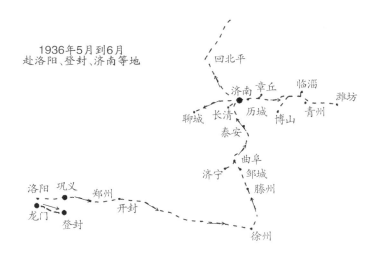

1936年5月到6月
赴洛阳、登封、济南等地

回北平

济南　章丘　临淄
　　　　　　　　　　潍坊
聊城　长清　历城　博山　青州
　　　　泰安
　　　　　　曲阜
　　济宁　邹城
　　　　　　滕州
洛阳　巩义　郑州
龙门　登封　开封
　　　　　　　　徐州

四　洛阳济南一水牵

第十三章　洛阳石窟

夜　　　游　　　龙　　　门

● 龙门石窟卢舍那大佛

　　在研习中国雕塑者目中，洛阳南面十英里的龙门石窟当与云冈石窟同等重要。当北魏鲜卑族从大同迁都至此时，造像艺术亦随之而来。伊河两岸连绵的石灰石崖壁为雕刻作品之上佳基址。造像活动始于公元 495 年，持续时间逾二百五十年而不止。

早期石窟造像具有和云冈相似的古雅感觉——主要形式为圆雕。雕像的表情异常静谧而迷人。近年来，这些雕像遭到古董商的恶意毁坏，最杰出的作品流落到了欧美的博物馆中。

龙门最不朽的雕像群成于武后时，即公元676年开凿卢舍那龛。据一处铭文记载，皇后陛下颁旨所有宫人捐献"脂粉钱"为基金，雕刻八十英尺高的坐佛、胁侍尊者、菩萨及金刚神王。群像原覆以面阔九楹的木构寺阁，惜早已不存。但崖上龛壁处尚有卯孔和凹槽历历在目，明确指示出屋顶刻槽的位置和许多梁楣的位置。

与云冈不同，逾百龛壁上铭文无数，记录了功德主的名字与捐献日期，便于确认大多数雕像的年代。[1]

1936年5月28日，忙碌了一年没有外出考察的梁林，重新离开北平，前往河南，从洛阳开始考察河南古迹。他们的第一站来到龙门石窟。

介绍龙门石窟，还得先说北魏的历史。太和十四年（490年），临朝听政近25年的冯太后，在平城病逝。她的孙子，23岁的孝文帝拓跋宏，此时已经做了18年皇帝。现在，他终于可以自己做主干点事了。

迁都。深受汉文化影响的孝文帝，不顾部分朝臣的强烈反对，迁都洛阳。从此，北魏的流行风尚变成了南朝的风格。

在这个崇尚佛教的国家，皇家带头开凿石窟的风气已经持续了30多年。迁都后，在洛阳周边找一个适合的地方开凿石窟，也成为昙曜的继承者们早早就开始的任务。选址伊阙，可能是并不太难的决定。毕竟这里的地理环境（大河岸边的石头山）在洛阳周边首屈一指。但是，摆在工匠们面前的难题，还是出现了——这里的石头完全不同。武周山的砂岩相对软，已经很熟练地开凿砂岩的工匠们，这回面对的是硬得多的石灰岩。

经过周边一些石质相近的试验洞窟（如水泉石窟）开凿后，龙门石窟在选定了适合这里石质的线刻和浮雕的技法之后，正式拉开了持续400多年的大规模开凿的序幕（零星开凿一直持续至清）。

历史上，在龙门有两个开凿时期最为兴盛，一是北魏孝文帝到孝明帝的35年，二是唐高宗到玄宗时期近150年。今天来龙门，主要看到的都是这两个时期的成果。

龙门石窟重点位于西山崖壁，有北朝和唐代大、中型洞窟50多个。

北魏代表洞窟：古阳洞、宾阳中洞、莲花洞、皇甫公窟、魏字洞、普泰洞、火烧洞、

［1］梁思成：《华北古建调查报告》，《梁思成全集》第三卷，第349页。

慈香窑、路洞等。

　　唐代的代表窟：大卢舍那像龛、潜溪寺、宾阳南洞、宾阳北洞、敬善寺、摩崖三佛龛、万佛洞、惠简洞、净土堂、龙花寺、极南洞等。

　　长期以来，受文物保护的原因，古阳洞、宾阳中洞、莲花洞（简称龙门北魏三大洞）都不对普通游客开放。我去了龙门多次，都只是看看露天的那些造像。较深的洞窟受光线影响，里面昏暗不清，实在无法体会那些美妙的艺术。所以，能进龙门的洞窟里面参观，尤其是北魏那几个窟，成了我们这些文化深度爱好者的梦想。

　　这个梦想在 2020 年 4 月 17 日实现了。在筹备多年，并进行了文物保护方面的测试后，龙门石窟开放了夜游进窟参观的游览项目。当天色渐渐暗下，我们这波开放进洞参观后的第一波游客，乘坐电瓶车从游客中心出发，向着心仪已久的石窟出发了。

　　远远地见到伊河桥，水面倒映着金色的波光，已经让人开始兴奋了。龙门石窟为本次深度游安排的讲解员是马丁老师，接下来他一口气讲解了两个半小时，滔滔不绝，底气十足，不厌其烦，反而是我们不好意思再耽误工作人员的时间了。

● 夜游潜溪寺

　　走到第一个洞窟潜溪寺时，哇——心情还是控制不住地有点飘，我像是体会到了飞天的感觉——这回算是真的看清龙门石窟内部造像了。

　　来过的朋友都清楚，白天不管是阳光明媚还是阴雨绵绵，这些洞窟里的雕塑，其实都看不清楚。龙门石刻的艺术美，原来只有在夜晚的灯光下才能更好地体现。

　　潜溪寺高、宽各九米，进深七米，开凿于初唐。窟内雕刻的题材是西方三圣，中间是阿弥陀佛，两侧为观世音菩萨与大势至菩萨。他们三位掌管西方极乐世界，所以叫西方三圣，这是佛教净土宗的信仰。阿弥陀佛坐在须弥座上，面相是唐

● 宾阳中洞内景

代典型的丰满端庄之相。上半身体形浑圆结实，比例匀称，佛衣前摆斜垂在须弥座前。佛像面部神情睿智，给人慈祥之感。两侧的菩萨，造型风格与主尊一致，也是丰满敦厚，仪态文静。初唐的造像，并不像我们印象里的唐代陶俑或者《簪花仕女图》中的人物那么肥美，它们让观者感受到更多的是结实饱满。

离开潜溪寺往前走，拐过弯来，就远远地望见宾阳三洞了，一幅梦想已久的画面这次真的展现在眼前。这里的山体被人工开凿出近百米宽的一个平台。从南到北排列着三个大型洞窟，被后世人称为"宾阳三洞"。其中中洞在北魏时期就开凿完成了，南北两洞没有完成，北魏王朝就灭亡了。这两洞均是唐代继续开凿完成的。

宾阳中洞，被誉为北魏皇家第一窟。它是北魏宣武帝为父亲孝文帝和母亲文昭皇后做功德而建造。开工于公元 500 年，历时 24 年，用工时达 802366 之多，也就是大约每天有近百人在此施工。

当工作人员打开宾阳中洞的栅栏门时，我有点不舍得马上进去，想好好体会一下这一小步。因为我们是龙门石窟申遗成功后封闭北魏洞窟以来，第一波以游客身份进入洞窟参观的团体，这一步是多么的不容易啊。

进入洞中，这是一个马蹄形石窟，上方的穹窿顶中央雕刻着一朵巨大的莲花，周围薄浮雕着八身飞天。飞天是印度的天人形象和中国本土的羽人形象长期融合成的一种产物。飞天最早出现在我国新疆地区，更偏男性化粗犷的体形，一路东来，逐渐融入汉化的飘逸之风，到后来的唐代变得灵动轻盈，飘带绵长，其转化的关键时期正是龙门石窟开凿的时期。之前云冈还出现过一些硬朗或者微胖的飞天，飞舞的动势稍显笨拙。到龙门时，受太和改制的影响，汉化深入，飞天的身形变得秀骨清像起来，我们在南朝墓葬壁画砖上看到的那种瘦长柔软的人体，代替了之前的粗犷硬朗。而为了搭配柔美的形体线，飞天的裙子也越来越长，不但包住了脚，而且向后延长很远。同时，身上的飘带也迎风飞舞起来，形成三到五个尖角形的带尾，互相呼应。这一汉化趋势到北魏最后一个皇家石窟——巩义石窟时，更加彻底，本章后面将说到它。

宾阳中洞的主尊释迦牟尼佛，脸型较刚才看的潜溪寺阿弥陀佛要瘦一些，脖颈细长，上半身的胸肌和三角肌也表现得瘦弱很多。身上的服装用平直刀法雕刻，显出传统汉人服装的厚重、多层次的特点。这是孝文帝太和改制的直接结果。

洞窟是整体设计开凿，除了中央主尊及左右手的两弟子外，南北两壁是过去佛和未来佛，形成一套三世佛的空间。左右两佛均为站立，至今保存完好，微笑的表情永恒感染着一千五百年来至此的每一个游人。

除了80多年前那批土匪。

当我们的目光顺着未来佛向右侧望去，他旁边的胁侍菩萨竟然失去了头颅。这尊菩萨首，目前展览在日本东京国立博物馆东洋馆一层进门最显眼的地方。我们前些年去这里时，看到过她。非常巨大的菩萨首，保持着1500年前的微笑，孤零零地被架在展架之上。这是1934年，梁思成先生来龙门考察前两年，美国人普爱伦跟北京琉璃厂古董商人岳彬串通，花钱指使当地土匪用枪逼迫着洛阳石匠，盗走了很多宾阳中洞的北魏雕刻。

1952年，调查人员在北京炭儿胡同彬记古玩店里找到了古玩商岳彬与美国普爱伦签订的盗买《帝后礼佛图》的合同书，所签订合同中这样写道：

> 立合同人：普爱伦、彬记
>
> 今普君买到彬记石头平纹人围屏像拾玖件，议定价洋一万四千元。该约定立之日为第一期，普君当即由彬记取走平像人头六件，作价洋四千元，该款彬记刻已收到。至第二期，彬记应再交普君十三件之头。如彬记能可一次交齐，普君则再付彬记价款六千，如是，人头分二次交齐，而该六千价款，亦分二期付交，每次三千。至与（于）全部平像身子，如彬记能一次交齐，而普君再付彬记价款四千。如是，该身仍分二次交齐，而此四千价款，亦分二期，每期二千。以上之货，统一价洋一万四千元。至与

　　（于）日后下存应交之货何年运下及长短时间，不能轨（规）定。倘该山日后发生意外，即特种情形不能起运，则该合同即行作废，不再有效。此乃双方同意，各无返悔，空口无凭，立此合同为证。

　　此合同以五年为限，由廿三年十月廿一日起至廿八年十月廿一日止。在此五年内，如不能将货运齐，该约到期自行作废。

立合同人　普爱伦（签字）

彬　记（盖章）

民国廿三年国历十月廿一日立

　　合　　各持一纸　　同[1]

　　上面合同说到的"石头平纹人围屏像"，实际上就是宾阳中洞的东壁大门两侧的两组浅浮雕作品。南部最下面第一层是神王像，至今仍在。往上第二层就是《皇后礼佛图》。第三层是佛本生故事，被盗凿得完全看不清了，最上面是维摩诘。《皇后礼佛图》，现在藏于美国堪萨斯州纳尔逊艺术博物馆。北侧浮雕第一层还是神王，第二层便是《皇帝礼佛图》，收藏在美国纽约大都会博物馆；第三层看老照片可以识别，是萨埵太子舍身饲虎故事，也被盗凿。最上面是文殊菩萨。这东壁南北两侧的精美浮雕，除了神王尚存，其余均只能在老照片上见到了。

　　其中《帝后礼佛图》反映了北魏宫廷的佛事活动，刻画出佛教徒虔诚、严肃、宁静的心境，造型准确，雕工精良，可以说是北魏浮雕作品的天花板了，遗憾的是在被文物贩子盗凿后，全部碎成渣渣。虽然后来交给普爱伦时，已经极难复原，但还是经过琉璃厂文物商人的手，进行了拼接。我们从美国博物馆该藏品照片上可以看到，除了主要人物的头像，原画面中装饰纹样，几乎被丢弃一空，失去了完整的布局。离开了原始的位置，这组石雕作品的艺术表现力就像从被活活打死的野生动物身上割下的头颅，在自然博物馆里展览时，无论如何也不如鲜活的那般生动。

　　虽然满怀遗憾，但时间已经过去近百年，我们无法挽回当年因为愚昧和落后造成的损失。在宾阳中洞中体会穿越回北魏的时光也是有限的，我们几个人干脆一屁股坐到地上，请讲解老师休息一会儿，抬头安安静静地仰望着神圣的洞窟，耳边偶尔传来洞外的昆虫鸣叫，时间就像静止了一样，真希望今晚就这样坐下去。

　　很快，龙门石窟规定的参观一个洞窟的时限到了，我们去看最早的一个窟——古阳洞。

---

[1] 转引自龙门石窟研究所编《龙门流散雕像集》，上海人民美术出版社1993年版，第114页，注释16。

夜游古阳洞

它不仅开凿最早，空间高度也最高，而且造像艺术水准、书法艺术水平，也都是最高的。进到古阳洞，可以明显察觉它是从上往下一层一层开凿出来的。主尊佛陀和两旁的菩萨的位置非常高，完全跟我们见过的其他石窟或者寺院的佛像位置高度不在一个水平线上。再看两侧南北壁上的浅龛，一层一层多达三层，才明白它是开完最上一层后，又有供养人出资，持续向下挖凿形成的如此高大的洞窟。原本好像还要开第四层，但遇到了天然的大裂缝，工程就没有继续进行。

全窟大大小小的佛龛，总共有上百个。全部雕刻得极为华丽，龛楣和龛额的设计变化多端，在尖栱形的龛楣中，雕刻着火焰纹、卷草纹、飞天、佛菩萨等佛教流行形象。龛楣之下有帷幔和流苏，按照北魏宫廷中的实际室内装潢样貌制作。在大个的浅龛左右，基本都有题记。一般是刻成一块碑的样子，上面记录着雕刻这一龛像的出资供养人以及他开龛造像的发愿文。

正是这些发愿文，为我们留下北魏的书法珍品。这些魏碑字体气势刚健质朴、字形端正大方，是后世历代练习书法的楷模。龙门石窟有几百块这样的题记，人们将其中最好看的二十块，称为"龙门二十品"。据说，当年爱好书法的周总理来龙门石窟参观，都想购买一套二十品的拓片，因身上带的钱不够而未能如愿。如今我们到洞中，亲眼目睹这些作品，也感到十分幸运。有些题记位置非常高，肉眼根本看不清楚，于是拿出望远镜来，随着望远镜在不同观者手中互相传递，抑制不住的惊呼和赞叹之声也此起彼伏。

古阳、宾阳洞之后，龙门北魏时期还有一个莲花洞。因窟顶雕有一朵少见的"高浮雕"大莲花而得名。我们在之前的几个窟顶看到的莲花，基本都是非常薄的，而这一窟的莲花足有10厘米厚，显得特别突出而立体。莲花周围的飞天体态轻盈，细腰长裙，姿态自如。人民大会堂河南厅的莲花顶装饰纹样就是依据此莲花设计而成。

北魏时这里叫伊阙，那什么时候改成的龙门呢？原来是到了隋朝，杨广登上邙山，向南远眺，看见伊河滚滚，在河水两边正好有两座山，就对侍从们说，这何止是伊河之阙门，这是真龙天子的门啊，前人为什么不在这个位置建都城呢？一位大臣答道，古人非不知，只是在等陛下您。其实大臣说得也没错。这里实际上并不是没有城市。就在隋炀帝重建的洛阳城的位置，地下就是东周以来的中国的都城位置。只是后来东汉到北魏时期，洛阳城搬到东边。等北魏灭亡，都城衰败时，隋炀帝来到这里，发现古城的位置已是一片农田。于是又放弃难以改造的北魏老城，在西边重建洛阳。

我们出了莲花洞向前不远，就是龙门石窟规模最大、知名度最高的一处——奉先寺了。大家可能更熟悉它的主尊名字——卢舍那大佛。由于体量太大，奉先寺并没有保留窟顶，而是开凿成敞开式的空间。窟顶的位置，搭建木构窟檐来为佛像遮雨。可惜，这些木构都

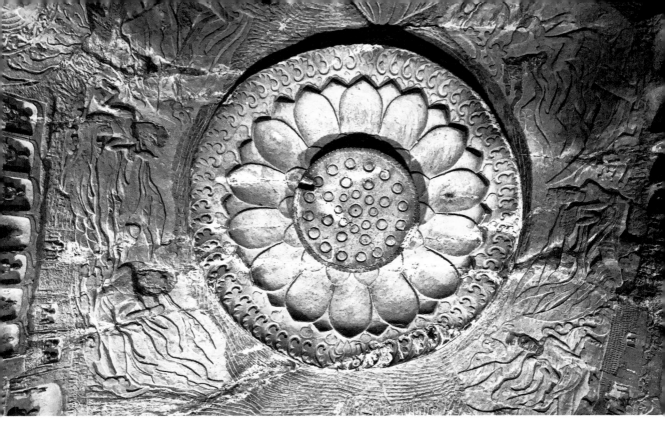

● 莲花洞藻井

在历史的风沙中消失了。

    此窟开凿于唐高宗咸亨三年（672年），据大佛脚下一方题记记载：皇后武氏捐助脂粉钱两万贯，于上元二年（675年）功毕。三年，开凿如此之大的工程，一方面是盛唐的实力，一方面也是皇家监督的大工程。

    连梁思成先生都不由得称赞说：

    唐代宗教美术之情绪，赖此绝伟大之形像，得以包含表显，而留存至无极，亦云盛矣！其中尤以卢舍那为最精彩……卢舍那像已极残破，两臂及膝皆已磨削，像之下段受摧残至甚；然恐当奉先寺未废以前，未必有如今之能与人以深刻之印象也。一千二百年来，风雨之飘零，人力之摧敲，已将其近邻之各小像毁坏无一完整者，然大卢舍那仍巍然不动，居高临下，人类之技（伎）俩仅及其膝，使其上部愈显庄严。且千年风雨已将其刚劲之衣褶使成软柔，其光滑之表面使成粗糙，然于形态精神，毫无损伤。故其形体尚能在其单薄袈裟之尽情表出也。背光中为莲花，四周有化佛及火焰浮雕，颇极丰丽，与前立之佛身相衬，有如纤绣以作背景。佛坐姿势绝为沉静，唯衣褶之曲线中稍藏动作之意。今下部已埋没土中，且膝臂均毁，像头稍失之过大；然其头相之所以伟大者不在其尺度之长短，而在其雕刻之精妙，光影之分配，足以表示一种内神均平无倚之境界也。总之，此像实为宗教信仰之结晶品，不唯为龙门数万造像中之最伟大最优秀者，抑亦唐代宗教艺术之极作也。[1]

奉先寺的九身大像的背后有很多长方形的小龛，这是大约在宋、金时代，人们为了保护大像龛，依龛修建了木结构屋檐式建筑，这些建筑影响了佛像的通风，加速了佛像的风化，因而后来被拆除。此图是我昆明的朋友庄老师拍摄的，异常精彩。在此，我想感谢一下龙门石窟的工作人员，他们实在是从善如流。原因是这样的，我们这次前往参观时，灯光实际上是从下往上打的。

因为雕塑的光线设计非常讲究。尤其是人像，从下往上打光，最容易造成一种诡异的感觉，就像儿时拿着手电筒照下巴，去吓唬小朋友一样。因此我们当时就跟龙门的工作人员反映这个问题。结果，几个月后，龙门石窟克服了很多困难，将光线改善了。毕竟从上往下打光，需要在山顶上修建支架和光源，涉及文物保护的问题很多。这一点真的不容易。为游客展示了龙门卢舍那的美。

看龙门石窟，至少要半天，饿了的话，在洛阳可以吃牛肉汤，汤香肉烂，就着小饼，很过瘾。传说中名气特别大的水席，反而流于形式，味道还不如我老家的回民八大碗。

接着去洛阳周边的巩义。巩义是诗圣杜甫的出生地，不过，当地的杜甫故里没有多少遗迹，只有一个景点让人凭吊。倒是有一处民居——康百万庄园，规模颇大，比山西那些知名的大院并不逊色。最值得一看的，是第三处北魏皇家石窟——巩义石窟寺。在很多老一点的石窟史资料中，这里被称为大力山石窟，因为它所开凿的那座小山，就叫大力山。在1982年被国务院公布为第二批全国重点文物保护单位时，这里叫作巩县石窟。

据巩义石窟寺院内残存的唐代碑记载，在北魏皇家开凿龙门石窟过程中，因为工程规模过大，过于消耗国力，皇帝考虑换一个地方开凿。而巩义，当时就在京畿之地，水陆两线，交通便利，附近又有军事重地小平津，因此选择在巩义继续开凿石窟。巩义石窟寺后来就成了北魏皇室进行礼佛活动的场所。

巩义石窟开凿了五个洞窟，一共有石刻造像7000余尊。北魏的佛教艺术彻底汉化，就是在这里完成的。五个窟由西至东依次排列，除了第五窟没有中心塔柱以外，其余四窟均有中心塔柱。一般专家会认为，塔柱的主要作用是支撑石窟。但看到巩义石窟的塔柱，我们不禁产生疑问。要知道，龙门的洞窟，比巩义的要高得多，也大得多。龙门洞窟上方的岩层厚度也要比巩义高得多。为什么龙门那么高大的洞窟，都不需要立柱，反而到了巩义，技术上又需要立柱支撑了呢？

---

[1] 梁思成：《中国雕塑史》，《梁思成全集》第一卷，第109页。

奉先寺夜景（路客看见　摄）

如果不是为了更好地支撑洞窟，那还有什么其他作用吗？

有。塔柱可以增加雕刻的面积。我们看到从中心方柱四周到窟顶窟壁地面均雕刻有形态各异的造像，布局紧凑严谨，题材众多，完美地承接了云冈北魏中期大型洞窟设置中心塔柱的习惯。题材上，出现了云冈所没有的帝后礼佛图、焰肩神等新内容。主佛像以坐姿为主，神态安详，面貌方圆，摆脱了北魏早期高鼻深目的西方造型特点。衣纹采用小圆刀的雕刻刀法，自然下垂，通体流畅。巩义石窟石刻的另一个重要特点，是着重各种雕刻形式的配合，充分利用自然光线所照射的光影来突出主题，比如各石窟雕刻的总体构图是由若干大小形状内容各不相同的小面积构图组合而成，反映了当时雕刻技艺的不断成熟丰富，进而突破、创新。

下面，我们就具体介绍一下巩义石窟寺的几处经典作品。

第一个经典就是帝后礼佛图。

帝后礼佛图雕刻的是北魏皇室家族到寺院礼佛时那种宏大的场面，石窟寺内现存礼佛图有 15 幅之多，分别雕刻于 1 号窟、3 号窟和 4 号窟窟内的南壁。

尤其是 1 号窟的帝后礼佛图保存得最为完美，经历千年，上面的彩绘颜色仍依稀可见，令人赞叹。一套完整的帝后礼佛图分为皇帝礼佛图和皇后礼佛图，两两对应，上下各三层，在皇帝礼佛图中，高高的菩提树上，两只欢快的小鸟在婉转歌唱，而在树下，前导为比丘，伟岸高大的皇帝头戴平天冠，表情端庄虔诚，带领着王公大臣亦步亦趋。侍从们身材短小，小心翼翼地服侍着主人们，他们有的撑着伞盖，有的手捧礼器，有的为主人提携衣裙，组成了一支浩浩荡荡的礼佛队伍，从第一层一直排列到第三层。在皇后这一边，摇曳多姿的菩提树下，比丘尼捧香前行，后面跟着头戴莲花宝冠的皇后以及嫔妃和公主们，她们个个雍容华贵，仪态万方，在侍女的簇拥下缓步前行，皇帝礼佛图和皇后礼佛图，看似分开成为两组，其实非常有整体性，它们的构图是对称的，也就是人都朝向同一方向前进。这个中心方向，就是洞窟中心塔柱上面的大佛，这样就形成了一个向心力极强的礼佛朝拜场景，在此，工匠采用了夸张的艺术手法，他把皇帝及王公大臣的体形刻画得高大魁梧，而侍从则是瘦小低矮，设计者通过身体的比例和动作表情服饰的差异，来刻画图中不同人物身份与地位的差异，鲜明而生动地体现了当时等级制度的森严。

画面中虽然人物众多，但远近层次处理得非常好，绝大多数人像都是朝一个方向前进的，使整个画面和谐统一。仔细再看，每一个行列里都有一两个反身向后传递东西的侍女，这样就让整个礼佛的队伍产生了动感，使得画面显得更加的生动真实。尤其是皇后礼佛的队伍中第一行，还有一个侍女手提一只极为精致的挎包，这更加显示出时尚的生活气息。礼佛图中，主像的高度均占画面高度的 2/3 左右，这样人像之上的天空又该如何处理呢？

● 巩义石窟 1 号窟

● 巩义石窟 1 号窟局部

这在雕塑当中是一个难题，在这里工匠采用了多种精练而细致的手法，利用华盖、菩提树等装饰得合情合理，我们不难想象，帝后礼佛图对皇族来说是一个非常隆重的仪式，所以整个画面乍一看，肃穆庄严，可静观细赏，在这严肃的队伍中，每一点每一处都彰显了生活的情趣和时代的内涵，工匠们用娴熟的刀法，从人物的面目表情上刻画出他们内心的细微变化，如年轻的侍女常年幽居在深宫，与外界隔绝，一旦来到阳光明媚的郊外，就像冲出笼子的小鸟一样，拘束中难免流露出少女的活泼。再如，虽然礼佛图是一组不会活动的石头雕像，可是它给我们的感觉就像一队虔诚的供养人缓缓前行。那种质地柔软的丝绸衣袖，迎风飘动，营造出满壁风动的神奇效果。

北魏工匠把这流动的历史瞬间定格到永恒的艺术画面，不着一字，却将礼佛队伍描绘得有声有色，形神兼备。

纵观我国各地的石窟，帝后礼佛图仅见于洛阳的龙门石窟和巩义石窟。可惜民国时期，龙门的帝后礼佛图被文物盗窃分子盗走了。魏孝文帝礼佛图，现收藏在美国纽约艺术博物馆，文昭皇后礼佛图收藏在堪萨斯市的纳尔逊艺术博物馆。

● 巩义石窟双面神王

至此，巩义石窟的帝后礼佛图就成了国内石窟中帝后礼佛图的唯一真迹。它不但鲜活地再现了北魏时期皇家贵族礼佛朝拜的盛大场面，也体现了佛教在当时社会的政治地位，因此，帝后礼佛图不仅有极高的艺术价值和文物价值，同时也为我们研究北魏的礼仪和等级制度、服饰色彩提供了难得的实物资料。

第二个经典是石窟的神王像。

神王在佛教艺术中与其他护法神一样承担护法的职责，巩义石窟寺中神王造像丰富多彩。有山神、河神、风神，有龙神、狮神、牛神、马神、兔神、象神、树神，最有意思的是一个双面神，就是一个脑袋上，两张脸。这个在其他石窟寺几乎是没有的。有一些多头的，这个常见；两头的佛像，有，但比较少见；一个头，两张脸，极为罕见。

石窟艺术中出现如此多的神王题材，这与现实社会有着紧密的联系。佛教虽然宣扬的是净土安乐，但终究要受到自然暴力等现实的威胁，所以还是需要护法神来维持秩序。而巩义石窟的多种神王的出现，应该是受到中原道教和当时北魏国内其他宗教文化的影响。

巩义石窟寺各窟的配角位置，凿刻着大量的伎乐人，他们排列整齐，被凿刻在石壁下沿，手持不同的乐器，以不同的表情姿态和演奏技法，形成了一套完整的伎乐图。这类乐队的出现，为研究我国音乐的发展以及佛教与我国传统文化的融合，留下了极为重要的资料。从伎乐人手中拿的乐器来看，有传统的排箫、古琴、竖笛，也有来自西域的琵琶、箜篌、羯鼓、横笛，还有佛教用乐器，锣、磬等，真实地反映了当时北魏皇室进行礼佛时的丝竹合奏、管弦齐鸣的音乐盛况，

● 巩义石窟 5 号窟藻井飞天

从中更能体现我国古代音乐在不断的博采众长中之发展变化。这些活动贴近的百姓生活，与虔诚的帝王、庄严的佛、菩萨及诸王护法融为一体，形成完整的天国画卷。

巩义石窟寺第三个经典之处，就是它的飞天。

飞天是佛教艺术中一个重要的题材，是八种护法天神中的一种，叫乾闼婆，其实就是负责佛教殿堂烘托气氛的香乐神。从职责上分，有伎乐天，就是我们现在的乐队。还有供养天，就是服务员。她们通过演奏乐器、表演舞蹈、焚香散花，来为佛祖讲经说法渲染气氛，象征天宫佛国的庄严美丽。

巩义石窟的飞天，主要分布在窟顶和佛龛四周，现存 5 个窟，一共有飞天 190 余身，雕工精致、风格独特，这些飞天最大的有 70 厘米，最小的仅有 3 厘米。

巩义的飞天特点突出：她的腰部弯曲能够达到直角 90 度的状态，特别柔和。她们的身体前倾，腹部突出，有的呈弓步，有的则双腿并拢飞翔，身上披的飘带曲线优美，给人以舒展的感觉。这样动感的飞天，与安详的佛陀，构成了动静对比，以飘带托起的飞舞姿态更显出自由流畅，给人一种缥缈的神秘感。

在北魏时期开凿的几十个石窟群、上百个洞窟中，有数以千计的飞天，其中最美的就在巩义石窟寺的第三窟中心塔柱南侧，龛楣上的那一对飞天。只见她们脸型窄瘦，身材修长，造型别致，精美绝伦。东侧的飞天面目还保留着北魏早期深目高鼻的特点，而西侧的飞天，则眉目清秀，具有中原女子的相貌特征。她们头戴莲花冠，一手捧着莲花，一手托着莲蕾。妙姿轻盈，薄纱透体，飘带绕过双肩，穿过腋下向后飘扬。在卷草和祥云的烘托下，飞天产生了一种飘动之感，使之形象生动活泼，千娇百媚。正是这些婀娜多姿的飞天引导着虔诚的人们在虚幻的冥想之中，不知不觉地进入缥缈遥远的净土世界。

第十四章　天地之中

东 汉 三 阙 和 最 早 的 佛 塔

● 东汉三阙

　　河南省在中国向以"中原"闻名，几千年来，它是中国文明与文化的中心。得天下关键处即在中原，乃兵家必争之地。中国历史上，大多数重要战役都在这个著名的舞台上演。早在基督教兴起之前一个世纪，河南的重镇、历朝故都洛阳，就建起了中国的第一座寺庙。溯河上行至河南群山间，我们发现了一些最恢弘的佛教遗迹。[1]

在洛阳的正东、巩义的正南方向的交汇点，便是登封。梁林从龙门石窟调查结束后，便来到了这里，拜访"天地之中历史建筑群"。

2010年，天地之中古建筑群进入联合国教科文组织颁布的世界遗产名录。它包括了8处、11项古建筑：登封周公测景台和观星台、中岳庙、嵩岳寺塔、太室阙、少室阙、启母阙、嵩阳书院、会善寺以及三项少林寺建筑也就是少林常住院、塔林和初祖庵。

为什么叫"天地之中"呢？在我们祖先的传统宇宙观中，"中国"是位居天地中央之国，天地之中就是中国的中心点。目前中华人民共和国的大地原点，也就是中国地理坐标系的基准点，在陕西省咸阳市下面的泾阳县永乐镇北流村，这个点就在西安北边40公里的地方。所以，古代以长安作首都，是很符合中心原则的。

宝鸡出土的西周青铜器何尊上，有最早的"中国"一词，即铭文"宅兹中国"。这里的中国指的还不是长安，而是洛阳一带。从洛阳向东百里之遥，便是我国五岳之一的中岳嵩山。从周代开始，这里被认为是天下中心，也是国家政权测量大地中心的基准点。这一历史背景使得在嵩山周边，历朝历代都建造了不少纪念性的建筑。现存的一些精华，便组成了天地之中历史建筑群。

这里最古老的建筑是东汉三阙，即太室阙、少室阙、启母阙。

阙，其实就是缺，缺大梁的门，是建在城门、墓门、宫门、庙门前面的一组成对的台形建筑。本来相当于大门外再一重大门，但是太大了，极少架设门梁，很像道路两旁迎接客人或者守卫大门的武士。早在《诗经》中就出现过这种建筑，当时的用途是象征性的大门，登上城阙，也可瞭望四周的路况信息。由于阙都是建立在交通要道两边，久而久之，便成了道路的标志，小到一个墓葬，大到一座城市的外围边界，都用阙来标识。如果出城迎接贵客时，一系列的仪式礼仪都从阙门开始。

东汉三阙正是中国现存最古老的国家级礼制建筑。

太室阙建于东汉安帝元初五年（118年），是我国现存最早的庙阙。它就建造在中岳庙向南延伸的中轴神道上。三处登封汉阙中它的高度最高，接近四米，这个高度说的是它的母阙部分。汉阙一般都是东西对称而立，分别包含了一高一矮两部分，高的叫做母阙，矮的叫子阙。

母阙从下到上分成了阙基、阙身、阙顶三大部分八层。阙身基本呈四面笔直的长方体，

---

[1] 梁思成：《华北古建调查报告》，《梁思成全集》第三卷，第338页。

太室阙

阙顶是庑殿顶形状的大帽子。这形制跟古代木构建筑是一致的。阙身四面都用减地平雕的技法，雕刻出车马出行、人物倒立、舞剑活动等，还有楼阁等建筑纹样及熊、虎、羊、朱雀、玄武、狗追兔子等图案。东阙的南面上刻有"中岳太室阳城"六个篆字，西阙有隶、篆间半的铭文，记述造阙的过程，并有"元初五年四月阳城□长左冯诩万年吕常始造作此石阙"等字样。为了保护太室阙，20世纪40年代，在营造学社刘敦桢先生的建议下，给这对阙的外围盖了一所不大的房子。可能是当时经费有限，房屋空间非常窄小。

另一处是少室阙，这里在成为世界文化遗产之后，重新建设了保护性建筑。如今去看，是一处钢架结构下面安装透明玻璃的大房子，明亮宽敞，视野甚佳。它是少室山庙前的神道阙，建于东汉安帝延光二年（123年）前后。少室山是嵩山的一部分，共有三十六峰，山峦叠翠，景色秀丽。由于该神道是东西走向，因此少室两阙是南北排列。北阙上刻有篆字"少室神道阙"，而南阙的隶书题字基本都已漫漶不清了。

两阙四周共计有六十余幅减地平雕画面。这些画的内容跟太室阙类似，像其中的马戏图，雕刻有两匹骏马腾空飞奔，前面一匹马上有一位女子，头上梳双髻，身穿胡服，倒立于马背上。后一匹马上的女子，舒展长袖随风飘扬，显然是穿着汉服，人体自然后倾。这些表现手法充分地显示出骏马飞奔时的精彩动势及表演马戏演员的高超技艺。

● 少室阙

启母阙的"启"是大禹的儿子，就是那位夏朝的开国之君。根据文献《淮南子》记载，上古时期大禹奉命治理泛滥的河水，三过家门而不入，其妻涂山氏化为巨石，巨石从北面破裂生下了启。所以，此石叫做启母石。传说这块石头就在嵩山脚下，也就是启母阙所在的位置附近。

汉武帝游嵩山时，为此石建了庙。东汉延光二年（123年），颍川太守朱宠在启母庙前铺设神道，建立启母阙。大家看，登封三阙都是东汉中期建造的。本章后面说的四川汉

● 启母阙

阙，也差不多是这一时代。可见当时，刻石建阙在全国是一种流行的风潮。

启母阙结构与其他两座基本一样，只是型号上小一些，保存得也没那两组好。残存部分在阙身上有庑殿顶，顶上雕刻出汉代建筑常见的瓦垄、垂脊，四周还雕有柿蒂纹瓦当和板瓦，下部刻出椽子，很好地呈现了东汉建筑的原貌。

西阙北面阙身上有两处题记。一处是"启母庙阙铭"，另一处是"堂溪典嵩高庙请雨铭"。启母庙阙铭用篆书刻写，内容分成两部分。前12行为题铭，满行7字；后24行为四言颂辞和仿楚辞体裁的赋，满行12字。前一部分，回顾中国古代一次触目惊心的特大洪水，鲧因用堵的方法进行治理，失败而丧生；禹吸取教训改用疏通河道排洪泄水的方法，终于成功。赞颂禹因为治理洪水三过家门而不入的可贵精神，以及随着岁月的流逝大禹的事迹逐渐埋没的情况。后一部分着重叙述汉王朝圣德广布天下，在这里修建祠庙祭祀神明，上天的灵应显示了种种瑞兆，风调雨顺护佑了百姓，为此立阙刻铭，使光辉业绩传之千秋万代。堂溪典嵩高庙请雨铭，是东汉熹平四年（175年）刻。18行隶书，每行5字，很多字现在看不太清楚了。

启母阙四面减地平雕的内容，比另外两组还多，共计70余幅。除了骑马出行、斗鸡、驯象之外，还有杂技表演，如吐火、倒立、踢球，以及对坐饮宴、启母化石、夏禹化熊、孔甲畜龙、郭巨埋儿等故事，还有月宫、蛟龙、鹤叼鱼、虎扑鹿等自然和动物形象。

其中的蹴鞠图比较有名。画面上有一个人双脚跃起，正在踢球，舞动的长袖轻盈飘扬。他身旁两人在击鼓伴奏，表现了东汉蹴鞠运动的场面。

● 启母阙上蹴鞠图

嵩岳寺塔（陈吉吉　摄）

看完三阙，我们前往嵩岳寺，看一看我国现存最古老的一座塔。

> （嵩岳寺）原来也是皇帝舍宫为寺的。据记载，嵩岳寺原名闲居寺，本是北魏宣武帝（拓跋恪）的离宫，建于永平年间（508~512 年），正光四年（523 年），其子舍宫为寺，创建浮图及堂宇千余间，并且把佛寺布置成为园林，《北史·冯亮传》上说，"林泉既奇，营制又美，曲尽山居之妙"。因而直到唐朝的时候，还把这里当作过皇帝的行宫。[1]

嵩岳寺目前只剩这座塔了，它是由青砖和黄泥砌筑而成的 15 层密檐式塔，横截面是个十二边形，也就是接近于圆形。站在嵩岳寺塔下向上仰视，敦实厚重而饱满雄健，恢宏的气势直冲云霄。塔身分为上下两段。它的轮廓线在各层重檐排列中，从下往上，逐级向内按一定的曲率收缩。离远看会发现，它的轮廓不像大雁塔或者明清的砖塔那样就是一条简单的直线，外观更像是小雁塔、齐云塔那样，边缘曲线柔和丰满，像玉米或者炮弹那种流线型的。别看就这么一个简单的区别，它体现出来的审美差距可是天壤之别。加上嵩岳寺塔位居嵩山南麓山坳之中，四周环境全都被苍松翠柏所铺满，在崖壁的衬托之下，塔更显清新灵动，挺拔秀丽。

嵩岳寺塔总高约 37 米，底层的直径 10.6 米，全部用小且薄的砖一点点垒砌而成。全塔装饰最华美的是第一层塔身，转角处模仿木构建筑的样子，砌出柱子，露出一半，

● 嵩岳寺塔

［1］罗哲文：《中国古塔》，载《中国古建筑学术讲座文集》，中国展望出版社 1986 年版，第 143 页。

● 法王寺塔（梁颂　摄）

另一半在墙壁里含着。柱头顶上装饰有火焰宝珠与覆莲，在两根立柱之间，砌一座单层方塔状的壁龛。下面的壶门中有砖雕的狮子，姿态各异。龛顶有类似山花蕉叶的装饰，圆拱开口上方有火焰形的门楣，这些都是古印度犍陀罗艺术的风格特点。

　　像嵩岳寺塔这样层层叠叠布以密檐的式样，在印度佛塔造型中也是没有先例的，所以梁思成先生称它的出现为"异军突起"。刘敦桢先生在《河南省古建筑调查笔记》中这样写道："后来的唐代方塔，如小雁塔、香积寺塔等，均脱胎于此。……塔之内部，无塔心柱，足证唐砖塔平面，早已肇源于北魏矣……自第二层以上，内室平面为八角形，足证八角形之建筑物，不始于唐，此于建筑史上，极为重要。"[1]

　　我国遗存最早的塔是座砖塔，原因想来简单，比它早的木塔都被烧掉了。实际上比它晚的木塔，现在也仅剩应县木塔一座。中国古代历史上最高的木构建筑，也是北魏时期的——在洛阳城南门外的永宁寺塔，可是建成没多少年就被雷火击中，付之一炬了。

　　但北魏多层高大的砖塔，能幸存到今天的，也只有嵩岳寺塔一个孤例，看来并不是砖

[1]刘敦桢：《河南古建筑调查笔记》，《刘敦桢文集》第三卷，中国建筑工业出版社1987年版，第69页。

塔不怕火烧这么简单的原因了。高大的木塔在我国产生是印度的佛塔概念与中国的高楼形式相结合的产物。因此自从有史料记载的东汉末年我国有塔这种建筑开始，中国的塔就是木构建筑。在古代没有避雷概念，塔这样高耸的建筑，无疑都是周边建筑群中的制高点，不被雷击中的概率是微乎其微的。所以时代发展到北魏，工匠们为了彻底解决建一座烧一座的问题，开始尝试建造砖塔。而砖石这种材料也有自己的问题，它是不怕火烧了，但砖石的抗压性与自身重量的矛盾就出现了。我们知道我国古代木构建筑是主流，很大的一个原因是木构框架活性连接的抗震性强。砖石建筑的抗震性不足，建成高大的塔，这个问题也会突出。

要解决地震的威胁，首先保证地基的稳固。嵩岳寺塔的位置，群峰环绕，它的地基依山而建，地质坚硬，发生山体滑坡的可能性极低。其次塔身由质量极好的青砖垒砌，这种使用细腻的泥大火候烧制而成的青砖，体积不大，坚硬异常，耐压和耐腐蚀的性能都很好。第三是十二边形的形状，可以将地震的冲击波快速分散到建筑各个角落，可以极大地减少地震对砖结构的破坏。分析了周边的一些后世建造的四方形砖塔和八边形砖塔，在同一次地震之后进行比较，四方形砖塔拐角处的损伤，明显要大于八边形砖塔，那么十二边形则更加坚固。

跟北魏永宁寺塔等早期木构古塔建筑结构不同的是，嵩岳寺塔没有用塔心柱。它的内部是空心的桶形，而且塔内壁有明显被烟火熏染的痕迹。专家根据墙壁上遗留下的柱窝痕迹判断，塔内壁原来有木质楼梯，用来向上攀登，后来失火全部烧没了。据《嵩岳寺碑》记载，唐初塔内确实遭遇过火灾，后经 2019 年塔内砖的热释光年代测定，时间上与碑记是吻合的。

梁思成先生的弟子、清华大学建筑学教授郭黛姮认为，嵩岳寺塔是世界上现存最早的简体结构建筑，这种结构直到十九世纪才开始在西方现代建筑领域出现，至今仍为高层建筑优先选择的结构方式之一。如上海金茂大厦第 56 层至顶层就是 142 米中空的中庭。

前往登封，除了看嵩岳寺塔，还有两座塔极为美观，不可错过。一个是距离嵩岳寺只有一公里远的法王寺塔，另一座稍远，是十公里开外的永泰寺塔。两座都是唐塔，在嵩山之中保持着建造之初的流线型塔身，与嵩岳寺塔一样在山林的背景之中，延续着千年的场域之美。

天地之中古建群的 11 项国保里，少林寺肯定是名气最大的。然而到少林寺旅行的游客中，却极少有人前往初祖庵。其实它才是少林寺里最有文物价值的一座木构建筑。顾名思义，它是初祖的庵。这位初祖就是中国佛教禅宗的第一位祖师——菩提达摩。所以初祖庵也叫"达摩面壁庵"。

这位菩提达摩，据说是印度国香至王的第三个儿子。原来叫菩提多罗，他拜印度禅宗第二十七代祖师般若多罗为师，修行禅法。佛法通达后，师傅给他改名菩提达摩，并继承了师傅的衣钵，成为第二十八代祖师。所谓衣钵，就是印度禅宗祖师的象征物——木棉袈裟和紫金钵盂。达摩问师父："我得了佛法以后，哪里是最需要我去弘法的地方呢？"师父说："你最应该去东方的震旦（古代印度对中国的称呼），广传佛教妙法。不过现在不行，等我圆寂之后再去，去传法九年。"达摩心里记住，又在师父身边将近四十年，等师傅圆寂之后，才远渡重洋，在海上颠簸了三年之后，终于到达了中国的南海郡。

达摩在广州上岸时，正是梁武帝普通七年（526 年）九月二十一日。广州刺史萧昂知道以后，热情地欢迎了达摩一行，并且上表禀报梁武帝。第二年，正好梁武帝第一次舍身同泰寺，从寺里出来，梁武帝高兴，将年号改为大通。他是南朝最重视佛教的皇帝，甚至对南朝僧人增加了很多清规戒律，比如禁止结婚、不许吃肉等。梁武帝看到广州报告的奏章，说印度高僧来了，特别高兴，赶紧派遣使臣到广州迎请达摩。公元 527 年农历十月一日，达摩来到南梁的首都金陵（今南京）。

梁武帝亲切接见了达摩，但双方进行了一场十分尴尬的交谈。梁武帝洋洋得意地问："朕继位以来，营造佛寺，译写经书，度人出家不知多少，怎么样？这得积累多少功德啊？"没想到的是，达摩并未给予武帝任何赞许，而是淡淡地吐出五个字："并没有功德。"梁武帝有点不高兴："我为佛教做了这么多事情，怎么说没有功德呢？"达摩说："这些只是人天小果，有漏之因，如影随形而已，虽然有表面的功德，却不是真正的功德。"

梁武帝的确是没有什么功德，他所做的都是形式主义，表面现象。聊了几分钟，达摩就明白，自己应该到长江北岸北魏的地盘，寻找真正懂佛法的土壤。

十一月二十三日，达摩到达洛阳。这时是北魏的孝明帝统治时期。达摩来到嵩山少林寺，面壁而坐，整天默默不语。人们不知道他葫芦里卖的什么药，管他叫"壁观婆罗门"，就是面壁和尚。北魏孝明帝听说了达摩的事迹，下诏请他出山。可达摩最后也没离开少林寺，圆寂之后下葬在此。

初祖庵大殿，是北宋宣和七年（1125 年）为纪念达摩而建。大殿面阔三间，其梁架结构、斗栱比例与《营造法式》的"殿三间"建筑规范完全一致。非常难得的还有殿内石柱上的雕饰题材，花纹的内容、形制都忠实于《营造法式》。宋代木构梁架斗栱保留至今的不少，但是木构表面的彩画能保存宋代原作的，百不存一。毕竟，颜料经过近千年的风吹日晒雨淋，想留下来几乎是不可能的。初祖庵神奇地使用了石柱，按照《营造法式》的彩画标准雕刻的花纹，让我们看到北宋的审美，绝不只是北宋末年的"极简"风格，那可能仅仅是宋徽宗自己的个人爱好。之前的北宋官方建筑标准，应该是华丽的多。它不仅是河南省现存最早的木构建筑，在木构、石雕方面的技术做法堪称国内的孤例。

● 初祖庵大殿（梁颂 摄）

　　大殿的梁架为彻上露明造，就是指屋顶内部不安装天花板，观者可以直接看到建筑的梁架结构。大殿外部东、西、北三壁下部的护脚石上，刻满了云气、流水、龙、象、鱼、蚌、佛像、人物和建筑物等纹样。大殿内部的东、西山墙和后墙均有壁画，画的是三十五位祖师的法像，各像均有榜题，记录着法号、俗名、籍贯等信息。殿中央有一个木雕佛龛，龛内供奉着初祖达摩的塑像，左右侍立着二祖慧可、三祖僧璨、四祖道信和五祖弘忍的夹纻干漆像。

　　在少林寺这样一个明星级别的旅游景点，在其他建筑都变成了网红打卡地，甚至可以说是被过度商业开发的情况下，初祖庵内部保存得依然完好，其实还有一个重要的原因，就是它的看护者——一位尼姑。其实，"庵"最初并不是专指女性出家人寺院的意思，而是小规模寺院的叫法，后来逐渐变成了专指尼姑所在的出家场所。现在初祖庵内修行的这位尼姑，是一位极为严厉的寺院看护人，任何普通游客，想进入初祖庵殿内参观，是绝无可能的。也许，正是她的极度认真和严厉，才保证了大殿不是花钱或找关系就可以轻易入内的，从而直接保护了国宝文物。

下面要提到的这一处，是营造学社这一年（1936 年）担任技术监理进行修复过的古观星台。

据《周礼》记载，周公在负责营建东都洛邑时，就是在嵩山这里垒土圭，立木表，通过测量太阳影子的长度，定出农历一年的二十四节气。这个周公测景台由石圭和石表两部分组成，整体高度 3.9 米。据《旧唐书》记载，开元十一年（723 年），唐玄宗命太史监南宫说仿当年的周公土圭、木表制作了石圭、石表，并且留下"周公测景台"的字样。因此，自盛唐遗存至今，石圭、石表也是我国最早的天文观测仪器了。

这个圭和表是怎么工作的呢？一套仪器中，竖立的柱子叫"表"，高八尺，换算成现在的长度单位就是 267 厘米。"圭"则是与表相连的座子，太阳升起以后，表的影子就投在圭上。在每天正午时分的投影长度，在一整年之中最短的那一天，就是夏至；影子最长的一天是冬至。这样，一年的历法就制定出来了。

实际上，用圭、表研究天文的起源很早，人类进入农业社会以后，很快就发现农作物播种、生长及收割有很强的时间规律。尤其是播种及收割的日子，早几天，晚几天，收成大不相同，所以必须搞清楚日历。古代最容易发现的周期变化，就是太阳一年四季的高度和影子。所以用立竿见影的办法来标注日历，是自然而然的事，同时也是人类对大自然进行研究的一次飞跃。

周公要到这里测影的原因，据《中国天文古迹》一书分析，是为迁都考虑。周公认为，西周的首都镐京，不如洛阳一带物产丰富。不过，西周初年，周公只是辅佐成王理政，迁都这样的大事，不是他想迁就能迁，于是他便在这里做了测景台，以证明离洛阳很近的阳城便是天下九州的中心。

正因为如此，天地之中的名义，便落在了嵩山这里。唐代重修的周公测景台，后面几朝都在沿用。一直到元朝，太史令郭守敬在测景台北边扩建了观星台，用以对唐代以来的圭、表进行了完善，增设了能用来测量月亮位置的"窥几"。当年，他在全国选了 27 个地方建立天文观测站。观星台是最中心的一处，也是我国现存最古老的天文台。

这座观星台的建造，跟元朝皇帝忽必烈有直接关系。忽必烈建立元朝以后，南方使用南宋的成天历，北方还是大明历，这两套历法本身又存在很大差异，国家在时间管理上很混乱，制定一套更加精确的新历法迫在眉睫。

这时，本来负责治水的郭守敬就这样走到了历史的聚光灯下。为了校正原有历法的时间误差，使新历法能在元朝广袤的疆土中适用，郭守敬拉开了一场前无古人的天文观测活动。他在全国设下 27 个观测点，并派出十四名监候官，分道而出，"东至高丽，西极滇池，南

● 观星台（许凯章　摄）

逾朱崖，北尽铁勒"[1]，取样范围南至中国南海的小岛，北到西伯利亚的荒原，东起朝鲜半岛，西至川滇与河西，史书上把这次旷古绝伦的天文测量称之为"四海测验"。

　　1279 年，郭守敬在登封驻留，并在周公定天地之中的测景台旁建起了一座大胆而巧妙的高表测影台，也就是前面说的观星台，且以此为中心观测站，"昼参诸日中之影，夜考之极星，以正朝夕"。

　　观星台主体是一个高台，上窄下宽，呈覆斗形，四壁用水磨砖砌成，由盘旋踏道环绕的台体和自台北壁凹槽内向北平铺的石圭两个部分组成，观星台北侧的石圭用来度量日影长短，所以又称"量天尺"。

　　从周公建造了测景台开始，后人就已经学会用圭表测日影以推算时间，两千多年来，表的高度大都墨守成规地定为八尺（≈ 2.67 米），没人敢去挑战性地改变它。郭守敬打破了这一局限，直接将圭表盖成了一座高楼。楼体上竖直的凹槽为表，地面上横铺的石竿则为圭，凹槽顶端设一横梁，用作表的顶端，以提供日影。圭上设置水槽用于确定水平，画有刻度用以量日影长短。

　　这样，观星台上，表的高度和影长增加了近 4 倍，测量误差则缩小为原来的四分之一。

[1] 宋濂：《元史》，中华书局 1976 年版，第 3848 页。

你要问了，难道周公不知道表越长，影子越长，测量时间的误差就越小吗？肯定知道，但是在两千年前的西周，有一个问题解决不了，就是表的影子拉长的同时，影子的边缘线也会同时变得模糊，模糊的影子，其实是不能精确标识出刻度的，也就无法缩小误差了。为了解决这个问题，郭守敬创造性地设计了一个中心有小孔的铜片用以接收表影。

这个小铜片被称为景符，将其放置在圭面上，调整角度，使其与太阳光直射方向垂直，然后沿圭面滑动，寻找横梁投在圭面上的影子，直至景符下出现一个明亮的小圆斑，且圆斑正中央有一根明显的细线。

初中物理课本中的"小孔成像"原理已经告诉我们，这个亮斑就是太阳的实像，而亮斑中心的横线就是横梁的影子。景符的应用，不仅解决了日影发虚的问题，同时还捕捉到太阳中心光照在表上的影长，而传统的立杆只能测到太阳边缘光的影长，如此一来，测量结果的精确度自然成倍提升。

经过一年的观测，结合从全国收集来的数据，并参考以往的历法，郭守敬和他的同事们推理演算，最终将一年的时长定为365.2425日，即365天5小时49分12秒。这个结果比我们现代科学测量出地球绕太阳公转一周的实际时间仅差25.92秒。而同精度的《格里高利历》，即现在世界通用的公历，还要再过300年才会在西方诞生。

公元1280年，由郭守敬领衔编撰的新历法横空出世，忽必烈取《尚书·尧典》的一句话"钦若昊天，敬授民时"，将这部历法命名为《授时历》。1281年，《授时历》在全国推行使用，人们春耕秋收、出作入息的时节终于在误差累积的朦胧中变得清晰。

第十五章　四门塔及其他塔

最　古　老　的　石　塔　在　济　南

● 四门塔

　　八年的田野调查中，梁思成先生亲身测绘的塔很多，除前面章节已经介绍过的正定四塔、应县木塔、广胜寺飞虹塔、杭州三座石塔及登封的嵩岳寺塔之外，在 1936 年到 1937 年间，梁先生还在河南、山东、陕西三省调查过河南开封宋代繁塔、佑国寺铁塔，山东历城神通寺四门塔，济宁崇觉寺铁塔，西安大雁塔、小雁塔、鸠摩罗什塔、香积寺塔和护国兴教寺玄奘塔等。这一章，我们集中在一起，按年代先后说说这些塔。

在中国，"塔"虽是常见的一种高层建筑（很多城市和著名的景点都把塔作为自己的形象标志），但它最早是跟着佛教从印度一起传入的。古印度的梵文中，塔叫做 Stupa，音译就是"窣堵波"，原意是佛教中的坟墓。佛教讲究人死后火化，在埋葬骨灰（有的没有烧化的部分呈现出五彩晶莹之状，被称为"舍利"）的地方上面修建一个纪念性建筑，便是塔。

在印度时，窣堵波是单层半球形扣在地上，顶上有一串相轮之类的装饰。很像僧人吃饭用的钵，倒扣着，因此也常说成"覆钵"。佛教刚传入时，中国人以为它跟道教类似，是一种死后成仙的法术。因此在窣堵波传到中国以后，就在道教的"仙人喜楼居"的习惯基础上，在本土原有的木制高楼顶上，加一个窣堵波样子的"塔刹"，就形成了今天我们常见的中国式塔。

之前说过，在北魏嵩岳寺塔之前，我国早期的佛塔都是木构的。历史上有记载最高的木塔，是北魏晚期首都洛阳南边建造的永宁寺塔，据说有现在应县木塔的两倍高。高大木构的脆弱性，致使唐及以前的木塔，没有一座留存到今天。所以到了北魏，工匠就开始想办法建造耐火材料的塔，如嵩岳寺砖塔。

现存的隋代塔很少，其中最重要的便是梁思成先生于 1936 年调查的山东历城四门塔。

　　位于济南南部三十英里外的群山之间，至要而罕为人知的一座单层小石塔，即为神通寺的四门塔。我们沿山间石径愉快地奔波终日，当令的山花和初夏的馥郁气息令人愉快，遥望天边连绵的山形起伏不定，在东岳泰山背后，我们来到了一处人迹罕至之地。

　　小石塔内一尊石像的纪年为公元 544 年，因此这是中国同类宝塔中最古老的一座。初一看去，其短拙令人误认它为一座方亭，中立方墩，四面辟有栱券门道。顶为退台式方锥形，上有攒尖宝刹，基本上是印度式窣堵坡的缩影。

　　我根据对大量中国塔的研究得知，中国宝塔有趣地组合了中国原有的多层楼阁，而以印度窣堵坡踞乎其上。神通寺的四门塔是这种结合最早、最简单的例子，应该占据中国宝塔发展史中最突出的地位。

　　四门塔立身的石壁俯视深谷，上有若干唐代造像，维护至善。罕有刻像状况不佳。早年的斧凿线条尚深刻清晰，与一千二百年前刻工方完时并无二致。它们属唐代最高的雕刻成就之列。[1]

[1] 梁思成：《华北古建调查报告》，《梁思成全集》第三卷，第 346~347 页。

当年的报告中，梁先生对这座塔的年代，取信了县志里记载的东魏年号。1972 年，文物部门对四门塔进行维修时，发现了塔顶内的题记"大业七年造"（611 年），这样，时代就确定无疑是隋了。尽管比梁先生一开始认为的 544 年晚了 60 多年，但它依然是我国现存最早的石塔。

四门塔全部用大块的青石砌成，四面正方形，每面都开有一个门。门上的外檐叠涩出 5 层，塔顶是用 23 层青石板层层向内收叠。塔顶上有一个石质塔刹。须弥座四周有山花蕉叶形的石座，之上安放着五重相轮，再上面是宝珠。这种样貌与早期佛塔地宫出土的很多"阿育王塔"外形是十分一致的。四门塔内，是方形的塔心柱，有非常窄的廊环。现在早已不让游客进入。四个门对着，在塔心柱上各刻有一尊佛像，用整块大理石雕刻而成，是隋代难得的佛造像精品。

四尊佛均盘膝而坐，脸是长圆形的，更接近北齐山东地区佛像的外貌，而不是唐代丰腴的脸型。其中一尊东边的"阿閦佛"雕刻得最为精彩。只见他面相扁平饱满，眉弓修长，眼角上扬，鼻梁挺拔，唇线分明，嘴角内敛，下巴圆润，露出微微的笑意。

这尊佛像，竟然在四门塔景区开辟成公园多年后的 1997 年 3 月 7 日被盗了。济南市公安局立即抽调破案高手成立了专案组，公安部向全国公安系统下达了协查指令，济南警方派出十几个侦查小组奔赴全国各地，展开了一场前所未有的侦破大行动，辗转了 12 个省市自治区，行程 10 万多公里。终于在 1999 年和 2001 年，将三名案犯中的两名抓获，并判处死刑和无期徒刑。然而，佛头的去向仍然毫无踪影。

转机一直到 2002 年 3 月才出现。台北的一位研究佛像艺术的吴文成教授打电话找到山东大学美术考古研究所刘凤君所长，介绍说台湾法鼓山佛教基金会，收到了一位佛弟子重金购买的佛首。经过对照片的辨认，刘所长确认正是四门塔被盗的阿閦佛。法鼓山佛教基金会董事长圣严法师发心想将佛首归还祖国。于是，2002 年 12 月 17 日，丢失五年的佛头终于在海峡两岸佛教人士的护送下回归故里，并被安回阿閦佛的身体之上，恢复原位。2007 年最后一名盗贼被抓获。

今天去四门塔，依然可以很清楚地看到这尊佛首和佛身之间，有明显的痕迹，就像一个人曾遇到歹徒，被用绳子勒住脖子，尽管死里逃生，脖子上却留下了一条勒痕。

在四门塔景区里，除了四门塔，还有历代塔林、摩崖石刻，以及唐代的龙虎塔。我最后一次去，还是不久前，2022 年 7 月，塔林里拴着两条狗，人一来就叫，记得十年前也是这样，不知道中间有没有换狗。龙虎塔的高浮雕依然精美，经历了一千多个春秋也不显老，人则永远不会如此。

就在一周后，暴雨让龙虎塔掉落了几块砖，有朋友把照片发给我，说文保部门已经去

● 　大雁塔夜景（许凯章　摄）

维修了。我当然相信不会有什么问题，只是越来越感慨，文物再保护，也不会永恒存在，每次所看到的，相比未来，都是它最好的样子。

　　1937 年 5 月 30 日，梁思成与林徽因夫妇应邀前往西安，对小雁塔进行考察，为维修进行准备。在西安，他们测绘了大量的唐代佛塔。

　　目前看，我国现存的唐代古塔，数量还是相当多的。它们主要分为两个类型：一种叫"楼阁式塔"，就像我们见到的汉墓出土的陶楼一样，一层一层叠加到房屋上去，下大上小，每层都可以设置门窗，最顶上加一个塔刹；另一种叫"密檐塔"，就是嵩岳寺塔那样的，在一个高大的一层建筑之上，叠加多层塔檐，每层檐之间没有房屋必备的门窗，当然顶上的塔刹是标配。

　　现存的唐塔，全部都是砖塔，而且大部分是四方形平面。我们看唐代楼阁式砖塔如大雁塔、兴教寺塔等都属于四方砖塔。虽然是砖塔，但可能当年还有很多木塔，工匠也习惯于木塔的外形，因此砖塔的表面也是用砖仿木的样子，把柱梁、斗栱表现出来。当然，只是示意而已，砖仿木构件其实是比真木构要大大地简化了。

　　大雁塔现在是西安城市标志了，在它南边的玄奘法师塑像，也成为来西安的游客必然

● 小雁塔

拍照留念的打卡点。我对大雁塔最早的印象，则来自韩东的诗歌：有关大雁塔 / 我们又能知道些什么 / 有很多人从远方赶来 / 为了爬上去 / 做一次英雄 / 也有的还来做第二次 / 或者更多 / 那些不得意的人们 / 那些发福的人们 / 统统爬上去 / 做一做英雄 / 然后下来……[1]

　　这首诗写于 1985 年，那时的大雁塔还是可以上去的，我第一次到西安则是 2003 年，到了大雁塔门口，没舍得买门票进去，只是在远处望一望。

　　梁思成先生对大雁塔的评价很高："现存的大雁塔是由一座更早的古塔重建而成。最初它只有五层高，是由著名的唐僧玄奘于公元 652 年所建。据说玄奘西行印度 17 年朝圣归来后，经皇帝恩准建造此塔以珍藏其带回的佛经。在该塔破土动工之日，玄奘曾亲自执锹铲土并绕行场址三周行祷告礼。遗憾的是，最初的佛塔建成不久就因战乱而遭严重毁坏。它于公元 701 至 705 年间彻底重建并加高到七层……坚定而庄严的性格，使大雁塔成为最恰当地纪念其缔造者——那位伟大的佛教学者和朝圣者的一座矗立的丰碑。"[2]

　　大雁塔建成后 55 年，在唐中宗景龙元年（707 年），跟玄奘类似也是从天竺带回来大量佛经的另一位高僧义净，由宫中集资营造了一座比大雁塔小一点的佛塔。这就是唐代的密檐塔经典代表小雁塔。它跟香积寺塔以及嵩山的永泰寺塔和法王寺塔一样，都是采用四

[1] 中国作家协会诗刊社编：《中国新诗百年志》（作品卷·下），中国工人出版社 2017 年版，第 155 页。
[2] 梁思成：《五座中国古塔》，《梁思成全集》第三卷，第 374 页。

方平面的密檐塔。这类塔是以它们的炮弹形轮廓曲线来实现优美的外观效果，因此，这类唐代密檐塔就不再用斗栱等表面装饰。

小雁塔塔身中空的内部，设有木构楼梯盘旋而上，可达塔顶。塔身每层以叠涩的方式用砖砌出密檐，表面各层檐下砌斜角牙砖。密檐的每层南北方向各开一个小孔采光透气。塔顶至今仍然保持着梁思成先生当年来测绘时的样貌，并没有修复成想象中的"唐代原貌"，这也是梁先生建议的结果。

与大小雁塔同时，在 2014 年成为"丝绸之路"世界文化遗产点的还有兴教寺塔。这里有三座灵塔，都是唐代的楼阁式砖塔。分别是玄奘及他的两个弟子窥基和圆测的墓塔。唐高宗麟德元年（664 年），玄奘大师圆寂于陕西铜川玉华宫。唐高宗非常敬重玄奘，他将玄奘火化后的遗骨葬于西安东郊白鹿原上，就是著名小说《白鹿原》描写的那个地方。高宗李治经常思念好友，据说在含元殿远眺白鹿原上的玄奘灵塔时，时常落泪。李治本来眼睛就不好，后来因为眼疾，才让武则天帮助料理了很多政事。武则天为李治的健康着想，干脆下令将玄奘遗骨于总章二年（669 年）迁葬到一个在含元殿看不到的地方。

迁建后的玄奘舍利塔是五层的四方形楼阁砖塔。第一层塔身南面辟栱门，里面供奉着玄奘的塑像。二层以上塔身是仿木结构，每层每面用四根八角形倚柱分成三间。塔檐下用砖仿出最简洁的斗栱。灵塔各层均为实心，不能登临。

在唐代还有众多的高僧墓塔，除了极个别像玄奘塔是这种多层的以外，其余都是单层正方形的小塔，其中许多还是用石料建造的。例如山东长清灵岩寺的慧崇塔及嵩山会善寺的净藏禅师塔。它们大部分平面还是四方形的，个别是八角形的。净藏禅师塔就是单层的小八边形砖塔，表面上用砖砌出柱梁、斗栱和门窗等装饰。它是唐代罕见的八边形砖塔，被认为是宋辽时期八角形塔的始祖。

从五代、宋开始，建造木塔就已经越来越少，砖塔或者砖木混构成为主流。从技术角度说，高层建筑内部的木构扶梯等问题，工匠已经可以很好地解决。这时的塔，"不是像烟囱那样砌上去了，而是在塔的内部用各种角度和相互交错的筒形券的方法，把内部的楼梯、楼板、塔内的龛室等同时砌成一个整体，消灭了过去五百年来外部用砖结构，内部用木结构的缺点。塔身更加坚固了。"[1]

在营造学社 1935 年去正定再次进行调查时，回来的路上，他们还测绘了河北定县的开元寺砖塔。这座塔当地叫它"料敌塔"，是因为宋代的定县，处于紧挨着幽云十六州的位置，也就是宋辽的国界线上。北宋军队为了瞭望北方辽国的敌情，历经 50 多年，于公元 1055

---

[1] 梁思成：《中国的佛教建筑》，《梁思成全集》第五卷，第 332 页。

● 定州开元寺塔

年完成了一座八边形、十一层、高达 84 米的砖塔，也是目前国内现存最高的古塔。

梁先生他们来调查时，这座开元寺塔，塔身还是裂开的状态，那是康熙十八年（1679 年）和三十六年（1697 年）两次大地震给塔身造成的损害。光绪十年（1884 年），塔的东北面从上到下自然塌落，成了当时的样子。从老照片上还可以看出这座塔是内外两座塔，由外塔环抱内塔，楼梯从内塔体穿心盘旋到达塔身顶部。塔身由内外层衔接，形成塔内藏塔的一种奇特结构。这种状态保持到 20 世纪 80 年代，国家文物局开始对其进行维修，一直到 2001 年正式竣工维修完毕。

与定州开元寺塔同时期的北宋首都汴京（开封）还有两座宋塔留存至今。一是被列为第一批全国重点文物保护单位的，名气较大的祐国寺塔。这座塔最初也是木塔，但没多久毁于雷火。于是重建时选择了砖的材料，并且在塔身上用褐色的琉璃砖贴出飞天、龙、麒麟、菩萨、力士、狮子、宝相花等装饰图案。

由于琉璃的颜色很深，远看着就像铁锈，所以俗名叫铁塔。小时候，听大人们说去开封旅游，那里没啥东西了，就是看看"铁塔"，我还真以为是铁铸成的塔呢，哪知道它是一座十三层、高 55 米的八边形砖塔。我们参观时，交了门票钱，就可以在内部攀登。这应该是现如今极少的允许攀登的古塔了。离近了观察发现，有极少数琉璃砖还是北宋的原物，制作相当精细，连佛像的开脸都非常好看。根据上面的铭文得知，大部分砖是明代重新烧造的，花纹的水准相比宋代差距明显。

整个铁塔运用大量种类不同的标准砖，砌出墙面、门窗、梁柱、斗栱等。这在建筑材料发展史上，尤其是表面材料技术方面是宋代的一项创举，具有一定的历史地位。而使用琉璃标准砖之前是用雕花的陶砖直接贴在塔的外表面。这样的先例，正好也在开封。

当地民谚中说"铁塔高，铁塔高，铁塔只到繁塔腰"。上半截已经毁损的繁塔的"繁"字，正确的发音为"婆"。繁塔的平面是六边形的，应该是从四方形向八角形塔发展过渡

开封祐国寺塔

的一种形制，国内比较罕见。

与祐国寺塔出资方不同，繁塔是民间募资修建的。根据塔内碑刻内容推测，繁塔大约筹建于开宝中期，竣工于宋淳化元年（990 年）以后，前后经历了 20 多年。建造完毕时，高 80 米，是当时开封最高的塔。可惜九层的繁塔后来因雷击，上面六层都不在了，现在成了一个矮胖子。

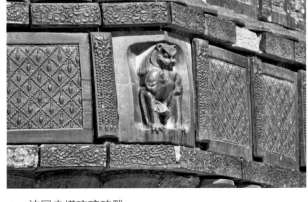

● 祐国寺塔琉璃砖雕

繁塔的最大看点，其实是内外壁镶嵌的佛像砖。每块砖都是一尺见方，跟我们在四川看到的宋代千佛石刻一样，在整平的砖石表面，向里减地挖出一个正圆形的龛。龛中留着佛像的位置，再进行浮雕，每砖一佛，盘腿端坐。北宋的首都工匠，即便是民间出资，水平还是有的，他们制作出的佛像如今保存都还比较好。据统计有 7000 多尊，其中有各种形象，包括手执各种法器的佛；还有骑着青狮的文殊菩萨和骑着白象的普贤菩萨；六臂、十二臂的观音菩萨，每一尊都表情细腻，生动逼真。

● 开封繁塔

　　与开封的铁塔名字类似，国内还保存着一系列真的"铁塔"，都是由生铁铸造构件拼接而成。下面举几个例子：

　　国内现存最早的一座铁塔，是在浙江义乌双林寺的东铁塔，五代后周时期建造。排在第二的就是五代十国中南汉的广州光孝寺那对双铁塔了。之后是北宋初年建造的位于湖南常德公园中的铁幢，北宋嘉祐六年（1061年）湖北当阳的玉泉寺铁塔，北宋元丰元年（1078年）镇江北固山的甘露寺铁塔。山东有两座宋代铁塔，一个是聊城护国隆兴寺铁塔，另一个是济宁崇觉寺铁塔。后面这一座，营造学社进行过测绘，它的建造时间是北宋崇宁四年（1105年）。

　　（1936年11月16日）下午三时，搭公共汽车北返，四时半，抵济宁。至铁塔寺，寺在城之东南，山门内有铁塔一基，约高六丈余。下部以砖封砌，仅余西面门之上部而已。其上塔身八角九层，每层均具平座及腰檐。东、南、西、北四正面辟门。据斗栱、勾栏、门簪等式样观之，决为北宋遗构。[1]

　　崇觉寺这座铁塔，是以上各铁塔之中外观最特殊的。因为它是矗立在一个高高的砖台基之上。由于是生铁铸造，塔身极细，因此整体的比例看起来就非常不协调，过于高而瘦。塔顶部是后世补的带尖头的球形塔顶，在阳光之下，金色的塔顶闪烁着耀眼的光芒。塔身基本呈深紫黑色，与塔顶形成了鲜明反差。整个铁塔身上的装饰，比砖塔更仿真木构楼阁形式。由于铸铁相对砖更容易成型，因此斗栱、平座、勾栏、飞檐都几乎逼近真实木构件的原貌。这是铁塔在材料上的优势。

　　上大学时，系里组织文化考察，就去过崇觉寺铁塔，当时还爬到了塔顶，在围栏处，我想跨出去拍照，把辅导员吓得大叫。很多年后，再去这里，我突然感觉应该没有爬过，铁塔不像是能爬上去的样子，也不知道是记错了，还是青春的一场梦。

● 济宁崇觉寺铁塔

［1］刘敦桢：《河北、河南、山东古建筑调查日记》，《刘敦桢文集》第三卷，第121~122页。

● 崇觉寺铁塔塔刹

● 当阳玉泉寺铁塔

　　其他铁塔之中，义乌双林寺塔、光孝寺西塔和甘露寺铁塔都残损不全了。剩下的那几座难能可贵地保存完整，其中最精彩的应该是当阳玉泉寺铁塔。这座塔坐落在玉泉寺门口的高台上，下面有地宫，地面以上是塔基、塔身和塔刹。地宫是六角形的竖井，里面有个汉白玉基座，上面放舍利石函。现在地宫收费开放，里面展品不多，除了石函和佛牙舍利外，还有几件随藏供养的瓷器、水晶珠等，比展品多得多的是文创商品。

● 玉泉寺铁塔

　　铁塔的塔基和塔身都是生铁铸造，通高 17 米，重达 26472 公斤。全塔由四十四块铁质构件组成，每层都包含了塔身、斗栱和平座三部分，分别铸造，各构件之间，并未设计榫卯，也没用焊接的技术，而是层层叠压，利用自身的重量固定在一起。须弥座的八个面上铸造有八仙过海、二龙戏珠等饰纹。八个角尤其精彩地铸造出八尊托塔的天王，身穿盔甲，脚踏须弥山，表情刻画细致，体现出宋代高超的铸铁技术。看起来比晋祠的同时代的铁人更要精彩。

　　塔身上还著有 1400 余字的铭文，详细记载了塔名、重量、铸建的年代、工匠和功德主姓名等信息。可惜位置很高，我在下面肉眼看不太清楚。题记记载铸塔的"都料官"是来自苏州的陈延作，这么看就不难明白，为什么这座塔外形既俊秀挺拔又稳健玲珑，特别像江浙一带的砖木混构的宋塔了。

与此外形类似的八边形砖木建造的宋塔，在长江下游还保存着不少。比如现在已经歪得很厉害的苏州虎丘塔，又名云岩寺塔。还有苏州报恩寺塔、杭州六和塔和保俶塔。它们内部都是用砖砌出楼梯、走廊、龛室，塔的各层檐椽和平座部分用一些真实的木料来增加塔的牢固程度。

由于这类江南宋塔的砖砌部分一般都会抹灰粉刷，檐椽木构大多已经损坏，而各处工匠对塔的修理方法也不尽相同，所以时至今日造成一个局面——本来结构是一样的塔，修来修去，外观看起来却截然不同了。

苏州北塔（报恩寺塔）是在清代补上的檐，所以檐角翘得很高，但这算比较接近原貌的了。杭州的六和塔有点离谱，它在原塔外面增加了一层罩子，高度几乎没变，却胖了很多。所以当年地方官员邀请梁思成先生过去设计重修的方案，也是想着在一定程度上恢复宋代原貌。但后来全面抗战开始，根本没有机会去修，直到今天仍然是"胖墩"的样子。保俶塔没了斗栱，在民国初年维修时简单地把破损堵了堵，没有塔檐，变成现在这么一个接近烟囱的样子了。

如果要看这一类型的塔中，最接近原来外观的，除了玉泉寺铁塔几乎没坏，杭州几个石塔也保存下一些局部。而真正砖木混构的宋塔，就只能去看苏州罗汉院的双塔了。这一对塔并不高大，也不粗壮，难得的是斗栱和檐瓦保存了下来，算是我们能见到的相对最接近原真的八边形宋代砖塔。

在陕西的调查之中，除了大型砖塔，梁先生一行人，还考察了一座小石塔。

6月1日　星期二　晴

晨九时随思成夫妇及英士先生访西京建设委员会，嗣出南门，西南往草堂寺。寺在终南山麓，距西安约四十公里〔属鄠县（即户县）管辖〕。大殿三楹，藏元至元廿一年（1284）铁钟一口。鸠摩罗什塔在殿西，覆以小亭，以式制言似唐宋间物。下午三时，返抵灵感寺。……三时半抵香积寺，寺西砖塔仅有十层，内部迭涩亦与外侧一致，可知原为多层之密檐塔。惟顶已毁，自下可望见天空，非作大规模修缮，恐难保存长久矣。外部东、南二面，梁、枋、窗、棂，均涂土红色。四时返杜曲，复折向西南，至兴教寺，访玄奘法师塔。此塔方形五层，新修未久，是否全为唐构，殊属疑问。[1]

[1] 刘敦桢：《河南、陕西两省古建筑调查笔记》，《刘敦桢文集》第三卷，第144页。

● 草堂寺鸠摩罗什塔

鸠摩罗什塔在刘先生的日记中，仅提一句，没有更多描述。这座只有 2.3 米高，并不算大的石塔，论其雕刻的精彩程度，则不亚于历史上任何一座石塔。此塔所在的草堂寺，是鸠摩罗什一生最后的归宿。

他先是在公元 382 年被前秦大将吕光从家乡龟兹掳走，在武威（当时叫凉州）停留了 18 年。吕光本来是要带着他回长安，走到武威时，前秦在淝水之战中战败。吕光直接就地拥兵自立为王了。鸠摩罗什在武威的时光，将龟兹的佛法和佛教艺术，在这里播下了种子。之后的北凉国主沮渠蒙逊在武威及北凉境内张掖、酒泉、莫高窟开窟造像，都与鸠摩罗什不无关系。因此，武威成为中原石窟艺术的一个重要源头。

公元 401 年，后秦皇帝姚兴带兵来到武威，将鸠摩罗什劫到长安，奉为国师，请他在草堂寺译经传法。后秦弘始十五年（413 年）农历八月二十日，70 岁的鸠摩罗什圆寂于长安，火化后的舍利就安葬于草堂寺。

鸠摩罗什塔的形制属于亭阁式塔，其下部须弥座很大，几乎占了整体高度的一半，从最下面的山石、波涛，向上翻滚出三层海水江崖，线条动感十足，似水又像云。海水涌出托举着的平台上，是八边形的塔身，每面间隔着用石刻浮雕出直棂窗和门户，屋檐下用阴刻的佛像和飞天，承托巨大的扁圆宝珠。最顶上是正四方屋顶，攒尖处设置山花蕉叶形的塔刹。

一些资料说塔身是用八种颜色的玉石拼成，说实话，我在现场是真没看出颜色。正北侧双排竖刻着两列题记："姚秦三藏法师鸠摩罗什舍利塔。"以此认为是他的灵塔，但从石塔表面的石仿木建筑细节和雕刻造像的艺术风格看，是一件极为精美的唐代建筑雕刻品。至于为何后秦就圆寂的大师，灵塔到唐代才出现，就没有记载了。

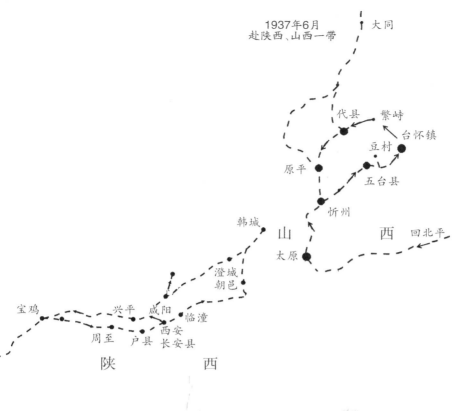

1937年6月
赴陕西、山西一带

大同

代县　繁峙

台怀镇

豆村

原平　五台县

忻州

韩城

山　　　　西　回北平

澄城
朝邑

太原

宝鸡　兴平　咸阳　临潼

周至　户县　西安
　　　　　　长安县

陕　　　　西

五　三下陕山缘难了

第十六章　西安皇陵

地 铁 绕 行 墓 葬 ， 飞 机 划 过 石 狮

● 飞机飞越唐顺陵石狮

　　6 月 2 日　星期三　晴

　　晨九时与思成夫妇、麦、赵二君乘汽车出西安西门，西北行二十五公里，渡渭水，至咸阳，折向东北，又二十公里至武士彠顺陵。陵南向，外有二土阜，殆为双阙遗址，

其北存独角兽二，狮二。陵垣已毁，但依石狮位置，犹可辨出每面各有神门一座。南神门内有石羊、石人，惟偏西侧，其北为方冢，颇小。北神门外，石狮以北，复有石马二躯。

自顺陵面南，经周文王、武王陵，再西至汉武帝茂陵。陵东为霍去病墓，外缭方垣，墓门北向，中有土阜隆起，乱石错杂，即史称像祁连山者是也。冢南建东、西庑，落成未久，内置石牛、石野猪、石马等，而以石牛、马之雕刻技术，最为朴实传神。西庑新庋马踏匈奴像，反觉不佳（诸像皆就天然之石镌刻，或为立体，或为浮雕，极不一致）。

下午二时，自茂陵沿西南公路返西安。三时车轮损坏，四时至咸阳，又坏，延至七时始抵西安。原定赴文庙商讨碑林修理工程，至是作罢。晚饭后，疲不能支，九时黄君来访，稍谈即去。十时就寝。

本日燥热殊甚。[1]

1937 年 5 月底，营造学社再次前往西安进行调查。这次他们查看了不少皇陵。5 月 29 日，他们走访了秦始皇陵，6 月 2 日，又去了传说中的周文王、武王陵，汉武帝茂陵及陪葬的功臣墓，以及唐代的顺陵。

作为我国最著名的古都，在接近两千年的时间内，西安都属于国家中心城市。如今西安修一条地铁，都要受到上百座古墓的影响，所以经常被人开玩笑，说西安修地铁主要归文物局管。

诸多丰富的陵寝遗存之中，皇陵最值得一提。从西周开始，秦、汉、唐代的皇陵都在西安周边。乘坐西安向西出发的高铁，刚刚驶出西安北站之后，就会在右侧车窗外看到临潼、咸阳和渭南境内黄土高原平平的地面上，明显地隆起很多覆斗形的土堆，简直像地铁站一样，一个接一个，接起了这座城市，甚至是中国半部的古代史。

梁先生一行人调查皇陵的速度是非常快的，从日记中我们看到，基本上类似于打卡。一天之内走访数处，以当时的交通工具，几乎是神速。大概是因为这些三千多年前到一千多年前的陵寝，地面完全没有任何木构建筑保留下来。他们去时，兵马俑还没有被发现，能够进行调查的，只剩汉唐时代地面的一些石刻，这些不是营造学社的研究目标，因此，跟他们测绘木构建筑相比，调查皇陵几乎就是走马观花。

但对于今天的我们来说，这些皇陵大墓则是一顿顿"文化大餐"，去西安绝不能错过。

按照历史年代，我们从周陵开始。西周的首都在西安，所以西周时期的王陵就应该在

[1]刘敦桢：《河南、陕西两省古建筑调查笔记》，《刘敦桢文集》第三卷，第 145 页。

西安周边。营造学社一行人前往的文王、武王陵，再加上旁边的成王、康王陵和周太公墓，当地合称为周陵。它们所在的镇，也因为有这些古迹而得名——咸阳市渭城区周陵镇。梁先生也是把它们当作西周王陵看待，可惜由于时间太久远了，后代对于周陵，竟然是搞错了。根据近年来的考古研究，基本已经确认"周文王陵"实际上是秦国时期的秦惠文王陵；"周武王陵"是秦悼武王陵；传说中的"周成王陵"应该是西汉时期的孝平王皇后陵；"周康王陵"是汉孝元皇后陵；而"周共王陵"则为汉成帝妃子班婕妤的墓。

　　主要是因为周陵遗址上，树立着文王陵、武王陵字样的清代石碑，有点类似今天的国保碑。石碑是清朝乾隆年间的陕西巡抚毕沅立的。这位毕大人 30 岁参加殿试，被乾隆皇帝钦点为状元，之后走上仕途，40 岁到陕西做官，三年后就升为陕西巡抚，之后偶尔因工作失误被贬，但很快又能回来。宦海沉浮的他在陕西巡抚任上累计工作了 14 年，在这些年里，他在陕西境内多地走访，调查了众多古代陵墓，对它们进行墓主人的分辨。那时，这些超过千年的大墓，绝大部分都不知道是谁的了。毕沅经过多方考证，逐一确认核实，将他管辖范围内超级大墓基本都进行了标注。今天我们去陕西境内走访名人大墓，墓前所立石碑，大都是他老人家搞的。因此，我们也戏称他为"刷保界"的鼻祖。但受到当年考证技术的影响，毕大人难免也出现了一些错误，比如周陵。

● 唐陵春色（马杰　摄）

西周王陵真实的位置在哪里呢？目前还没有发现。

秦始皇陵一直以来是确凿无疑的。因为它实在太大了，坐落在临潼骊山北麓高达 50 米的巨大封土，时时刻刻向人们显示着中国历史上这位始皇帝的存在。梁先生他们来的时候，由于没有发现兵马俑，地面确实也没啥看的，基本上打个卡就走了。但我想，即便只看封土规模，这座历时 39 年，最多时动用的人力超过 80 万，至今仍是中国历史上规模最为庞大的皇陵，也足以令营造学社社员们震撼了。

当年秦始皇陵刚完工一年多，就被项羽破坏了。他带领十万军士，将始皇陵地面建筑全部烧毁，并挖掘陵墓几个月。据说从地下挖出来了很多陪葬品。从目前考古发掘的始皇陵周边陪葬坑的情况来看，陪葬品之多、地点之分散令我们瞠目，即便项羽当年进行过破坏，也远没有破坏干净。

已故的西北大学文化遗产学院考古系段清波教授（原秦陵考古队队长），在用遥感和物探的方法分别进行探测后，确定始皇陵的地宫就在封土堆下。距离地平面 35 米深，东西长 170 米，南北宽 145 米。根据探测，发现主墓室内没有进水，而且整个墓室也没有坍塌。地宫四周均有 4 米厚的宫墙，还用砖包砌起来，并且找到了若干个通往地宫的甬道，发现甬道中的五花土并没有人为扰动破坏的迹象。至于封土层，除当年国民党军队留下的几个战壕外，基本完整。还有一个证据，就是考古工作者在地宫附近测量到浓度很高的水银含量。如果地宫被盗，水银极易挥发，两千年来，早应顺盗洞挥发掉了，因此秦始皇陵地宫很可能并没有被盗。

根据考古调查，陵园的内、外城之间有葬马坑、珍禽异兽坑、陶俑坑；陵园外，还有人殉坑、刑徒坑、马厩坑大约 400 多个，范围达到 56 平方公里。1974 年 1 月 29 日，当地农民打井发现了兵马俑。1980 年，考古工作者又在封土西侧 20 米的一座陪葬坑内，发掘出了两乘大型彩绘铜车马。除此之外，考古队近年来又新发现了大型石质铠甲坑、百戏俑坑、文官俑坑以及陪葬墓等 600 余处。

非常重要的一个信息是，考古人员还发现了修陵人员的墓葬。这些人员是被胡亥活埋掉的，这是古代皇陵建设经常会发生的事情，为了防止这些人盗墓，干脆就在工程结束时把他们一起殉葬。在秦始皇陵的工匠陪葬坑之中，还有一个重大的发现，就是发现了几十具波斯工匠的遗骨，这也解释了为何在秦始皇陵中出现有很多不太符合秦朝当年技术和艺术发展规律的现象。

长期以来，雕塑史上很难把兵马俑这一形象与东周及之后的西汉从艺术演变上串联起来。它出现得非常突兀，前无古人后无来者。为什么这么说呢？秦陵兵马俑是非常写实的艺术风格。千人千面的它们每一尊似乎都是照着秦国士兵真实的样貌雕塑出来的。不但面容真实，连发丝都根根毕现。我们在秦陵博物馆中看到的武士俑连鞋底上的一个一个纳出来的针脚都表现出来了。这跟商周和汉代，我国雕塑的器物化造型意识完全不同。

而波斯工匠遗骨的发现，有力地证明了在秦始皇修建陵寝期间，他从西方引进了外来的技术。大规模的写实塑形，是在这些外来工匠指导下进行的。由于这些工匠的被杀，这样的技法和雕塑意识实际上也没有继续流传。我们看到的汉代雕塑，比如后面要讲到的汉代帝陵，还有山东、江苏等地出土的汉代诸侯王的陪葬兵马俑，又回到中原的造型意识下进行制作了。

梁先生一行人从周陵离开，接下来又去了汉武帝的茂陵，其实今天我们去茂陵，也是主要看茂陵的陪葬墓——霍去病墓及附近的茂陵博物馆。

> 最有趣的一座陵墓属于汉代远征匈奴的征服者——大将军霍去病（公元前 2 世纪）。在他身后，汉武帝敕令建陵如祁连山形。他曾在那里赢得最伟大的胜利。这是唯一饰以岩石的陵墓。在此发现的几件花岗岩石雕，描摹着这位武士的征战生涯。最著名的一件是"马踏匈奴"，已经介绍给了西方世界。最近的挖掘又有新的发现。看来雕刻家善于利用大石材的天然形状，以此雕作栩栩如生的人像，出奇地相似于史前巨石碑。而对动物，艺术家的认识似乎更加深刻且有所不同，例如大环眼的牛像所体现的。[1]

西汉皇陵一共有 11 座陵墓。因为每个皇陵，不仅包括皇帝陵，还有皇后陵、陵邑、陪葬墓等。它们整体布局相对集中，不像唐陵那么分散。其中 9 座分布在渭河北岸的咸阳塬上，另外的文帝霸陵和宣帝杜陵在灞桥区江村和西安东南的少陵塬上。现在开发成景区，可以参观的主要是茂陵和汉景帝的阳陵。

在汉代所有帝陵之中，只有一个开放了地宫，就是阳陵。它不仅有封土和阙台遗址可供参观，地面上还有博物馆展出着阳陵出土的一系列文物。最值得看的就是它的地宫。这在我国对普通观众开放的皇陵地宫之中，是最早的一处，也是秦汉唐宋等朝代皇陵之中唯一一处开放地宫的。

我们下到地宫之后发现，汉阳陵的地下世界，是从封土向外围呈放射形分布着的 81 条陪葬坑。每条坑道都是东西向很长，横截面为长方形的坑，一般深 3 米，宽度 2.4 米。1998 年，考古工作者对位于阳陵东侧的 10 个外藏坑进行了发掘。不同的陪葬坑，代表了当年汉朝廷不同的职能部门。这里出土了大量的文官、武士、侍从、宦官等陶俑，还有大量的家

---

[1] 梁思成：《华北古建调查报告》，《梁思成全集》第三卷，第 343 页。

畜、木车马、生活用具、兵器及粮食、肉类、纺织品等陪葬品。阳陵出土的汉俑只有真人的三分之一大小，赤身裸体，当年穿着的丝质服装和木制的双臂因长期埋葬已经全部腐烂消失了。

汉阳陵的兵马俑队伍中有一部分是女性，她们大部分都面目清秀，表情谦卑，身材匀称。也有一些是男性，颧骨突起，面貌奇异，不像汉人，倒像是外来的雇佣兵。比起秦兵马俑每一尊都是手工打造的写实风格，阳陵汉俑基本上是相对类似的几种模子批量制作出来的。规模和精细程度跟秦俑完全不可同日而语。当然，这也体现出了汉代皇帝没有秦始皇那般无节制地耗费民力吧。

● 汉阳陵陪葬坑

汉阳陵还有一个活动比较独特，就是"模拟考古"。在工作人员按照考古工作的标准挖掘的探方之中，预理了一些仿制的陶猪陶狗。我们来参观的游客，穿上考古队的工作背心，每人发一个小手铲和刷子，在专业人员的指导下，模仿他们的方法，"发掘"文物。这是一种面向大众进行考古教育的有趣方式。

在霍去病墓，我们看到了中国雕塑史上早期重要的一组"循石造像"。这里一共陈列着十四件石雕作品，最有名的就是第一批禁止出境展出文物之一的"马踏匈奴"，其他还有伏虎、跃马、野猪、吃羊怪兽、抱熊力士等九件，这是此次营造学社来调查时看见过的。1957 年，又出土了五件，卧象、蛙、蟾和一对鱼。

除"马踏匈奴"之外，其他石刻完全追求神似，被称为循石造像。也就是工匠先观察石料本身的样貌，再依据石料大形进行简单的处理，得出造型。刀法近似玉器的汉八刀，极简的圆雕处理，大多数采用浮雕和线刻等手法制作。看似粗糙，实则生动传神，大巧若拙，是一套受到雕塑家广泛赞誉的作品。

而"马踏匈奴"跟其他十三件不太相似，梁思成先生在他的《中国雕塑史》一文中这样描述：

> （汉代）陵墓表饰之见于古籍者极多……唯霍去病墓石马及碑至今犹存，马颇宏大，其形极驯，腿部未雕空，故上部为整雕，而下部为浮雕。后腿之一微提，作休息状。马下有匈奴仰卧，面目狰狞，须长耳大，手执长弓，欲起不能。在雕刻技术上，似尚不甚发达；筋肉有凸凹处，尚有用深刻线纹以表示之者。[1]

与梁先生评价略有不同，刘敦桢先生在日记中，则认为马踏匈奴"反觉不佳"。不管孰优孰劣，两位对"马踏匈奴"与其他件风格不同这个看法是一致的。我们到现场也有非常强烈的感觉。回忆起在西安碑林博物馆看到的大夏石马（十六国时期赫连勃勃建立的夏国），反而与"马踏匈奴"的马本身的造型及石材更接近。但其他循石造像，有专家分析认为，并非陵墓前的"石像生"，而是陵园园林装饰。

● 霍去病墓马踏匈奴石刻

早在西汉时期，皇家园林就已经非常发达。霍去病墓在建设之初，由于汉武帝非常喜欢这位为自己的大汉帝国开疆拓土的英雄人物，给他建造的陵墓，也仿照他征服的祁连山外形设计。建造一个大型的陵园，在园林之中，妆点着这些循石造像。它们与后世出现的皇陵神道两侧的石像生，不是一个概念。

> 距霍去病墓约十五英里外，是唐代的武后之父那顾盼自雄的陵墓。神道两侧俱为麒麟、狮子、马和军民侍役。此类布置亦见于后世皇家陵墓。唐代的雄浑和工艺无与伦比。但是此地的雕像似觉对动物缺乏认识，逊于汉代的动物雕刻。[2]

---

［1］梁思成：《中国雕塑史》，《梁思成全集》第一卷，第 67 页。
［2］梁思成：《华北古建调查报告》，《梁思成全集》第三卷，第 343 页。

他们从霍去病墓出来，前往顺陵。梁先生说它是武则天父亲武士彠的陵墓，实际是武则天为自己的母亲杨氏建造的陵寝。杨氏死于咸亨元年（670 年），高寿 92 岁，此时武氏已经是皇后了，以王妃的级别将自己的母亲埋葬于咸阳洪渎塬上。20 年后，武则天正式称帝，于第二年追尊母亲为"孝明高皇后"，妃子墓也改为"顺陵"了。

自己的地位不断提高的同时，武则天对母亲的陵园也进行了扩建。长安二年（702 年）正月，奉武皇帝之命，武三思撰文，李旦书丹的《大周无上孝明高皇后碑》俗称《顺陵碑》，被立于顺陵南门的神道旁边。同时，武皇帝还为顺陵增添了多尊巨型石像生。这些石刻最能体现盛唐时期的气势，在有唐一代的陵墓石刻中都是第一流的。其中比较经典的是天禄和走狮。

顺陵的天禄，与我们在南朝石刻那章中介绍的天禄样子完全不同。这里的是真的像"鹿"，只见它头上长着独角，昂首挺立，双眼圆睁，直视前方。脖子和四肢都很粗壮，肩生双翅，翅膀实际更像卷云，由升腾的云气形成翅膀。古书中往往管独角兽叫做"獬豸"，是一种刚正不阿、善辨忠奸的神兽。唐代帝陵之中，天禄形象不少，但顺陵的是形体最大、雕刻技术水平最高的一对。它的身高达到了 4.5 米，长 4.2 米，小孩子都可以在它肚子下面自由地玩耍。

顺陵东、西、北门各有一对石刻的蹲狮，只有在南门前神道两旁的是走狮。这对走狮是一雄一雌。其中雄狮最为强健，高 3.15 米，长 3.2 米，重达 40 余吨。体态高大，造型凶猛，四爪有力，阔步前行。特别是饱满的胸肌与两条前腿比例匀称，感觉工匠应该是仔细观察过真实的狮子。在陕西历史博物馆一进门的大厅，就陈列着一只它的复制品。

与这对南门走狮在造型上受到西亚的影响，雕刻采用写实风格不同，其他三门的蹲狮则是吸取了南北朝以来佛教艺术中的印度风格。六只蹲狮均高三米左右，大形一致，但神态各异，有的是卷曲的鬣毛，腮髯奋张，上唇卷翘，舌尖勾起，利爪用力，深陷入石；有的则是披头散发的直鬣毛，阔口长目，尾巴盘屈而后甩上脊背，雄健而舒放。顺陵石刻是唐代诸陵中现存最具代表性的一组石刻。

咸阳机场就建造在顺陵旁边，参观时，常可以看到现代化的飞机与千年前的石刻同框，一种强烈的对比往往让参观者恍若隔世。如到西安出差，下了飞机，不妨就近看一眼顺陵。

梁思成先生在西安逗留了几日，便返回北平。这个月下旬，他们还有一个更加重要的考察计划——山西五台山。这次，他们将去拜访一座古老建筑，在这之前，他们还从未见过"唐代木构建筑"，为此，已苦苦寻觅多年。

第十七章　五台佛光寺

打　破　日　本　学　者　的　粗　暴　论　断

去五台山旅游的人，大多没有去过位于五台县豆村镇的佛光寺。

我去过许多寺院，名气有大有小，香火有多有少，门票有高有低，也有不收门票的，其中最让我震撼的是佛光寺。

佛光寺离五台山主景区有三十多公里，路不好走。2015 年，我第一次去时，一车人下来，搬石头垫着轮子，折腾好半天才开到寺门口的小停车场。到这里来的人很少，和去五台山的游客远不能比，但该寺历史价值和文物价值极高。当年，梁思成先生就称此处为"中国第一国宝"。然而，在这之前，这一"国宝"一直处在被岁月遗忘的角落。

● 林徽因与宁公遇彩塑

应该庆幸这种遗忘，这片土地上太多的辉煌，恰恰是因为漫长的遗忘，才让其留存到今天。比如甲骨文，比如莫高窟藏经洞。有些遗忘我觉得其实还应该更久远一些才好，比如兵马俑，如果晚一百年发现，或许能够保留它原本的色彩。

● 雪后东大殿

从 1932 年到 1937 年初，梁思成和妻子林徽因一起，率队考察了 137 个县市，1823 座古建筑，然而，他们一直期望发现的唐代木结构建筑却从未出现过。历经六年，无数磨难，这才在佛光寺终偿所愿。

山西省东倚太行山，西、南临壮丽的黄河，北有长城和蒙古沙漠拱卫，因此有宋（公元 960 年）以来一直远离战祸，而其他省份却于改朝换代之际反复地在层层焦土之上重建新城。直至 1937 年秋日军入侵，山西安享太平几近千年。于是这富饶的温床孕育了大量的木质古构。在 1931 年至 1937 年之间，我六度赴晋，三次访晋北，其余三次访晋中与晋南。[1]

关于梁思成和林徽因发现东大殿是唐代建筑的故事，已流传甚广。

不过近年来，随着他们的故事普及，对一些细节，也有一些不同的声音和疑问。有人说佛光寺不是梁思成发现的，而是日本人先发现的，也有人说他们不可能是参考五台山图找到的佛光寺，因为图上的位置根本不对。还是让我们先看看 80 多年前，营造学社对佛光寺进行田野调查的来龙去脉吧。

---

[1]梁思成：《华北古建调查报告》，《梁思成全集》第三卷，第 351 页。

　　1931 年九一八事变后，中国东北三省迅速沦陷。日本为其侵华罪行开脱，竟向国际联盟理事会调查团狡辩说：目前中国内政纷乱，中国人自己缺乏统治能力，几不成国。潜台词是需要他们来治理中国。

　　对中国的文化遗产，日本人早就抱有浓厚的兴趣，从 19 世纪末 20 世纪初，日本大谷探险队两次来中国探寻文物。1901 年，日本建筑学者伊东忠太受日本内阁派遣，在八国联军占领北京之际，对紫禁城进行了拍摄与测绘。清朝末年，中华大地已经成了日本与西方学者的竞技场。伊东忠太、关野贞等日本人与鲍希曼、喜龙仁等西方人，纷纷进入中国腹地，携带照相器材，对中国古代建筑进行持续调查，并以"图版＋解说"方式发表成果，让世界第一次对中国建筑遗存有了较大范围的直观认识。梁思成在外出田野调查之前的准备工作，其中不少情况下考察了这些已经发表的"成果"。

● 佛光寺东大殿（梁颂　摄）

　　1922 年 9 月日本僧人、佛学家小野玄妙来到五台山，途径佛光寺拍摄了六张照片。在1927 年 4 月，日本关野贞和常盘大定合著出版的《中国佛教史迹》一书中发表了九张佛光寺的照片。包括小野照的六张，还有常盘大定托太原美丽兴照相馆在 1925 年 10 月拍摄的三张。他们并未亲赴现场，这九张照片，主要是以佛像和经幢为主要内容，没有拍摄东大殿建筑主体。

　　1928 年 3 月，关野贞、常盘大定发表《中国佛教史迹评解》一书，对佛光寺的九张照片进行评论。他们考证了佛光寺的历史，并阐述了对佛像和经幢的看法，但对东大殿建筑未作任何研究。书中认为"佛光寺之规模、伽蓝并不雄伟，它却是隋唐之后一大名刹，特别是大殿内三尊佛像是五台山地区唯一杰作"。他们还对比了小野玄妙 1922 年与美丽兴照相馆 1925 年拍摄的内容，发现短短三年之内，佛光寺有较大改变：

　　一是佛像被重妆了，中央的释迦如来像变化尤为明显，令人惊诧，其左手添持了宝珠，袈裟衣纹被抹上了俗恶之色，乍一看，已经跟 3 年前不像同一尊佛像了。还好的是，虽然重修并附加了近代的色彩，但佛像的面容、姿态和衣褶还存留一些宋代之前的气息。

　　二是大殿前的经幢，底部添设了基台，顶部增置了莲座，莲座所托火珠已非原物。他俩甚至对两张照片中的经幢是否是同一个感到困惑。幸运的是，看到了小野带来的拓片，再细览 1925 年的照片，在大中十一年这个年号附近，字迹一致，才敢断定两张照片所拍摄的确实是同一经幢。中国佛教遗物变化之路径得此印证，亦令人欣喜。

　　两人已经断定殿前经幢是唐大中十一年的原物，但没有对建筑进行探究。不过，给东大殿拍个全景，的确不易，因为它坐落在一块面积不大的高台地上，殿前 20 米就是陡坡，这种空间距离很难拍摄建筑全貌。可书中照片上是能看到建筑硕大的斗栱和内部的结构。可惜，不知道什么原因，两人只认为雕塑有宋代气息，对建筑没有做任何研究。

　　在 1928 年到 1932 年四年间，伊东忠太、关野贞和冢本靖三人合著出版《中国建筑》系列丛书。书中发表他们及其他外国学者在中国进行田野考察拍摄的 364 张精选照片，基本算是当年日本学者研究中国古建筑的成果总汇。该书将已经发现的中国建筑进行了分类和解说，俨然是准备写世界范围内的第一部《中国古代建筑史》了。此时的梁思成先生，才刚刚开始去独乐寺进行田野调查。

　　于是，关野贞早早地在 1929 年向万国工业会议提交的论文中，以非常肯定的口气宣称："中国全境之内，木质建筑遗存，缺乏得令人失望。具体说来，中国和朝鲜超过一千岁的木制建筑，一个都没有。而日本则有三十多座，时间在一千至一千三百年的木质建筑。"就是这位关野贞，曾将佛光寺彩塑照片收入了《中国佛教史迹》第5卷，可惜"不识庐山真面目"；在总结性的《中国建筑》图版和解说中，也并未将佛光寺东大殿列入。

多年来，对于营造学社的同仁们来说，这样一个论断无疑如鲠在喉。在这样的背景下，营造学社对中国古建筑进行调查和整理，发表中国人自己研究的《中国建筑史》，更是要争一口气。

据1951年梁思成先生发表的文章《敦煌壁画中所见的中国古代建筑》透露，及当时共同前往五台山的社员莫宗江回忆，当年是在北京图书馆里看到了法国人伯希和拍摄的《敦煌石窟图录》当中第61窟"五台山图"，图中描画了盛唐时期五台山地区佛教兴盛的场面，其中有多个大型寺院，包括大佛光之寺。当时的北京图书馆馆长也是营造学社的理事，《敦煌石窟图录》等资料可以方便地查阅。

广泛查阅资料的梁先生，不会没有看到日本出版的图册。也许是对古建筑的特征早已了然于胸，他敏锐地发现了照片中的建筑特点。但在梁先生的《记五台山佛光寺的建筑》中并未提及。

前文提过，营造学社进行田野调查，要做非常科学周全的准备。每次事先到图书馆，查阅相关县志、府志，将沿途有可能存在的古庙都记录下来，到了目的地，沿途查找。受当时国内时局影响，有时甚至需要警察护送营造学社的调查小队前往目的地。据说当时的警察与地方土匪也是通气的，遇到难处警察会打招呼，没问题再走。梁林在后来的报告中写道：

> 从太原驱车约八十英里路到东冶，我们换乘骡车，取僻径进入五台。南台之外去豆村三英里许，我们进入了佛光寺的山门。这座宏伟巨刹建于山麓的高大台基上，门前大天井环立古松二十余株。殿仅一层，斗栱巨大、有力、简单，出檐深远。它典型地相似于蓟县观音阁。随意一瞥，其极古立辨。但是，它会早于迄今所知最古的建筑吗？[1]

即使极古立辨，也必须拿出确凿的证据，否则是不能有效反击日本人的。可是整个东

[1]梁思成：《华北古建调查报告》，《梁思成全集》第三卷，第355页。

● 东大殿彩塑（梁颂 摄）

大殿在他们到来的十年前，刚刚进行了重妆。建筑木材上全部刷了土朱，也许是没有更多的钱在梁架上画彩画了，就通通用土朱刷了一遍。

　　我们怀着兴奋与难耐的猜想，越过訇然开启的巨大山门，步入大殿。殿面阔七楹，昏暗的室内令人印象非常深刻，一个巨大的佛坛上迎面端坐着巨大的佛陀、普贤和文殊，无数尊者、菩萨和金刚侍立两侧，如同魔幻的神像森林。佛坛最左端坐着一尊真人大小的女像，世俗服饰，在神像群间显得渺小而卑微。据寺僧说，这是邪恶的武后。尽管最近的"翻新"把整个神像群涂上了鲜亮的油彩，它们却无疑是晚唐的作品，一眼就可看出它们极类似敦煌石窟的塑像。[1]

　　在兴奋的情绪中，小队开始了对东大殿的测绘。同时，为了验证大殿的年代，他们最希望看到的就是大殿建造的相关"题记"。由于东大殿刚做了刷新，题记在常见的位置均

[1]梁思成：《华北古建调查报告》，《梁思成全集》第三卷，第 355 页。

未找到。怎么办呢？只能进一步前往建筑深处，比如建筑顶棚里的天花板内，查看一下了。

只做了表面刷新的东大殿，天花板里完全没有清理。那上面几百年来，早已成为蝙蝠的家园。就在脊檩四周，居住着上千只，密密麻麻地趴在天花板上，像面包上面的一层鱼子酱，根本看不到木构件上面可能标明的年代。除了蝙蝠，它们身上寄生的臭虫更是多如牛毛。梁林站在拥挤的天花板上面，几个世纪积淀下来的尘土，厚重得没过脚踝。

他们即使戴着厚厚的口罩，但我仍然怀疑，正是因为在扬起的灰尘中进行了几天的工作，引起了年底从北平前往昆明途中林徽因爆发的肺病。

他们在一片漆黑与恶臭的环境下，借手电光进行测绘和拍摄。每隔几个小时，他们必须钻出檐下呼吸新鲜空气。无数臭虫钻进了留置天花板上的睡袋及睡袋内的笔记本里。甚至到了晚上，他们睡觉时也被咬得厉害。

尽管如此痛苦，但梁林全队也是颇感快慰。因为心中那个多年来的希望，直觉告诉他们，就快要实现了。就在即将测绘完毕的时候，林徽因忽然跟梁思成说大梁底下好像有字。林徽因是远视眼，这时竟然发挥了奇效。梁先生听说了，赶紧跟着拿望远镜去看，的确有字。

> 在大殿工作的第三天，我的妻子注意到，在一根梁底有非常微弱的墨迹——它蒙尘很厚，模糊难辨。但是这个发现在我们中间就像电光一闪。我们最乐意在梁上或在旁边的碑石上读到建筑的确切年代……此处，高山孤松之间即是伟大的唐代遗构，首次完璧现于世人面前，值得我们仔细研究、特别认识。但是它的年代如何确定？伟大的唐朝自公元618年延续至906年，三百年间各门类文化均得以强盛发展。在这三百年中间，这座生动的古刹始建于哪一年，这个疑问难道过于好奇了吗？[1]

于是，请纪先生到村子里找人，准备搭个架子上去看。此时的山村之中，想找人干活并不容易，架子直到第二天才搭好。但由于被土朱覆盖，字迹还是看不清，纪先生干脆拿沾水的布擦开外边那层颜料。一点一点搬动架子，几个字几个字地擦，土朱底下的字终于显现出来。

> 我的妻子尽心地投入了工作。她把头弯成最难受的姿势，急切地从下面各种角度

---

[1] 梁思成：《华北古建调查报告》，《梁思成全集》第三卷，第357~359页。

审视着这些梁。费力地试了几次以后，她读出了一些不确切的人名，附带有唐代的冗长官衔。但是最重要的名字位于最右边一根梁上，只能读出一部分："佛殿主上都送供女弟子宁公遇。"她，一位女性，第一个发现这座最珍贵的中国古刹是由一位女性捐建的，这似乎太不可能是个巧合。当时她担心自己的想象力太活跃，读错了那些难辨的字。她离开大殿，到阶前重新查对立在那里的石经幢。她记得曾看见上面有一列带官衔的名字，与梁上写着的那些有点相仿。她希望能够找到一个确切的名字。于一长串显贵的名字间，她大喜过望地清晰辨认出了同样的一句："女弟佛殿主宁公遇。"[1]

梁底下写的是"右军都尉王　佛殿主女弟子宁公遇"，这明显是出资的供养人名字。但并没有明确的年号，幸运的是就在大殿前，关野贞他们早就看出来的年号大中十一年，同样也有"女弟子宁公遇"的字样。由此可知梁底下那个题名与经幢是一个年代。

随即我们醒悟，寺僧说是"武后"的那个女人，世俗穿戴、谦卑地坐在坛梢的小塑像，正是功德主宁公遇本人！让功德主在佛像下坐于一隅，这种特殊的表现方法常见于敦煌的宗教绘画中。于此发现庙中的立体塑像取同一布置惯例，这喜悦非同小可。[2]

梁思成后来在1947年对外国建筑学家评论道："这些作者都不懂中国建筑的'文法'。他们以外行人的视角描述中国建筑，语焉不详。其中以塞伦较好一点，他运用了《营造法式》，不过并不经心。"[3]这也许就是外国人没有办法写好《中国建筑史》的原因吧。

1945年，梁思成撰文指出："中国建筑的'文法'是怎样的呢？以往所有外人的著述，无一人及此，无一人知道。不知道一种语言的文法而要研究那种语言的文学，当然此路不通。不知道中国建筑的'文法'而研究中国建筑，也是一样的不可能。"[4]此语道出梁思成、林徽因这一代中国学者与外国人之本质区别。

日本的伊东忠太其实早在1905年于奉天（今沈阳）就抄录了文溯阁四库全书中的《营

---

[1]梁思成：《华北古建调查报告》，《梁思成全集》第三卷，第359页。
[2]梁思成：《华北古建调查报告》，《梁思成全集》第三卷，第359页。
[3]［美］费慰梅著，成寒译：《林徽因与梁思成》，第37页。
[4]梁思成：《中国建筑之两部"文法课本"》，《建筑是凝动的音乐——梁思成古建筑考察与北京城规划》，华中科技大学出版社2017年版，第133页。

造法式》，还将抄本保存在东京大学工学部建筑学教室里。但他发表的评论是这样的："此数种书，不独解释困难，且无科学的组织，故有隔靴搔痒之憾。"[1]

营造学社六年来不断进行田野调查，不断取得工作进展的同时，也是梁思成对父亲留给他的那本天书《营造法式》的研究和不断通晓的过程。读懂了宋代的古建筑营造的制度，理解了古代建筑的"文法"，对建筑实物的构造年代及其设计思想，才可以做出基于建筑学科的专业论证。

从建造的历史上看，佛光寺是早在北魏孝文帝时期就在这里创建起的一座寺院。这从东大殿边上北魏风格的祖师塔就能看出一些迹象。到唐朝初年，法兴禅师在东大殿现在的位置，建起来了高达三十二米的弥勒大阁，这时的佛光寺僧徒众多，声名远播。莫高窟的五台山图中大佛光之寺，就是这个时期的辉煌场景再现。据说当年寺院之大，一个小和尚从大雄宝殿跑去山门，要骑马前往。

会昌五年，唐武宗大举灭佛，佛光寺这么大名气是躲不过去的，只剩下砖石建造的祖师塔留了下来。一直到公元 857 年，佛光寺在长安女施主宁公遇的出资下完成重建。而宁公遇不仅在五台山出资建庙，在敦煌石窟供养人的名单中也有她的名字，那么这位宁公遇到底是何方神圣？怎会如此有钱？

查遍《旧唐书》《新唐书》等史料，也很难找到她的名字，线索只能还是从那条写着她的大梁题记里寻找了。在她的名字前面，还有几个字"右军都尉王"，这显然是一个官职，而只有王这个姓，并没有其全名。既然东大殿建造年代很清楚，一查当时的朝廷里的右军都尉就知道。

右军都尉是皇帝的左右御林军之一右军的司令。唐朝在第九位皇帝李适之后，开始启用宦官担任御林军的都尉，为了避免宦官一家独大，还特意分立了左右军。可是，制度设计得合理不如执行者会应对。到了后来，宦官王守澄一人独占两军都尉，且通过武力参与皇帝继位人选的定夺。实际上，就等于谁当皇帝是他说了算。他不但活跃于唐宪宗、穆宗、敬宗和文宗四朝，还直接参与了其中三位皇帝的确立。一直到公元 835 年，才被翅膀硬了的文宗赐鸩酒毒死。

在唐中晚期担任过右军都尉的大宦官里，只有他一个姓王的。公元 857 年，是王守澄被赐死后 22 年。宁公遇在捐款建佛寺供养时，依然要写上他的名号，一定跟他关系不浅。

---

[1]［日］伊东忠太著，陈清泉译补：《中国建筑史》，商务印书馆 1984 年版，第 7 页。

甚至，宁公遇的供养经费，很可能就是王守澄传给她的。有人说唐代宦官有在家养小老婆的惯例，宁公遇又来自长安，可能就是王守澄的小老婆。按大殿内宁公遇的塑像上写实样子来看，建造大殿时，宁公遇年纪应该也就是在三四十岁的样子。22 年前，她应该就是十来岁的女孩。可能是刚刚做了王守澄的小老婆或者干闺女，王守澄就死了，并把家产留给她。宁公遇笃信佛教，各地捐款供养也许就是希望通过这样的方式积德，来减轻王守澄一生积累下来的罪恶吧。

别看梁思成先生描述的佛光寺那么美好，但其实刚走到佛光寺的外部时，只是非常普通的山西山区农村的平淡场景。不知道当年梁思成先生走到这里时，是否开始怀疑——这样的地方能有伟大的唐代建筑吗？

从崎岖的山路一路走上来，在门口看到的是一个大照壁，后面是很小的山门。要不是

● 佛光寺山门

写了佛光寺三个字，谁也不敢相信这里藏着一座雄伟的唐代建筑。进入山门，整个院落树木掩映，直到这时位于前方远处高台之上的东大殿身影，仍然看不太清楚。只能看到殿前高大树木没有挡住的左右两侧的元代鸱吻。

在东大殿的脚下，是一个发券式窑洞的入口。梁先生在讲到太原双塔时，就提出山西到处是这种发券建筑。走到面前我们会发现，这是一个几乎接近 60 度仰角的台阶。我走到这里，依然只能看到台阶，看不见大殿。因为台阶太陡了，一般人都上得非常慢。手脚并用爬着上去是大多数，这很像我们在西藏看到的那些朝圣的虔诚信徒，一路去冈仁波齐，都是用连续磕长头的方式。在东大殿前面，你不想手触地都很难。看来这是在大殿礼拜前的铺垫啊，让我们来朝圣的人，对佛菩萨产生更强烈的崇拜感。

寺院的设计者的心思也好理解。对一个虚拟的崇拜对象，怎么才能让刚接触到宗教的潜在信徒，最快速地相信他们？古代最常见的方法，就是塑造出一个形象。古代中国有陶俑，古代欧洲有大理石的雕像。这种方法，后来在公元一世纪就被中亚贵霜王朝的皇帝利用了，创造出了佛像。自从佛像被创造出来以后，佛教的传播效力就高了很多。随着丝绸之路一路向东，传播到了中国，并且广为流传。甚至佛教一度被称为"像教"，这种造像礼拜的方法，后来被道教等其他宗教学习去了。

所以说，为加强信众对宗教的崇拜感，建筑设计师里里外外运用了多种手段，营造出一个神圣庄严、有强大心理震撼效果的礼佛环境。

站在东大殿面前，由于空间有限，观者登上台阶，就已经距离大殿非常近了。呈现在我们面前的巨大木构建筑，像一座山一样矗立在那里。这时，我们看不到屋顶，满眼里只有一朵一朵硕大的斗栱，像一束束礼花绽放在我们的眼中。

经测量，斗栱断面尺寸为 21×30 厘米，是晚清斗栱断面的十倍。转角铺作那高高扬起的飞檐，探出立柱长达近四米。这是在宋以后的木结构建筑中完全见不到的。由于飞檐太长远，近年来为更好地保护，在大殿两面两个檐角下面，各增加了一根立柱支撑。但好在最壮美的东大殿的前脸，被坚决地完整保留了下来。

殿内如今已经安装了铁栅栏，防止游客接近佛坛上的塑像。异常宽大的中央佛坛上，有三十五尊巨大的彩塑。我们常见到的一张林徽因在佛坛上仰望的照片，可以看出，她娇小的身材还不及大菩萨的腰部高。大殿佛坛上面的最右边，普贤菩萨旁边有一尊坐在台子上的彩塑人物，面相和蔼庄重，尺寸与真人相仿，这就是女施主宁公遇。当年林徽因也曾

● 林徽因站在东大殿佛坛上与菩萨合影　　　● 东大殿和尚彩塑

扶着宁公遇的肩膀跨越千年，两位女性合影留念。

　　大殿佛坛外围左右和后面，有明代塑造的五百罗汉，尺寸稍比真人小一点。可惜在1954年因雨水冲蚀，被倒塌的东大殿后墙压坏了一部分，目前还剩296尊。在大殿的西南角，五百罗汉起手处，塑造了一尊和尚塑像。跟其他罗汉完全不同，也是真人大小，慈祥宁静，应是某一时代寺院的住持。有人说是宁公遇时期，东大殿重建时的住持愿诚和尚，也有人认为是塑造五百罗汉的明代人。

　　东大殿的栱眼壁内，还遗留着一小部分唐代壁画。我们在现场仰着脖子看了多次，其实看不太清楚。今年吴中博物馆展出山西古代艺术，将50年代临摹的这处壁画的复制品展出，我才第一次看清，原来尺寸如此之大，在殿内柱子下面根本无法体会。壁画虽然基本都氧化变黑，但唐韵犹存。

　　东大殿门口，就是那件断代最重要的经幢了。雕工精致的束腰下六边形基座刻有壶门，里面伸出很完整的狮头。虽然个头不大，但依然显出唐代狮子的威风。幢身刻《佛顶尊胜陀罗尼经》在末尾部分出现了"大中十一年"和"女弟子佛殿主宁公遇"的字样。现在为了保护，已经用红色的绳索拦了起来。

调查完佛光寺，营造学社继续北上，准备调查其他晋北的建筑。就在这时，他们从晚了好几天才看到的报纸上，得知了抗日战争全面爆发的消息。

由于"战争已经开始"这个迟到一周的消息，立即打断了我们的调查。我们离开了我们的唐代庙宇，迂回地回到北平，以后又随另一教育机构到了西南。在以后的几年中，山西已成为重要的战场，而唐宇所在的豆村，则从原先的默默无闻一次又一次地出现在报纸上，有时成为日本人进攻五台山的基地，有时成为中国人反攻的目标。战后该唐代建筑还能剩下什么是很成问题的。我不希望我的照片的图纸，竟为它唯一现存的记录。[1]

余秋雨在《中国文脉》中写到甲骨文："就在大地即将沉沦的时刻，甲骨文突然出土，而且很快被读懂，告知天下：何谓文明的年轮，何谓历史的底气，何谓时间的尊严。"[2]

佛光寺东大殿确认唐构之时，也正是中华民族的危急时刻。这片土地即将沦陷于侵略者之手，但文化自信却会像一朵朵斗栱一样，架设起中国人永不坍塌的精神脊梁。

---

[1] 梁思成：《中国最古老的木构建筑》，《梁思成全集》第三卷，第 367 页。
[2] 余秋雨：《中国文脉》，长江文艺出版社 2013 年版，第 45 页。

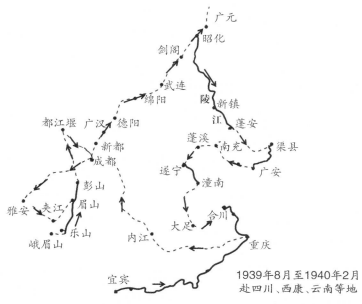

广元
昭化
剑阁
武连
绵阳
新镇
陵
江
蓬安
都江堰 广汉 德阳
新都
成都
蓬溪
南充 渠县
彭山
遂宁
广安
雅安 夹江 眉山
潼南
峨眉山 乐山
内江
大足 合川
宜宾
重庆

1939年8月至1940年2月
赴四川、西康、云南等地

第十八章　成都到梓潼

营　造　学　社　留　下　的　唯　一　痕　迹

全面抗战爆发后，梁思成与林徽因急忙赶回北平。中国营造学社停止了工作，梁林与朱启钤、刘敦桢等将学社的重要资料全部存入天津英资麦加利银行的保险库中。1937 年 9 月，梁思成夫妇带着两个孩子和林徽因的母亲离开北平，经湖南、贵州等地，历时 4 个月，于1938 年 1 月到达云南昆明。

艰难的逃亡途中，林徽因患上了肺炎。从此，她的健康状况时好时坏，田野调查工作很难再参加了，更多时间里，她留在家中帮丈夫查阅典籍、整理资料，分担一部分书籍的编写工作。

到了 1939 年下半年，梁思成患脊椎软组织硬化的身体逐步康复。于是，他同刘敦桢、莫宗江、陈明达等同仁走出云南，来到四川，沿

● 卧龙山千佛岩营造学社题记（陈吉吉　摄）

岷江和嘉陵江、川陕公路的沿线，进行巴蜀地区的田野调查。从 1939 年 8 月至 1940 年 2 月，整整半年时间，营造学社两组人马时分时合，共同调查四川和西康两省 35 个县，前后调查记录拍摄了 700 多处古迹。

他们从昆明先经过重庆来到成都，在成都周边调查。然后向南调查，到雅安、芦山、乐山、彭山回成都，再向北前往新都、广汉、绵阳、梓潼、广元，再折向南至阆中、渠县、潼南、大足，然后回重庆途径宜宾返回昆明。

刘敦桢先生在《川、康古建调查日记》的开篇写道：

8 月 26 日　星期六　晴

本月廿二日，迁居瓦窑村杨荣宅，略事部署，即赴川、黔考察。本日上午八时一刻离寓，敬之携杰儿送至龙头村。八时半，偕致平步行返昆明，十时半入大东门，因购置旅行用品，终日忙碌、毫无暇晷。晚八时，至巡津街社址，与陈、莫二君摒挡行李，是夜宿学社内。

此次赴川，拟先至重庆、成都，然后往川北绵阳、剑阁等处考察。自剑阁再沿嘉陵江南下、经重庆、贵阳返滇。余与思成兄定明日提前出发，陈、莫二生则于廿九日，乘中央信托局之车赶至重庆集合。不意思成左足中指被皮鞋擦破，毒菌侵入，有转血中毒危险。为慎重起见，思成暂缓出发，渠之行李及学社工作用具与照相器材等，由余先携往四川，俟其病愈后，再乘飞机至成都或重庆会合。[1]

这个地区气候湿热，木构古建筑容易腐朽，不利于长期保存。因此巴蜀地区遗存更多的是石质文物，比如汉阙、汉代崖墓、唐宋的摩崖石刻造像等。

在这半年之中，营造学社一共调查近百处古迹，其中一部分也像山西晋汾之旅的那些古迹一样，在过去的百年内因各种原因消失了。

接下来把一些我们去过的比较值得记录的地方介绍给读者。

成都周边的古迹中，新津观音寺是一处非常值得关注的地方，梁先生在《西南建筑图说——四川部分》中写道：

观音寺在县治南二十四里九莲山上。自赵宋创建来，代有修葺。现存门殿十二重，仅明代本构物二座，位于中轴线上。一为天顺六年（公元一四六二年）建造之大雄殿，

[1] 刘敦桢：《川、康古建调查日记》，《刘敦桢文集》第三卷，第 226 页。

一为成化间建造之观音殿，皆西北向，而观音殿位于大雄殿之前。

> 观音殿……内奉释迦三尊，上加花冠，且不知何时殿名易为观音，殊不可解。两侧壁面，有明绘圆觉十二菩萨及诸天像，工整秀丽，备极妍巧，惟风神委琐，无雄厚之概，乃其缺点。

> 大雄殿……明间置成化十八年（公元一四八二年）所塑观音、文殊、普贤三大士像，姿貌英挺，神采奕奕，如霜隼秋高，扶摇下击，明塑中得此，大出意表。其前石灯台及优昙花瓶，亦皆明制，惟左右塑壁乃清人所增。[1]

梁先生对这里的壁画和彩塑都给予了正面的评价。明代距今只有五六百年，因此壁画保存下来的不少。北京的法海寺可能是名气最大的，但在山西和四川也还有较多的遗存。营造学社川康调查中考察过的就有新津观音寺、广汉龙居寺、剑阁觉苑寺、莲溪宝梵寺等处。

新津观音寺的壁画绘制于明宪宗成化四年（1468 年），内容包括十二圆觉菩萨、二十四诸天还有十三位供养人。壁画运用工笔重彩的画法，以石青、朱砂、黄丹、生漆、佛金和珍珠粉彩绘而成。这些菩萨整体比例匀称，面庞圆润饱满，凤眼低垂，上身穿短袖天衣，佩戴豪华的璎珞；下身穿飘逸的长裙，用平行的曲线绘制出薄纱轻柔的质感。在艺术水平上，是比较接近北京法海寺这堂明代壁画之冠的。法海寺壁画由于是皇族出资，太监监制，集中了当时明朝宫廷最高水平的画师历时 5 年精心绘制而成。其预算无上限，完全是按照画师工作时间来计算报酬，这给壁画的绘制提供了广阔的空间，使之最终呈现出明代的巅峰水准。观音寺在遥远的成都，投资上肯定远不如法海寺，水平接近已是十分难得。另外，这堂壁画保存在比较潮湿的环境中，更为不易。究其原因，主要是因为毗卢殿墙壁上有一层竹批编制的透气层，在其上再上胶挂白灰，灰中添加了棉麻细丝，既防潮又结实，才使得这一堂精美壁画较好地保存到今天。

观音寺壁画的画功如此之好，是因为这是当年蜀王从北京请宫廷的匠人来新津监工绘制的。据观音寺一块明代石碑记载，当年观音寺的碧峰禅师与蜀王关系密切，经常来往于蜀王府中，圆寂之后，观音寺后续的住持，仍然与蜀王家族保持着良好的关系。1980 年，观音寺维修围墙时发现了北京御用监匠奉旨监工的字样，更是有力地证明了这一点。

仅能请到工匠恐怕还不足以完成壁画工程，经费也是必不可少的。毗卢殿大门右边的圆觉菩萨和文殊菩萨之间，有一方题记记载："四川新津县太平乡绘壁信士郑宏，同缘郑氏五男、郑希仁、郑希道，泊家眷等捐赀绘画圆觉菩萨紧那娑迦尊天一壁，伏愿夫妇修因

---

［1］梁思成：《西南建筑图说——四川部分》，《梁思成全集》第三卷，第 172~174 页。

● 新津观音寺壁画（李砚　摄）

有素善业洪深者。成化四年吉旦题。"题记不但明确地给出了壁画绘制时间，更重要的是记录了圆觉菩萨及紧那罗和娑迦尊天这几幅画，是一位来自太平乡的郑家出资的。看来其他部分也很可能有人出钱，是一项众筹的工程。

除了壁画，观音寺还有一个看点是明代彩塑。主殿大雄殿，建于明成化五年（1469年），面阔五间，进深十架椽。成化十八年增塑了一组彩塑，观音、文殊、普贤三大士像及周边的五百罗汉。在三大士背后，一般塑造倒坐观音的位置，这里用悬塑的形式，塑造了一幅渡海观音的全景高浮塑。正中间是观音手持净瓶，站立在一只鳌鱼之上，在波涛汹涌的普陀山海中冲浪。背景上左侧是普贤菩萨道场峨眉山，中间塑普陀山，右侧则是文殊菩萨道场五台山。三座山、一片海，静中有动，动中有静，观音菩萨神态庄重，衣纹随风向左侧飘荡，而海浪则向四周翻滚，线条流畅，极富动感。

● 新津观音寺壁画（李砚 摄）

观音圣像下的石台上有这样的题记："新津县太平桥西街居奉佛喜舍信士江志先、同缘信女唐氏妙金、男江镒、次男五儿、男妇杜氏、孙男黑儿一家眷等，谨发诚心，捐资塑妆大慈大悲救苦救难观世音菩萨一尊、佛堂一座、栋柱二根。专祈家门清吉，子嗣繁昌者。时维皇明成化纪年丁酉春在正月吉旦书。"成化丁酉年为1477年，距三大士最后完工的1486还有9年，看来整个彩塑工程比壁画绘制要费时间得多了。

梁思成和刘敦桢两位先生带领其他组员，沿着川陕公路向北前行。从成都到绵阳，中间路过广汉。现在广汉最有名的是三星堆，当年梁先生调查了广汉龙居寺中殿。我们去时，只看到了明代建筑的外观。大殿并不开放，内部的壁画无从看到。从门口展板上仅有的两张老照片上看，水平远不及观音寺。

营造学社在绵阳测绘了著名的平阳府君阙，之后由绵阳继续向北，沿着今天的 108 国道（前身就是川陕公路），过了七曲山大庙后，在武连镇附近调查了觉苑寺。这里的明代壁画也非常有名。

与观音寺的大体量菩萨这种尊像画题材不同，觉苑寺画的是佛教故事画。大殿内高 3.5 米的四面墙壁上，用了 170 多平方米，绘满了 209 幅连续的故事情节。整体上是按照《释氏源流》一书进行绘制的，讲述了从佛教创始人释迦牟尼转世、出生开始的一系列佛教故事，包括他涅槃之后，佛教在印度及流传到中国的故事。每一幅图画都有四字榜题，绘制时间是明代的天顺初年（1457 年），是由寺院住持僧人净智和他徒弟道芳等人，在民间募资重建的殿宇，新塑了佛像，新绘了明代开始流行的以这本书为内容的壁画。

《释氏源流》这本书，共四卷，每卷一百个故事，在佛教创始人乔达摩悉达多一生的故事基础上，增加了不少佛教在中国传播的内容，并且极力将儒教、道教纳入佛教的体系，有一种在明朝的社会上与另外两家争夺市场的意思。觉苑寺壁画，受整体面积大小的限制，不可能把 400 个故事都画上，于是从中精选了 209 个。

画面的故事，我们就不逐一介绍了。在现场，我们用灯光照明，一幅一幅看过来，很多位置，实在太高，肉眼看不清楚。再加上壁画表面使用的颜料有大量贴金，反光严重，即使用了望远镜，高处的角度和光线也实在难以看仔细，只能看看两米以下的部分，画中很多动物形象比较生动，造型洗练，结构精确，线条遒劲，而人物造型则是清秀颀长、窈

● 武连觉苑寺壁画

窕俊逸，总的来说，画工还是相当不错的。

壁画的末尾，描绘了六个人物形象，分别是两位僧人、三位官吏和一位侍从。僧人就是净智和道芳，其余是供养人。有专家考证发现，壁画最后两铺，计三十多幅都留有捐款者的一些信息。猜测是大殿壁画绘制到最后阶段，预算不足，被迫停工过一阵。之后，寺僧继续募捐，百姓则有钱出钱，没钱捐牛羊换钱，再支付给画工工资继续画下去。今天的很多电影也是这样，前期预算花完了，还没完工，只能再找投资，所以，电影导演很重要，制片人也重要。

虽然起源于印度，但佛教故事进入中国以后，除了人物名称还是印度的，壁画上的人物在相貌、服饰、交通工具，包括居住的建筑、使用的器皿等方面，都是中国式样。毕竟由中国明代的匠人所绘，内容非常丰富，因此这些壁画为我们保留下来非常多的明代社会图像。

另有一处壁画，名气也非常之大，乃是蓬溪县的宝梵寺。这里的壁画，被当地人称为"仙画"。据史料记载，明成化二年（1466年），宝梵寺僧清澄和净元等人请来画工，在大雄殿绘制十二铺大画。类似观音寺的尊像画，但主角不是菩萨，而是罗汉。题材取自玄奘所译的《大阿罗汉难提蜜多罗所说法住记》，描述诸罗汉及众仙佛共赴佛会的故事。十二铺壁画现仅存十铺，卷首和卷尾两铺现已无存。

现存的十铺壁画中，尤以《地藏说法图》最为精妙。只见这一铺中造像11尊，正中间的主尊地藏菩萨正在讲经说法，左右两位罗汉表情生动，好似在心里想到了什么，偷偷微笑。伏虎罗汉不好好听讲，在一旁撸自己的小老虎。最精彩的则是下方的缝衣服罗汉，只见他右手拿针，左手托着袈裟，正在补补丁，侧目收针，咬断线头。惟妙惟肖的姿态和纤毫毕见的针线活儿，足见匠师观察生活的细致。这样的世俗题材，在早期佛教壁画中，很少能

● 觉苑寺供养人壁画

● 觉苑寺壁画《阿难索乳》

● 蓬溪宝梵寺壁画

见到。经过了宋代的人文理性的回归，到了明代，宗教题材就更加接地气了。观音寺由于是皇家工匠监理，画得一丝不苟，庄严殊胜。觉苑寺是民间工匠绘制，就充满民间气象了。宝梵寺画工了得，看起来应该比普通民间工匠水平要高，但毕竟与官家无关，因此世俗性极强，正好凸显了时代特征和工匠的技巧。

在1936年，也就是营造学社川康调查之前3年，这幅画就被收入《中国美术史》。另外九铺：《议赴法会》《雷音供奉》《达摩朝贡》《准提接引》《南天仙子》《长眉问难》《罗汉聆经》（一、二）《功德圆满》等，均为匠心独运、妙趣横生的精品。

宝梵寺的壁画虽说是明代工匠所绘，风格却是追求唐代吴道子的笔意，因而民间传闻成唐代画圣吴道子显灵所作，被叫做"仙画"。来宝梵寺，除了看大雄殿的壁画外，别错过观音殿。这里陈列着从附近的定静寺迁移的明景泰二年（1451年）的壁画《诸天朝贡》共四铺，值得看看。

成都以南，营造学社走访了雅安和芦山等处，那时它们被划归西康省，因此才有了《川、康古建调查日记》中的"康"。

自古蜀以来，广大的成都平原，一直都叫巴蜀或川，所以要简单回顾一下"康"的来龙去脉。

雅安的明德中学旧址内，陈列着"西康省博物馆"的内容。我们到雅安走访高颐阙时，路过此地，了解了一下西康省的由来。原来，这个省正好设立于梁先生他们开始前往的这一年——1939年。西康省管辖范围包括如今的四川甘孜州、凉山州、攀枝花市、雅安市及西藏自治区昌都市、林芝市。《康定情歌》的康定，就是这里的省会。西康省是从内地进藏的重要通道，它的成立主要是针对清末以来西方国家预谋分裂中国的企图，巩固国防，支持抗日。

营造学社在西康调查了不少古迹，高颐阙在后面一章专门讲汉阙时再介绍，下面挑一处夹江千佛崖说说。

通常去成都，人们往往都会去不远的乐山，看看世界文化遗产乐山大佛，却容易忽略夹江千佛崖。在营造学社当年的记录中，夹江千佛崖记录的内容比乐山大佛还多。

"寺前巉崖壁立，下临湍流，沿崖有摩崖造像多处，惜石质脆弱，大部剥蚀，唯弥勒坐像及左右仁王较完整耳。弥勒像垂双足坐，足踏莲座，乃唐开元初僧海通所造……民国十四年，杨森部队炮轰像之面部，嗣虽墁补，神态迥异，亦我国佛教艺术之一重大损失也。"[1] 这是《西南建筑图说——四川部分》之中，梁思成先生对乐山大佛的记录。能看得出来，其实一直到1925年之前，乐山大佛的脸还是老的。然而在内战之中，部队的炮弹偏偏击中了大佛的头部，之后虽然补了，

● 夹江千佛崖

[1] 梁思成：《西南建筑图说——四川部分》，《梁思成全集》第三卷，第154页。

但变成现在这个样子，不好看了。

夹江千佛崖虽然单体造像的个头远不及世界第一的乐山大佛，但开凿更早，数量众多，保存也还要更好一些。夹江这个名字，往往被说成是因被青衣江和大渡河夹在中间而得名。实际上，现在的大渡河与青衣江的交汇处，在乐山市区的水口镇，离夹江县还有 20 多公里远。千佛崖便只在青衣江的东北方的岸边，现在与东风堰组合成为一个大景区。

景区开发得很大，车只能停在停车场，然后步行前往千佛崖。穿过牌坊眼前是一条仿古的老街，跟全国各地的老街差不太多，有些小卖铺因为疫情紧闭大门，只有个别小饭馆开着。老街越走越窄，大约走了十分钟，来到千佛崖的门口，眼前就是一组摩崖造像，几尊菩萨站立在崖壁上，像是在静静地等候着礼佛信众们。

转过弯来，一条长长的江边栈道就像一幅画卷展开，左侧是青青的江水，右侧则是一龛龛密布在山崖之上的佛像，中间的陡坡被古代工匠雕刻出了一级级的台阶。

夹江千佛崖目前还保存有近一百五十个像龛。有单体的尊像，弥勒佛、阿弥陀佛、观音菩萨、地藏佛和毗沙门天王等。还有佛教的经变造像，以圆雕或者高浮雕的形式凿出净土变、维摩诘经变、华严经变、药师经变等。当然还有一些道教窟龛，里面的人物，一看发型头冠和服装便不是佛教人物。低矮的区域比较容易被人碰到的位置，毁坏得比较严重，但高于 2 米以上的部分，保存还算不错，是川南难得的唐代摩崖造像遗迹。

而沿岸边再往前走不远，过了摩崖区，便是一处世界灌溉工程遗产——东风堰。它是一座以农业灌溉为主、兼有城市防洪及人民生活供水功能的水利工程。它并没有都江堰开凿得那么久远，是清康熙元年（1662 年）建设的，沿用至今，已有 360 多年的历史，是我国传统无坝引水灌溉工程的典范。

从西康省回到成都，营造学社就从成都一路向北，先到绵阳调查，然后路过梓潼县去广元，在梓潼，他们也发现一处唐代石窟。这里必须提一下，就是难得留下了当年营造学社调查时的题记真迹。这也算是我翻阅资料，发现营造学社田野调查两千多处古迹中，唯一的留下了痕迹的地方。这便是卧龙山千佛岩。

刘敦桢先生的《川、康古建调查日记》中记录：

11 月 26 日　星期日　阴

上午九时至县政府，晤谢闰田秘书，承示县西二十公里卧龙山千佛崖，有唐贞观八年（公元 634 年）石窟一处，又东南二十二公里玛瑙寺，创于元，大殿壁画题明正统等字，喜甚。十一时分组调查，思成偕宗江赴卧龙山，余与明达考察附近建筑，以节约时间。[1]

离导航点还有几百米时，道路实在无法前行了，我们一行人下车步行前往。沿石子路绕过一个弯，就看到前面有一座诸葛古庙。大门开着，并无人看守。大殿中有一块巨石，这便是千佛岩了。有人说千佛岩、千佛洞、千佛崖，是因为上面雕刻的佛多，超过千尊，因此得名。实际上并非如此，"千佛"是中国古代形容佛很多的一个常用词，主要是指主尊背景装饰一大片小尺寸的佛像。数量不一定是多少，但密密麻麻显得颇具规模。

卧龙山千佛岩现存三个洞窟、40 余龛，大小佛像 368 躯。除一龛是明末凿刻的以外，其余均镌刻于唐贞观八年（634 年）。其中最西边一龛是"西方三圣"，雕刻着阿弥陀佛并五十二菩萨，这是巴蜀一带唐代比较流行的题材。而卧龙山这组则是巴蜀范围内这个题材最早的一龛，算是源头了。东龛雕一尊倚坐的弥勒佛及弟子、胁侍菩萨。北龛内雕一坐佛、菩萨、弟子，除此之外还有供养人和力士像，群像身后浮雕天龙八部。

巨石外边的诸葛古庙，实际上是清末修建的歇山式木构建筑，很好地保护佛龛造像。传说三国时期，诸葛亮曾经在这座山上屯兵，此山才叫"卧龙山"。关于诸葛亮的传说实在太多，光是他躬耕之地，就有两处在抢，这也足以说明他在民间的影响力。

营造学社在巨石正面，空白处，用墨笔书写着三行留言："中国营造学社……/ 梓潼县第二……/ 民国二十八年……"每行后半段已经漫漶不清。就在他们题记的上边，石头上雕刻一块牌子，上面写道："民二八年十二月二日纪念：中央古物保管委员会示：保护古物—严禁重妆。"

上面提到的这个"中央古物保管委员会"，是中华民国时期设立的文物管理机构。1928 年成立，进行了多项有关古建筑、古墓葬、古遗址的调查，发表了多种具有一定学术价值的报告。全面抗战开始后，该会工作即告结束。虽然营造学社的文章中，并未提到两处题记的关联，但从时间上看，仅相距七天。走访此地前，梁先生刘先生一行人拜访过地方县政府秘书，很可能是梁先生在离开后，特意跟当地提及文物保护的事情。虽然此时中央古物保管委员会已经基本不再工作，而梁先生他们的营造学社也已经由中央研究院直接管理并拨款，但是关于保护文物这个事，用"古物保管委员会"的名义敦促，还是更有说服力的。要指出的是，虽然当年他们就注意到四川石窟的当地百姓重新妆彩的问题，并且非常反对。但这个问题后来一直存在，直到当今。

---

[1] 刘敦桢：《川、康古建调查日记》，《刘敦桢文集》第三卷，第 272 页。

第十九章　广元和阆中

被 炸 毁 一 半 的 千 佛 崖

● 广元千佛崖前的蜀道

　　川陕公路，是四川北进陕西的道路。自古蜀道难，难于上青天，而富庶的巴蜀和都城长安之间，隔着秦岭，必须有路才行。从秦国征服巴蜀开始，这里就逐渐在修通道路。不过，一直到民国初期，古蜀道还都是非常原始的栈道和石子路。1934 年，蒋介石下令在川、黔、湘、鄂、陕修建联络公路。其中，川陕公路始于四川省绵阳市梓潼县文昌镇，经过陕西省汉中市宁强县、勉县、汉台区、留坝县，最终连接成都和西安。

1936 年闹灾，粮食不够吃，在广元修建道路的工人，竟多有饿死者。民众不满民国政府"义务征工"修路，起而抗争，但到 1937 年 2 月，川陕公路最终还是通车了。就在广元这关键的一段路上，为了修路，还炸毁了半座千年的佛教圣迹——千佛崖。

1939 年 12 月 4 日，梁思成与刘敦桢一行人来到广元时，公路已开通了两年多，交通状况的确大为改观。川陕公路有很多路段就在嘉陵江岸边，因为江河的岸边适合通行，修路的成本最低，也是古人的重点生活区域，所以，营造学社想调查的古迹，也多半位于这些地方。

刘敦桢先生的《川康古建调查日记》：

> 12 月 6 日　星期三　阴
>
> 九时半出西门，渡河，沿公路北行约半公里，访皇泽寺……现仅存门殿三重，规制甚陋。近修公路，复贯通南北，划寺为二，藩篱尽失，厥状凄凉。但寺后石壁上，有唐代摩崖，甚精美。其主龛位于寺中轴线上，东向偏北 6°，镌佛及阿难、迦叶与菩萨二，金刚二，旁刻一小吏合十仰面跪一足，神态若生，恐系供养人之属。以上雕像，的系盛唐作品。附近小龛十余，罗列左右。下一石像，着道装，传为则天之像，自寺中移置此者。距主龛南五十米处，另有一窟，平面长方，三面刻有佛像。中央施方形塔柱，雕栏楯数层及小墓塔。据上部题记，有宋庆历、明景泰、清康熙多处，盖此窟屡经装修……午后二时，返城午膳。[1]

我们看百年前的老照片，皇泽寺的最大佛龛就暴露在山崖之上，并无如今的阁楼保护。其下还有则天殿、小南海、望江亭、五佛亭、写心经洞等，但规模都不大。梁先生一行人在皇泽寺大约只停留了一上午的时间。

皇泽寺的摩崖造像始凿于南北朝，之后的隋、唐都有持续开凿，至中唐时期逐渐衰落。现存造像 57 个窟龛、大小造像 1200 多尊。最早的一窟，是位于则天殿之上大佛楼左侧的 45 号中心柱窟，在四川地区都非常少见。此窟深 2.76 米，宽 2.6 米，窟室平面基本是个正方形，正中间雕刻着不太粗的立方石柱，由窟底直通窟顶，南北西三壁各开一大龛两小龛。

---

[1] 刘敦桢：《川、康古建调查日记》，《刘敦桢文集》第三卷，第 278~280 页。

广元皇泽寺大佛阁

壁龛内雕刻高浮雕的一佛二弟子二菩萨，佛像均身躯颀长，菩萨则面颊丰润，衣饰简洁。三壁上部有薄浮雕的千佛。尤其是龛楣上的飞天，明显跟龙门的比较接近，是南北朝时期的特征，而不是隋唐时代的样貌。至于佛像面容，看起来并不带有南北朝时期风格，据分析认为是后世补刻上去的。

作为三壁三龛中的主尊，应当是一个中心塔柱洞窟的主角才对。我们之前见过的所有洞窟，开凿完大形之后，主尊都是首先要设计并开凿的部分。而这个洞窟配角是早期特征，主尊反而要晚，我个人对它的时代性，十分怀疑。但此窟开凿时间，应该至少在初唐及以前，因此皇泽寺是因为武则天从政才进行开凿，这个说法肯定是站不住脚了。梁思成在《西南建筑图说——四川部分》一文中也写道：

> 《县志》载武士彟尝为利州都督，生武曌于此。其后曌秉政，建寺以修其报，故名皇泽。然考曌以太宗贞观十一年入宫，时年十四；太宗崩，削发为尼，居感业寺，高宗幸寺悦之，复入宫。永徽六年，立为皇后；其预政擅权，则在显庆以后，而寺前摩崖《心经》一卷，署贞观五年。是寺已前有非曌所创明矣。[1]

之所以县志会有这样的说法，恐怕是跟皇泽寺最大的一龛造像，即大佛窟 28 号窟，特别宏伟且富有皇家气象有关。此窟最初是隋文帝第四子蜀王杨秀所开，但由于工程量巨大，等完成时已经改朝换代了。大佛窟的地面形状为马蹄形，上方呈穹隆顶式，里面刻画了一佛二弟子二菩萨二力士一共七尊接近圆雕的造像。

从 45 窟向上走，就来到大佛窟。刚刚登上台阶，七尊巨大的石雕像扑面而来。的确有一种庄重威严的皇家气象，震慑得我不禁睁大双眼，仔细观瞧。只见主尊释迦牟尼，高约 6 米，直立于莲台之上，左手曲举胸前，右手施无畏印，手指粗壮孔武有力。大佛手指间，还雕刻有佛祖三十二相之一的掌蹼，就是类似鸭掌上的鸭蹼。这样的刻画，在原本厚重的手掌上，增添了轻薄的修饰，通过视觉反差，避免了臃肿的观感。大佛身材雄健魁伟，面容圆中带方，脸上的肌肉微向下坠，显示出傲人的距离感。而在衣纹处理上，工匠通过雕刻出一条条凸起的棱线，表现衣料的厚重高级，又具有强烈的韵律感，使得大佛身体也显得不那么胖了，在每个细节处都体现着皇家水准。

主佛左右侍立迦叶、阿难二弟子，与大佛同样的器宇轩昂。外侧观音、大势至二位胁

---

[1] 梁思成：《西南建筑图说——四川部分》，《梁思成全集》第三卷，第 209 页。

侍菩萨，面部线条也远多于前期的北朝和后来的宋。在整堂雕塑之中，工匠追求人物气质的统一，让我们看起来初唐的菩萨也显得不那么慈祥，反而跟大佛一样有些严肃和高高在上的傲人之气了。两尊左右护法力士的造像，可能是因为最靠外，没有得到山体的保护，风雨剥蚀最为严重，如今已面目难辨，但所见一肢一臂，仍然雄姿英发，形态不凡。

此窟大佛脚下，刻有一身小型的供养人像。他身着官服，头戴唐制双翅官帽，双手合掌单腿跪在佛前虔诚地祷告，看起来卑微而又渺小。有人认为他可能是被废的唐中宗李显，也有人说是章怀太子李贤。

大佛和弟子的背后窟壁上，浮雕刻有"天龙八部"，在变化多端的彩云中若隐若现，十分生动。天龙八部简单说就是佛教护法天神当中的八个部队。分别是天众和龙众、夜叉、乾闼婆、阿修罗、迦楼罗、紧那罗、摩候罗迦。因为八部太多，天部龙部地位最高，就简称为天龙八部了。

目前常见的石窟中最早出现的天龙八部，在麦积山第四窟俗名散花楼的北周大窟。在

● 广元千佛崖

它的七个大龛两侧的立柱上，塑造着天龙八部。虽然经过宋代补塑，有的已经变样了，但还有些戴兽头帽的，能看出一点端倪。到唐代以后，天龙八部流行开来，从天水向南翻过秦岭传到了四川。从川北的广元到巴中、通江一带，一直绵延到川西南、川东南各地的石窟。不过千篇一律都是在主尊背后畏畏缩缩地拥挤着八个非人非兽的怪物，基本上都在佛弟子等主角背景上做装饰。

大佛窟规模宏大，布局合理，造像精美，是皇泽寺规模最大、内容最丰富、雕刻技艺最精湛的洞窟，也是我国初唐时期佛教造像艺术的典型代表。

皇泽寺跟武家有关的证据在大佛楼下面写《心经》的洞。景区进门后右首边，有一块倾斜在地面上，好像从什么地方掉落下来的巨石。巨石的北、东、南三面分布着19个像龛，东面主要雕刻经幢和六道轮回的内容；南面编号为12号、13号的洞窟，于贞观二年（628年）雕刻着利州刺史颜真卿手书的《心经》。当时武则天父亲武士彟是这里的都督，颜真卿做刺史。就在《心经》旁边，武士彟及其夫人杨氏出资开窟造像，为家人祈福。难得的是在此窟壁靠外的地方留有《武氏夫妇礼佛图》一组和相关文字题记。西面的造像原来一直被土掩埋，到2005年春在基建时发现这面也有造像。主要内容是三世佛及释迦、多宝佛等题材。

第二天，营造学社一行人，前往千佛崖。这里的规模就比皇泽寺大多了，尽管修路炸掉了一半。

12月7日　星期四　阴

九时出北门，沿公路北行约三公里，调查千佛崖石刻。其地位于嘉陵江东岸，石壁耸立，下临清流。自南亘北约半公里，皆凿佛龛，现因修公路，毁去一部。登崖石级亦被凿去，致无法攀登崖上最大之龛，不胜遗憾。兹就考察所及，择要记述于后：

（1）千佛崖摩崖，虽大部成于盛唐，但有一龛，姿态衣纹，似北魏晚期作品。

（2）唐代摩崖中最特别者，即石窟中央，开凿主像，或坐或卧，其后雕树木一行，若屏风然，是否由塔柱演变而成，则尚难遽定，但为他处所未有。

（3）窟面浮雕题材，虽不脱佛典中生老病死诸事，但图内点缀山水人物，为研究当时艺术及风俗习惯绝妙之史料。

（4）龛与窟内，除佛像及佛迹图外，每雕施主之像（甚小），亦为此间特有作风。

（5）铭刻中可辨者，有中和二年（公元882年）及乾德五年（公元967年）重装佛像记二种，足证摩崖年代，一部成于中唐以前。惜石壁陡峭，磴道凿毁，故本日涉

● 广元千佛崖

猎所及，尚不足全数四分之一，不能确定论断耳。

　　下午二时返城午餐。三时往县政府，请保护千佛岩石刻，因闻公路仍需南展六米故也。[1]

炸毁了一半的千佛崖，即使是仅剩一半，依然是四川省境内规模最大的一处摩崖造像。在 50 米左右高的峭壁上，上下大概有超过十层的大大小小、密密麻麻的窟龛，在山上排布得满满当当，几乎把所有的空间都占据了。据清咸丰四年（1854 年）石刻题记，全崖的佛像共计一万七千余尊。而现存的还剩造像 7000 多尊，可见大半被炸毁了。营造学社受到当时登崖栈道悉数被毁的影响，只能在一层观看，高处的无法登临。因此，大概盘桓了半天就走了。他们听说这里公路仍要扩建，担心进一步毁坏石窟，因此到县政府找人，请求保护文物。

　　广元千佛崖从左右排布上，以现存这 400 多米的正中间大云洞为轴，南北可以分成两段。南段主要是大佛洞、莲花洞、牟尼洞、千佛洞、睡佛龛、多宝佛窟、如意轮观音等窟龛；

[1] 刘敦桢：《川、康古建调查日记》，《刘敦桢文集》第三卷，第 280 页。

北段主要是三世佛窟、无忧花树佛、弥勒佛窟、三身佛龛、菩提像窟、卢舍那佛龛等。

从千佛崖南段的大佛洞和三圣龛的佛像的面貌特征看，很有南北朝时期造像的风格。广元这里属于南朝和北朝的交界处，也是被北魏、南梁反复争夺的地方。它曾经被南齐、北魏、南梁、西魏交替统治。在不到百年的时间里，广元的地名不断改变，从东晋寿郡到西晋益州再到黎州最后到西魏的利州，在拉锯战中不断改名，一直持续到元代初年，才改成现在的广元。

千佛崖里让人印象最深刻的是"大云洞"。它高 3.8 米，宽 3.6 米，深 10.6 米，共有造像 234 尊。一听"大云"这个名字，就知道这是武周时期的时代标志。公元 690 年洛阳白马寺的和尚薛怀义，组织人撰写了一部《大云经疏》，称武则天是弥勒佛降生。武曌利用这一说法，登基成了中国历史上唯一的一位女皇帝。于是乎，全国各地纷纷建起"大云寺"，而在她出生的地方，广元千佛崖也凿刻出了规模甚大的"大云洞"，把她的化身弥勒佛供奉在山崖之上。洞里雕凿的这尊弥勒立像的后壁龛中有二圣像，便是李治和武则天。按中国传统应男左女右，而该二圣的排列是女左男右，佛龛男高女低，体现了设计者不言而喻的心思。

大云洞右侧三圣龛窟中有南朝梁天成元年（555 年）的文字

● 千佛崖大云古洞

题记，窟中三龛造像，面相古朴，衣饰典雅，与大佛洞的造像相似，同样属于广元千佛崖最早的造像。旁边还有一个武周时期的"莲花洞"比较有意思，这里供奉着三世佛，而正中这尊是弥勒佛。莲花洞是因为藻井的正中刻有一朵直径 1.2 米的莲花而得名。莲花周围的牡丹是宋代人绘制的，两层莲瓣浮雕得非常漂亮，而中间的莲蓬却绘成八卦太极图。我们都知道莲花是佛教的常见花卉，佛教里常见的五树六花中第一位就是莲花。但是八卦却是典型的本土道教图案，想来也许是后来有道教的人在这里修炼过，将莲花中间的图案画上了八卦。

莲花洞的东、北、南三壁各雕造一个大龛，内刻一佛二胁侍菩萨，佛像方脸宽肩，身着圆领通肩的大衣，外披袈裟，裸露着右肩，背后有桃形的背光。睡佛龛中，释迦牟尼侧身而卧，神态安详，而身后的众弟子，有的捶胸，有的恸哭、抽泣，各具姿态，表情各异。两端各站立一菩萨。

广元千佛崖景区现在的标志是这尊菩萨。我们看她侧身站立在佛祖的左首边，微微向下低头。身体并不僵直，而是轻轻地形成自然舒适的三道弯曲。很放松地站在那里。嘴角也似有似无地露着淡淡的微笑。这种微笑跟北魏那种有深深的嘴角和酒窝的微笑不同，显得特别矜持，又似乎要保持庄重，这恐怕正是大唐那个时代中，宫廷侍女一种真实样貌的展现。

正是她这样的一种神态和气质，让观者产生深深的感动。我们几个干脆在她洞窟前方的地面上坐下来，面朝西方，远眺滚滚的嘉陵江水滔滔不绝地流向远方。突然一只白色的利剑穿透了对岸的崖壁，飞驰而来。那是新开通的"和谐号"动车组列车，行驶在江边的高架桥上。

● 广元千佛崖唐代菩萨

突然间，我好像明白了为什么
这些佛、菩萨要雕凿在这里。也许
正是古人为了长久地保佑一方土地
上人民的平安，而不惜花费大量力
气开山凿石，建造成了他们心中最
神圣的象征，来护佑着自己的理想。
同时，也通过这些长久的存在，见
证着人类社会的一点点进步。我们
每个人都是这世界的过客，而这些
造像比我们经历了更多的风雨，体

● 金牛道遗址

会了更丰富多彩的世事变化，成为当年创造他、礼拜他的那些人生命的延续。

千佛崖景区门口还保留着一段古蜀道。本来古蜀道中的金牛道，就是从这里通过。川
陕公路，正是以金牛道为基础扩建的。

如今保护文物，开辟景区，公路早就改道了，考古工作又将古蜀道挖掘出来，现在作
为展示项目保存在原址。跟今天的公路相比，古道的坑洼程度简直令人不敢相信，古代车
辆又是用木质的轮子，也没有充气橡胶胎的减震作用，可想而知，即便是秦直道这样在当
年算是平整的道路，天天跑，也很难不把秦始皇的骨头颠散架了。

沿嘉陵江继续向南，西南三十里东岸，还有一处观音岩。这里当年营造学社也有
调研：

12月9日　星期六　阴

九时半，离旅行社，出西门，登船赴苍溪。船上客货甚多，几无纳足之地，乃改
乘他船。十二时三刻解维南下，四时过观音岩，其地属昭化县。河之东岸，有断崖一区，
镌佛龛数十，北端者大部剥蚀，南端诸龛则保存较佳，然尺度甚小，雕刻技艺亦甚平庸。
然亦有二点可注意者：

（1）文殊跨狮，有单独自存一龛者，为他处所未见。

（2）龛外两侧之金刚，短髭上翘，与唐俑同一形式。

据龛侧"天宝十载"铭刻，知仍为盛唐作品。四时半离观音岩，六时抵昭化县城，

泊东门外，凡行三十公里。[1]

此处古迹已经于 2006 年进入国保单位名录，增补在广元千佛崖之中。观音岩石窟西边便是滔滔的江水，如今在江岸和山崖之间，建起了保护性的围墙。好在，围墙虽高，但摩崖造像更高。我们虽没有进入围墙，但站在它外边观看，角度也还正好。这里造像不算多，营造学社调查时也只参观了约半小时。山崖上都是些小型的窟龛，虽然也有个别龛像的供养人是皇室的公主，但并没有大佛阁那样的大型作品。

在南北约 500 米的范围内，现存龛窟 129 个，题记 25 方。最早的开凿时间，根据明确的题记是唐开元初年（713 年），而最晚也就只到大和七年（833 年）。这样看来，观音岩主要部分都是唐代完成。而它之所以叫做观音岩，很可能跟相对中央位置的一尊观音尺寸较大，非常显著有关。来到这里的人们，抬眼都会注意到她。

从 12 月 9 号开始，营造学社一行人从广元沿嘉陵江往东南行。先在苍溪县待了几天，一路上，又看到江边的崖壁上有不少千佛，但规模不大，并未详细考察。于 12 月 14 日来到了阆中。

12 月 15 日 星期五 阴
上午九时访邮政局长熊君。十时至县政府，喻县长公出。午后一时，再往县府，由喻君颖光导观桓侯祠及铁塔寺。
桓侯祠在县府东邻，南向。大门外二铁狮，明万历四十七年（公元 1619 年）铸。门内一楼，（春秋阁？）重檐歇山造。上部斗栱似明万历时物，惟下檐已经清代改修。其后堂殿二重，皆祀桓侯像，后殿以北，古冢隆然，即侯埋骨处也。[2]

这座桓侯祠，其实就是张飞庙。历史上的张飞，于蜀汉章武二年（222 年）被属下所害，死后葬于阆中，谥号为桓侯。如今的张飞庙里还有他的坟冢，规模挺大，上面长起了参天大树。在坟冢后面，有祭祀他的殿宇，里面有他的塑像，前面有几间仿古殿宇，现在是张飞的个人历史展厅。当年营造学社来看到的门口的铁狮子，早就在大炼钢铁时给熔化了，而当时其他建筑基本是明清两代的，并未引起学社考察人员的注意。

[1] 刘敦桢：《川、康古建调查日记》，《刘敦桢文集》第三卷，第 282 页。
[2] 刘敦桢：《川、康古建调查日记》，《刘敦桢文集》第三卷，第 286 页。

● 阆中巴巴寺

　　下午，营造学社一行人去参观了铁塔寺。铁塔，实为一唐代铸铁的陀罗尼经幢。学社对它记录的文字比桓侯祠还多，可惜也在 20 世纪 60 年代被炼钢了。

　　之后，他们来到巴巴寺，这是一座清代建的清真寺。"巴巴"是阿拉伯语"祖师"的意思。巴巴寺如果意译的话，有点像"初祖庵"的意思。作为巴巴寺的核心，久照亭是一个三重檐盝式四脊顶建筑，外观为四方形，室内藻井则是八边形，即所谓"明四暗八"。廊檐门窗上刻着贴金边的双层窗花，镏金镀彩。殿分内外二室，外室锦帘垂掩，匾额高悬，水磨地面铺设丝毯跪垫，供人朝拜。内室是祖师的墓室，穹隆形顶，下面有一个二尺多高的宝鼎形香炉，采用巴蜀地区典型的镂空雕刻，显得十分华丽。整个寺院像一座园林，寺中有林，林中有园，园中有亭。

12 月 16 日　星期六　阴

　　九时半调查观音寺，寺在城东北一公里半，现改中山公园。寺东向微南，据现存碑记，洪武间寺在城内，成化中始迁现址。寺自山门起，有大殿、罗汉殿等三重，规模尚巨，但廊庑全毁，围墙亦失，盖荒废已非一朝一夕矣。寺内古物，仅存明正统铁钟一具，余建筑皆清物。……余与思成返城，调查城内建筑。陈、莫二生则赴城西北部之北岩寺，考察石刻及摩崖。

午后一时半至五时，调查府文庙、县文庙、关岳祠、城隍庙、大象寺及清真寺等处。可记述者，仅柳伯士街清真寺而已。[1]

在川康之行中，这样的情况是常态。营造学社关注的是元代及以前的早期木构建筑，对于明清建筑及摩崖石刻，并不是特别重视。所以，刘敦桢先生的《日记》，细细看来，是有点流水账的感觉。梁思成先生的《图记》中未写明考察日期，仅对文物古迹进行简单的描述，比刘先生的丰富一点。

如今的观音寺，变成了保宁醋博物馆。购票进入，先看到《日记》中的三间大殿。明清时期的建筑，的确无甚亮点。内部已经开辟为展厅，介绍保宁醋的历史脉络。向后走是醋厂的一个模拟车间，里面展示着酿造醋的整个流程。这里味道浓郁，有治疗感冒的效果，不由得想起前些年去太原时，参观东湖醋厂的感受。那次，从晒醋的楼顶走一圈，浓郁的味道从鼻子扎进去，从眼睛里带着泪出来，真叫一个酸爽。

---

[1] 刘敦桢：《川、康古建调查日记》，《刘敦桢文集》第三卷，第 289 页。

第二十章　四川汉阙群

西　风　残　照，　汉　家　陵　阙

　　也许是受了那句"少不入川"的影响，我第一次去四川，已经三十六七岁了。

　　那是 2015 年 1 月 1 日，有个挺火的旅游网站给了我一笔"经费"，让我自己设计一条线路，带上两名"队友"，七八天时间，最终抵达丽江。原本，我的打算是从成都先到雅安，在四川农业大学做一场讲座，然后慢慢自驾过去。谁知同去的一名上海队友虽常年自驾行，但走的都是江浙沪包邮区的高速，没经过川藏线的惊险，就听着导航一个劲儿说："前方有落石……前方容易山体滑坡……"，再看到前面一辆辆大车呼啸而过，吓得连连惊呼："喔唷！喔唷！"那一刻，我突然想起来，他微信的名字叫"简单的车夫"。

● 梁思成测绘汉阙

　　车没到康定，底盘就被石头硌坏了。上海队友很有责任心，自己主动要求负责修车，让我和另一位队友先回成都。于是，我们两个人带着行李，到路对面，没等一刻钟，一辆轿车就停在我们身边，让我们上车。车上两女一男，是同学，从绵阳到康定玩，见我们需要援助，就主动带我们一起。在路上，我们聊起来当年地震，队友的单位恰好支援绵阳，还真是颇有缘分。中途路过一个城镇，我们下去吃饭，点了几个土菜，大碗喝起酒来，两位女士比我们酒量都大，我一会儿就迷糊了，邀请他们到了成都一起下来再喝，他们也同意了，路上开飞快，到了成都高速口，他们把我们送下来，说绵阳单位有事，就不在成都喝了，有缘再见。于是，我和那名队友就在成都找了家酒店，直到"简单的车夫"开着修好的车归来，一同坐飞机去了丽江。

　　那次在四川，也去了不少地方，遗憾的是眉县三苏祠在 2008 年被震坏了，当时还在维修中。由于那次我喝酒太多，再加上水土不服发了烧，所以记忆有些不太清晰，比如汉阙，我确实看到了，但在哪里看到的，竟记不起来，和后来再看到的也对不上。

　　1939 年 12 月 17 日，营造学社离开阆中，沿嘉陵江继续南下，经过南部县和南充县，于 24 日抵达渠县。途中，调查古建多处，但并未有特别精彩之处。之后抵达今天已经被称为中国汉阙之乡的渠县，在这里测绘了整整五天，到 30 日才继续向南前往广安。

　　　　箫声咽，秦娥梦断秦楼月。秦楼月，年年柳色，灞陵伤别。　乐游原上清秋节，咸阳古道音尘绝。音尘绝，西风残照，汉家陵阙。[1]

　　咸阳古道，汉代陵阙是一种标志性建筑。我想每当梁思成先生在读这首词时，都会想起他们在田野调查中，寻找汉阙的场景。前面提到过登封的东汉三阙，川康古建筑调查之中，营造学社发现众多巴蜀的汉阙。

　　国保名录中古建筑前三号都在登封，第四号冯焕阙、第六号沈府君阙则在渠县。它们周边还有赵家村东、西无铭阙，王家坪无铭阙，蒲家湾无铭阙，这些统称为"渠县汉阙"。

　　渠县在四川省的东部，隶属于达州市。它曾是川东北的政治、经济、文化中心。汉代人死后讲究厚葬，巴蜀地区又擅长运用石刻技术来制作建筑，出土的大量的汉代画像石、唐代摩崖造像、宋代墓葬石刻等遗存，无不体现着巴蜀地区古人对石材的偏爱。分布在渠江上游，从县城至岩峰道上的六处汉阙，正是这种背景下的产物。

　　渠县作为全国汉阙最为集中的县，专门为汉阙修建了一座博物馆，规模不小，对汉阙的介绍非常清晰，还有不少高科技的展示项目，来渠县看汉阙，第一站可到这里。

　　巴蜀的阙从性质上说都是墓前阙，这跟登封的庙阙性质不一样，规格要低一些。墓阙主要作用是显示墓主人的身份，为个人及家族传世显威的。在西汉早中期，设置阙的制度很严格。墓主人官位为州刺史、郡太守、郡都尉或者至少是年俸 2000 石以上的官员，墓前才可以立阙，这是身份和地位的象征。但随着时间的推移，到西汉晚期至东汉，制度管理逐渐松懈，很多有钱人也可以立阙来显示自己与众不同，汉阙因此从最初带有浓重的政治

[1] 李白：《忆秦娥》，载《全唐五代词》，中华书局 1999 年版，第 16 页。

色彩演变为世俗的非富即贵。

四川农村，民风淳朴。对这些已经矗立在村中近两千年的石头文物，村里人都是从出生就看着它们，直至死亡。因此，当地居民有着本能的守护意识，再加上近年来对于文物价值的理解，他们一面严格保卫着祖先留下来的宝贝，同时也欢迎外来游客参观访问。我们抵达这里时，所有汉阙都早已安装了围墙和铁栅栏门。不过不用担心，通常情况下只要联系到村委会，他们都会非常热情地为我们打开大门。

在土溪镇赵家村的冯焕阙门口，我向一位路过的老大爷请教钥匙在哪里，他操着一口浓郁的川味普通话告诉我：去村主任家拿，往前三四百米。村主任也习惯于经常有人参观，我敲门找到他请求打开阙门后，他直接把钥匙给我，让我自己去开门。

冯焕阙建造于东汉建光元年（121 年）。阙本来都是成对的，但冯焕阙仅存高 4.38 米的东阙母阙，远观不像石阙，更像一座纪念碑。它由一整块青砂石凿成，从结构上可以分成阙基、阙身、枋子、介石、斗栱和屋顶六个部分，保存完整。正面铭文是"故尚书侍郎河南京令豫州幽州刺史冯使君神道"20 个字。这位墓主人是被写入史书的高官，死后在其家乡建墓立阙是符合礼制的。

阙身的铭文下面浅浮雕着饕餮纹，凶猛威严。最上层是仿木构建筑屋顶形阙顶，雕出双层屋檐，上刻筒瓦。下面四角雕刻出斗栱支撑屋檐，两侧为曲形栱，显示出一斗二升的结构特点，这应该是东汉时代的木构的样子。栱眼之中正面线刻青龙，背后线刻玄武，是汉代简练娴熟的刀法，看似简单，却准确而传神。

墓主人冯焕，字平侯，东汉巴西宕渠人。巴西，是指巴国西部，就是今天四川达州市渠县一带。冯焕入朝做官担任的是掌管朝廷文书章奏、协办日常政务的尚书侍郎一职。东汉永元元年（89 年），冯焕在跟随班固北伐匈奴的战争中出谋

● 渠县冯焕阙

划策，为取得燕然山大捷做出突出的贡献。后来他又出任过豫州、幽州刺史等职。冯焕一生忠于汉室，不畏权贵，不避亲疏，执法不阿，曾多次严办劣迹昭彰、鱼肉百姓的贪官污吏。

　　这么好的一位官员，可惜死于他人陷害。建光元年（121 年）初，冯焕奉令征讨高句丽王的反叛，大获全胜。结果他在朝中的对手看到冯焕又立新功，竟然矫诏谴责他，并赐以汉代处决犯人用的欧刀，命辽东都尉杀掉他。冯焕的儿子冯绲力劝父亲上书自辩，皇帝倒是派了监察御史来核查，等查出冯焕是被冤枉的时候，他已病死在狱中。汉安帝闻讯，十分痛惜，赐钱十万安抚亲属。

　　自冯焕阙建立至今已经 1900 多年了，若不是历代乡民的悉心保护，很难让今天的我们看到。看完冯焕阙，我把门锁好，将钥匙还给村主任，继续去往下一处。在冯焕阙建造的第二年，即公元 122 年，在离它不远的燕家场建起一对汉阙，名为沈府君阙。这里乡名村名都随它而起，叫做汉碑乡汉亭村。

　　这是渠县汉阙中唯一幸存的双阙，东西两阙相距 21.62 米。左阙上的铭文是："汉谒者北屯司马左都侯沈府君神道"，右阙刻着"汉新丰令交都尉沈府君神道"。在飘逸的隶书之中，"沈"字笔画潇洒地拉长，突出了墓主人姓氏，不为绳墨所拘，在汉隶中少见。两阙的内侧分别刻青龙、白虎、朱雀及铺首衔环。这些都是汉代建筑上的常见题材。再往上雕刻栌斗、纵横枋及铺首，四个角刻出角神。沈府君阙比冯焕阙保存有更多的人物和动物图案，有点类似于登封的汉阙。它也是用减地平雕的技法，刻出西王母、三足乌、蟾蜍、玉兔及求仙药的使者、仙女乘鹿、玉兔捣药、射猴及董永侍父等图像。其中独轮车的图案，在各地汉阙之中都是少有的。

● 渠县汉阙浮雕饕餮

沈府君阙上最精彩的动物形象，是两侧的青龙白虎。只见青龙锋利的长嘴紧咬玉环下面的绶带，使劲向上跃跃欲飞。白虎则是凶猛地龇牙，粗壮短身，四足五爪，长尾刚健，蓄势待奔。这对神兽凸出阙身平面甚高，是国内遗存的汉阙之中浮雕动物的天花板。甚至将此阙不对称的斗栱等建筑构件比得略显粗糙了。

第一批国家文物重点保护单位古建筑的第五号，是平阳府君阙。它坐落于四川省绵阳市游仙区芙蓉溪畔仙人桥旁的绵阳科技馆新馆门前的下沉式小广场里。或者不如说是科技馆盖在了平阳府君阙的后面。毕竟如果将汉阙的一生浓缩成一小时，博物馆也就是最后几秒钟才出现的。

平阳府君阙难得将一对双阙都保存下来了，南北两阙大小相近，相距 26.2 米。母阙比渠县的都要高大一点，为 5.45 米，而宽度和厚度，也都大于前者，再加上下面有个台基，使得我们站在地面上，举头仰望，它显得格外高大。阙顶损失比较严重，已经看不出是什么形制，但屋檐下有二十二个枋头，每个头上看着应该有字。但是绝大多数已经漫漶不清，我只能认出"平""汉"两个字。据《绵阳县志》记载，清代时尚能看清"汉平杨府君叔神道"八个字，即墓主人姓杨。不过梁思成先生在此考察和测绘，查阅《县志》误将"杨"字抄为"阳"，将此阙命名为"平阳府君阙"，沿用至今。

母阙的阙身上浅浮雕着墓主车马出行图。上面刻着双旗开路，后面是八位排成两列的仗剑侍卫，随马前行。可惜风化得实在严重，很多形象已经只剩内核造型。阙顶屋檐下的转角处，用高浮雕的手法刻着上身赤裸的角神，跟我们在山西很多古庙转角处看到的角神类似。平阳府君阙身上，还高浮雕着猛虎、蛟龙、雄狮、力士斗狮等图案，但

● 绵阳平阳府君阙

都保存不佳。只有西侧檐下中部浮雕的饕餮纹，双角都保存下来了，还算完整。

北阙正面檐下的中部刻着一个墓葬中常见的"妇人启门图"。用减地平雕手法，刻出一个梳着双髻的女子推开半扇房门，探半个身子出来，双手扶门向外眺望。这种题材，在宋金时代的墓葬中非常普遍，但没想到在四川东汉时期就开始有了。至于为何会在墓葬装饰中高频出现

● 平阳府君阙上的南朝佛像

"妇人启门"的作品，不同专家也有不同的推测。有人认为是为了显示门后还有一个宽阔的庭院，半身出现，有引导观者视线往里看的作用。问题是，这是在墓葬的装饰之中，墓主人不会希望后世经常有人来参观吧？要是说为了震慑盗墓贼，也应该刻上一些镇墓兽之类的吓人形象，而不是一个羸弱的女子。我个人觉得可能第三种说法更有道理：她是阴间负责接引的女子，有帮助墓主人灵魂上天的作用。这样的题材图案，我们在战国时期的墓葬绘画上就能见到，形式多样，但目的都是引魂升天。

平阳府君阙其实还有个看点，不过竟然是古人"破坏文物"产生的。这就是两阙上面的南朝佛教造像。我们知道整个南北朝时期，关于佛教造像艺术的很奇怪的一个现象就是相对北朝那么浩繁的石窟艺术遗存，南朝留下的微乎其微。就在平阳府君阙的阙身上，可以大面积看到许多佛像小龛。这些当然不会是因为墓主人杨氏生前是佛教徒，在东汉时期刻上去的。根据题记可知，这些小龛像是南梁大通三年（529 年），当地佛教徒利用汉阙作为石材，凿掉阙身上一部分汉代雕刻，然后用减地平雕的方式，往里挖，新刻出的 33 个像龛。

这些佛龛顶部大部分是穹形顶，最大一龛有 35 厘米高。北阙阙身的西面刻有一身观音立像，身材修长，褒衣博带，典型的南朝汉人服饰。龛两侧有线刻的礼佛图，还刻画出华盖、幡幢、侍者、随从。其他龛还刻着一佛四菩萨、众多比丘、佛说法图、诸天、供养人礼佛图、护法狮子等。

早在营造学社来到巴蜀的 25 年前，一位法国的传教士色伽兰（又译为谢阁兰）就在渠县和绵阳对以上汉阙进行了全面的调查。1923 年他出版《中国西部考古记》《中国考古调查图录》，发表了 19 张渠县汉阙的照片，还进行了文字介绍。书中他对平阳府君阙做出了高度的评价，认为它是石阙中最具代表性的一处。并且强调南梁大通三年（529 年）的佛教

● 瓜州踏实墓群夯土汉阙

石刻造像是四川唯一地面遗存的南朝佛教造像，这一点至今仍然如此。

平阳府君阙确实是全国汉阙之中阙间距最大、阙总体最大、结构保存最完整的一对"石质"汉阙。此处强调石质，难不成还有非石质的汉阙吗？

有的，在甘肃省瓜州县，从现在的市中心前往世界文化遗产点锁阳城遗址的路上，会经过一大片戈壁滩。这里也是一处全国重点文物保护单位——"踏实墓群"。踏实曾是个乡镇的名字，这片墓群有大小墓葬400余座。其中一号大墓保存了四座东汉时期土坯垒制的子母阙。想去看它们必须自驾越野车，在戈壁滩上行驶十几分钟，才能从路边开到近前。茫茫戈壁上，只有石子，没有任何路标。您可以策马奔腾，想怎么撒欢都可以，但也意味着其实并不知道方向到底对不对。

那一天，我自己独自前往，盲目地开了一阵之后，第一次没办法用导航指引方向。地面有一些混乱的车辙，也不知道是不是有一条可以通向一号大墓。就这样没谱地向前开着，运气不错，看到一个"国保碑"，看来至少大方向是对的。为了拍碑，我下了车，定睛向远处张望，好像在地平线上隐约可见两个土墩。从我这里看很小很远。还好这一天没什么风，能见度比较高，才能远远地发现它。抱着开过去看看再说的想法，笔直地前行到跟前，还真是它。

一号大墓早已回填，从微微隆起的茔圈来看，这座墓长度有两百多米，仅神道就宽18米。现存的茔圈还有几十厘米的高度，离近了看非常明显。把墓的范围标定得非常清晰。四个墓阙位于一号大墓神道南北两端，说是四个墩子，其实主要剩下三个，北端的一个已经倒塌并风化成一堆土坯砖了。

神道南段的一对墓阙保存完整。从形制上看，一眼就能分辨母阙和子阙。母阙残高5.80米，子阙残高4.70米，比我们见到的其他地区的石质汉阙都要更宽更高大。但是毕竟是夯土垒砌，阙顶早已无存，阙身上也没有任何图案留下来了。

在《川、康古建调查日记》中，有这样的记录：

10月20日　星期五　晴、雨

晨八时半乘滑竿东行，渡青衣江，沿公路约行八公里，抵姚桥，观汉高颐阙。阙在村东南约三百米，北向。东阙已毁，所存仅基座与阙身一部，夹以石柱，上施石顶，皆后人所加。西阙则保存完好，阙为双出式，母阙在内，于斗栱上施柱头枋及神怪人物雕刻，上覆屋檐二层。子阙在外，形制与母阙相仿，唯较矮小，上覆屋檐一层。檐之椽皆圆形，且具梭杀，至翼角处，斜列呈放射状。斗栱分二种：一为普通式样，栱下承以替木，至角部二栱相连如宋式之交手栱。另一为栱身弯曲如花茎，仅施于母阙主壁之上。又转角处皆刻角神，为已知我国建筑实物中之最早例。此阙以砂石五大块组成，视嵩山三阙以较小石块砌成者缺乏弹性，且母、子阙间无联路构件，亦其缺点。

自来研究此阙者，多仅自美术观点着眼，不知阙上之柱、枋、斗栱，皆有一定比例，可供结构研究之参考。本日测绘结果，其母阙上之枋，皆方11.5厘米，子阙之枋，则方9.5厘米。其余斗栱分件，各随枋之大小，或大或小，显然表示其间有联带关系，故疑此方形之枋，即宋代"材"之前身。

……石阙之南，尚有二翼狮，昂首健步，生动活泼，乃汉石刻中稀有之杰作，惜西侧者已仆。下午五时，测绘工作大体告竣，时重云密至，似有雨意，仍急返城，六时半抵寓所。雨下淅沥终宵，甚以明日工作不便为虑。[1]

巴蜀地区，天气的确是十天有九天阴或雨，大晴天很难得。在我们这些来自北方的人的概念里，只要看不到太阳，那就算阴天。我跟同行的当地朋友说："四川也跟贵州天气差不多，贵州不是有句民谚叫'天无三日晴、地无三尺平'吗？四川也很少晴天啊。"谁知他并不同意："今天这不是晴天吗？在我们这里，只要不下雨，都叫晴天。"

雅安高颐阙是所有这些汉阙之中，保存墓葬石质文物配置最全的一处。碑、阙、墓、神道、石兽基本完整，现在已经升级为博物馆建制。也用钢结构玻璃顶棚保护起来了。

高颐阙及附属石刻建造于东汉建安十四年（209年），基本都到汉末了，比前面的一些要晚近百年。它是益州太守高颐的墓阙，墓主人生前政绩显著，深得百姓爱戴，死后，皇帝敕封允许他建阙表彰功绩。

单檐庑殿形制的阙顶难得地保存较好，顶部正中浮雕一只大鹏鸟口衔绶带、振翅飞翔。整个阙身上的众多图像，想象丰富，内涵深厚，题材达到近百种，这也是在全国的汉阙中最多的。第一层雕刻几个大栌斗，承托着三重纵横相叠的枋。南北两面交叉枋头的正中，

---

[1]刘敦桢：《川、康古建调查日记》，《刘敦桢文集》第三卷，第251页。

● 雅安高颐阙

各浮雕一个饕餮，北面嘴里含条鱼，南面嘴里叼条蛇。四个转角檐下，分别雕刻着一位力拔山兮气盖世的角神，使劲向上扛着阙楼。

第二层浮雕是历史故事。其中一幅图是博浪沙刺秦，刻画了一个手持大锤的勇士，怒目圆睁，将锤砸向一条盘龙。汉代推翻的秦朝，所以一直流传着开国功臣张良在博浪沙安排勇士用锤子刺杀秦始皇的故事。龙就代表嬴政。因为古代皇帝被称为真龙天子，皇族则是龙的传人。

还有一幅图刻着横卧于地上一人，脚前有一个耳杯，左手持剑，右手下有两截断了的蛇。这是传说的"汉高祖刘邦斩白蛇"的故事。另外还有"季札挂剑、师旷鼓琴"等历史故事。这些浮雕内容大都源于《左传》《山海经》《吕氏春秋》《史记》等文献。每一幅画面都是一个在当年被认为有教育意义的小故事。《山海经》中记载过的西王母身边的宠物三青鸟、九尾狐等怪鸟、怪兽也都出现在高颐阙上。

第三层上雕刻斗兽图；第四层浮雕天马、龙、虎等瑞兽；第五层雕刻出一圈24个枋头，挑着深远的出檐，双层瓦面覆盖着庑殿顶。东阙身上用隶书刻出题字"汉故益州太守武阴令上计史举孝廉诸部从事高君字贯方"，西阙身题"汉故益州太守阴平都尉武阳令北府丞举孝廉高君字贯光"。

高颐阙前有一对用整块石头雕刻而成的神兽。这是我们前章介绍过的南朝陵墓石刻那些天禄辟邪的祖宗。它们身飞双翼，张口挺胸，臀部高耸，昂首疾奔，这对瑞兽的神态，庄严威武，敦实厚重，雄健古朴，恰当地表达了威镇的作用，具有强烈艺术感染力。它们与墓阙一同构成了进入天国的大门。

在双阙之间是高 2.8 米的高君颂碑，上面刻着"汉故益州太守高君之颂"。碑是半圆形镌蟠龙，四方碑座，二龙相向，龙尾绕在碑座上。至今上面 360 个字的铭文仍隐约可见，是记载高颐阙建造年代的明确证据。上面说墓主人从政时，讲求法治，刚正不阿，得到百姓的赞许。

1800 年来，高颐阙经历多次地震，屹立不倒。可是就在 2013 年 4 月 20 日，四川芦山发生地震。这次地震给雅安地区的文物造成了极大的损失。尤其是高颐墓阙。石刻的阙体震裂，部分构件震掉在地，附属设施损毁严重。子阙和母阙之间出现一个漏斗形的大窟窿，以前这些缝隙根本没有，子、母阙连接得也非常紧密，这次地震阙体发生严重偏移，墓阙屋檐的边缘线与阙身已不在一条直线上。

这次地震，除高颐阙外，第三批国保芦山县的"樊敏阙"等文物也出现了不同程度的损毁。其中位于震中芦山的文物在汶川大地震中就出现过损毁，2013 年才抢救维修竣工，结果又受到了重创。

这樊敏阙，就在茶马古道必经之地芦山县沫东镇，是东汉巴郡太守樊敏的墓阙。现在仅剩下较完整的左阙和右阙的残件，还有一块碑和三只石兽。碑上记载樊敏死于建安十年（205 年），生前曾经担任过云南永昌郡长史。

芦山汉代石兽在国内小有名气，因为这里的遗存几乎占到国内现存汉代圆雕墓前石兽的半壁江山。我们在国家博物馆、洛阳博物馆、西安碑林博物馆、南阳汉画馆等地都见过一些汉代两京地区的辟邪。但由于年代实在久远，一个博物馆能收藏一两具东汉的石兽，就已经是非常难得了。而芦山县所在的地级市博物馆——雅安博物馆和樊敏阙文物管理所，一共收藏了 11 具。要知道，全国目前也就只有 20 具。

芦山县遗存的这些汉代石兽，整体造型上都是跨步向前的昂扬姿态。细小的区别就是有的挺胸时头向前微微探出，而有的则将头猛地向后收回，像是猛虎在准备捕食猎物前的蓄力。它们头上或双角或单角，这应该是南朝石刻天禄和辟邪的源头。同样都肋生双翅，这是汉代人对死后羽化升天的一种理解。

巴蜀地区石刻文物遗存之丰富，全国难得，类似山西的木构古建在全国的地位。至少自汉代开始，随着雕刻工具铁器逐步在民间普及，四川一带的居民就在日常生活中，发现了他们这里的砂岩可以雕刻切割成各种用品，而且有长久不坏的特性。甚至有一个县，被誉为"中国石刻之乡"，它就是四川东部与重庆交界的资阳市安岳县。这个营造学社当年错过的地方，给我们留下了极其难忘的印象。

第二十一章　安岳石刻

梁 林 未 曾 探 访 的 石 窟 密 境

　　本章要介绍的，是书中唯一一处梁先生并未去过的地方。实在是为梁先生感到遗憾，更替这个地方未被梁先生探访过而遗憾。

　　梁先生不但是古建筑研究专家、城市规划先行者，更是文物保护专家。我个人认为，他对当今中国最大的影响是我国不可移动文物保护制度的建立。他先后于 1945 年制定了《战区文物保存委员会文物目录》（以下简称《目录》）和 1949 年整理的《全国重要文物建筑简目》（以下简称《简目》）。这两份当时看似并没有用上的名单，最后成为 1961 年"全国重点文物保护单位"的基干。这是新中国对文物古迹保护的最重要的一个里程碑。也正因为 1961 年的这份名单，才使得这些名单上我国最重要的文物古迹，在后来的岁月中幸免于难。

● 安岳毗卢洞紫竹观音

　　1944 年末，日本在中国战场上败局已定。重庆国民政府为了在反攻中盟军轰炸敌占区时，尽量保护文物古迹，专门成立了战区文物保存委员会。它隶属于教育部，梁思成先生担任副主任。1945 年初，梁思成由李庄赴重庆，亲自编写了这部中英文双语的《目录》，还附有照片，并在军用地图上标注古迹位置。后来这份《目录》整理了 395 处，尚未全部整理完毕，日本就投降了。但这本《目录》作为历史文献，记录了当时作者们对中国文物掌握的广度和认识的深度。

1948 年冬，清华大学已经解放，在整个北平市和平解放的前夕，考虑到万一交战，文物古迹有可能会遭到损害。周总理请梁思成先生为中国人民解放军有关部门编写了一份北平文物古迹的名单，后来扩展到全国。参加这份《简目》编写的还有营建系的教师和工作人员。其使用的资料，绝大多数都是营造学社这么多年田野调查的成果，这为后来 1961 年编制《全国重点文物保护单位》名单，打下了基础。

而没有被列入第一批名单的古迹，它们的命运就是天壤之别了。名单上有 14 处石窟寺，基本涵盖了中国石窟发展史的主要遗存，目前绝大部分都成为世界文化遗产。但有一处在中国石窟史中占有重要地位，艺术水准也绝不亚于其中任何一处的摩崖石刻群，没有被列入，以致很长一段时间内默默无闻。

它就是"安岳石刻"。

如果梁思成先生或营造学社其他成员去过安岳调查石刻，见到它们的精彩，进名单应该是必然的。不过，如此的话，大足石刻的命运可能也会变化。因为早在重庆还没从四川分离出去时，四川省只有一个推荐"世界文化遗产"的名额。这时，是推荐大足石刻，还是推荐安岳石刻，就成为一个难做的选择。当然，最后也是考虑大足石刻的知名度高，推荐了大足。后来的事大家都知道了，当大足石刻 1999 年申请通过世界文化遗产时，重庆已在两年前独立成了直辖市。

安岳石刻，至今仍然默默无闻地伫立在群山之中。有些朋友在 2018 年听说它，还是因为一起乌龙事件：央视新闻播出了安岳石刻被彩妆的报道，一度成为网络热议事件，发酵了几周时间。引起事件的起因，还是当时我们一起去四川重走梁林路，在安岳看石刻后，我发了个朋友圈，其中有一张峰门寺被彩妆之后的照片，被我朋友看到，转发到微博，引发了舆论关注。事情经过调查发现，原来是 20 世纪 90 年代当地村民自发的"积功德"重妆。舆论的矛头最后还是指向了当地民众的审美缺失问题。但是，其实还有个原因，就是安岳石刻几乎没有知名度，因此，不但没有游客，更没有引起哪怕是当地相关部门的重视，所以才会任由村民这么做了。

别说 20 世纪 90 年代四川的一个很贫穷的小村子里的民众不可能有什么高级的审美，今天我国一些大城市的街道招牌被要求制作成整齐划一的情况，也充分暴露了当代中国人美育素养的严重缺失。

相比之下，一千年前的老百姓美学水平还是挺高的。拿安岳石刻来说，90% 的没有彩妆过的那些唐宋石刻，艺术水平相当高。如果说长安、洛阳甚至邺城、南京和太原周边的石刻水平很高，是因为这些地方都是当时的帝都，高水平工匠多。但是像敦煌和安岳这样的远离都城的偏远之地，它们留下来的作品可不是皇家工匠亲手制作，很大程度上，应该可以反映那个年代的平均艺术水平。

安岳县，现在属于资阳市，就在四川省东南部，紧挨着重庆市的大足区。大足石刻很多的造像是请安岳的工匠过来开凿的。比如石篆山，至今还保留了明确的工匠题记。上面写着"岳阳工匠文□□……篆刻于此"，这里的岳阳，是指今天安岳县的岳阳镇。大足石刻群游客最多的宝顶山大佛湾，里面的经典题材，无不是安岳各处石刻的一个集中呈现。大佛湾里的涅槃佛、圆觉殿、华严三圣、柳本尊十炼图、孔雀明王等内容，在安岳县境内，都有它们的原型，且时代均早于大佛湾，艺术水准也高于大佛湾。

安岳古称普州。后来因为它的治所岳阳镇就建在铁峰山上，取"安居于山岳之上"的意思，县名就用了安岳。这个县面积很大，近2700平方公里，全县人口150万，几乎要超过我老家"宇宙中心"曹县了。第三次文物普查时，石刻类文物点就有230多处，这些石刻的年代，从唐代到南宋，前后绵延了600年，被美术家王朝闻总结为"古、多、精、美"四大特点。

第一站我们先去了千佛寨。据《安岳县志》记载，千佛寨摩崖造像始于隋开皇十三年（593年）。这里的位置就在安岳县城边，率先开凿石窟是合情合理的，甚至很可能是当时水平最高的工匠在州治进行施工。从石刻题记看，唐代"开元""天宝"的年号不少，最晚到

● 安岳千佛寨唐代双龛

南宋庆元元年（1195 年），而造像最多的时期还是盛唐。千佛寨在宋代还是大型寺院，到了清朝的时候尚存殿宇五重。令人崩溃的是，在 1974 年，一名精神病患者将千佛寨仅存的大雄宝殿点火焚烧了。至今，这里只剩 105 个龛窟，3000 余身造像，7 座摩崖浮雕的佛塔和 3 块唐碑。

从全国范围看，到了元代，各地开窟石刻的风气已经基本结束，中原更多的寺院更流行彩塑造像。但在四川南部，由于气候潮湿使得泥塑不易保存，以及这里的石料天然易于开凿等原因，一直到明清时期，都还有新的石刻造像开凿。因此，安岳被誉为"中国石刻之乡"，实至名归。

● 安岳千佛寨树根抱佛

千佛寨现在是一座森林公园，植物繁盛，石刻掩映在古藤绿叶之中，颇有一点"野趣"。如果说这里特别像柬埔寨的吴哥窟，能见到不少被树根包裹起来的佛像，您就知道千佛寨什么样子了。不过，在植物疯长的情况下，文物保护也是一个必须面对的问题。百年的大树根，已经跟一些石刻纠缠在一起，既是捆绑支撑，也在一年年地加大石刻之间的缝隙。如何处理，着实让文物保护工作者头疼。

千佛寨开凿之早，是我没有想到的。从石窟史的宏观角度看，北朝末年石窟逐渐跨过秦岭沿金牛道和米仓道流传进四川的北大门——广元、巴中。在那一带，隋和初唐、盛唐的石窟较多。按过去的理解，石窟是随着时间的推移，慢慢向成都及川南一带发展，再来到川东南普州（即安岳），最后发展到昌州（辖永川、大足、荣昌、静南四县）。

但这种时间线的推移，我们应该理解为"大规模营造"的流传脉络。实际此前，隋唐之时，星星之火，早已燎原。千佛寨就有早期的作品。其实大足北山也有唐刻，只是这些地方早期开凿的规模尚小，不足以代表那个时代罢了。

安岳石刻的开凿格局，有这么一个规律。基本就是寻找一些山顶上的巨石，然后绕着巨石四周开凿一圈。这样其实很方便古人礼佛，有点类似绕塔念经的形式。千佛寨的道路也是这样一圈，石刻分布在南北两岩，整个造像区长达 700 米。当我们走到巨石背后的北岩时，就看到被载入石窟史上的一铺五代经典——"药师经变"。全国现存五代的石窟并不多，除杭州的烟霞洞，比较知名的便是这里了，可以说是千佛寨造像的扛鼎之作。药师佛是唐代密宗造像的常见题材，佛端坐于束腰莲花宝座之上，头上刻华盖，两侧刻菩提树，左右分刻八大菩萨和九横死、十二大愿。画面设计繁简有度，人物排列错落有致，细节雕刻精致入微，尤其是裸露上身穿着长裤的男性飞天，更是少见。

在安岳县城附近大型的摩崖石刻群，除了千佛寨还有圆觉洞。它的名字是根据这里的一个雕凿有十二尊菩萨造像的洞窟而得名。十二圆觉是宋代佛造像的流行款，在全国其他地方

● 安岳圆觉洞拈花一笑

也能看到不少宋代十二圆觉题材的雕塑遗存。可惜的是，这里的圆觉菩萨头部，不知道什么时候全部被盗贼盗割走了。而在洞外山体上，雕刻有三尊 7 米高的"西方三圣"石像，成为圆觉洞的最大亮点。

通常看到的佛造像，都是正襟危坐，不论是盘腿、交脚或者站立，从南北朝到唐、五代，几乎所有佛像都是正面法相庄严的形象。这样做是为了给礼佛者一种震撼，从而达到促进信众皈依佛门的目的。圆觉洞的造像不同，因为是北宋末年开凿，当时宋朝的人文治理已历经百年，社会各阶层对人性的关怀深入民心，佛教的形象也突破了过去一直以来正襟危坐的传统形象，赋予佛菩萨一种亲民的姿态。

这里不论中间的主佛还是两边的菩萨，都采取了侧身歪低着头的姿势出现在世人面前。这一简单的改变，使得原来唐代那种高高在上的佛菩萨，变得平易近人。如果说唐代的佛就像学校里的校长，在全校开大会时，我们连听讲都会紧张，大气也不敢出，那么宋代的佛更像和蔼的班主任，学习过程有什么难题或者不解，更愿意向她倾诉。这背后体现了唐宋两代社会环境的变化。

佛歪着头，是佛教禅宗当中著名的"拈花一笑"故事场景。四川南部这个题材的石刻

在宋代是相当流行的。故事说的是有一天释迦牟尼在灵山讲法，他拿出一朵小花，向众僧人展示，但他并没说话，大家都感到莫名其妙，不知道佛祖是什么意思。当眼光扫到迦叶时，迦叶忽然明白了佛祖的用意，露出了会心的一笑。就是这一瞬间，被称为拈花一笑。而迦叶得到了佛祖的无声传法，成为禅宗初祖。圆觉洞摩崖造像中的佛，正在歪低着头望向身边的徒弟迦叶，他手里拿着一朵小红花，而迦叶举头望向高大的佛祖，四目相对，传法完成。

这个故事，后来经过佛教史专家的考证，没有被记录在最初的佛教经典之中，明显是后来佛教中国化过程中，被杜撰出来的，但表达出来的佛家思想，可以作为开化僧人悟道之用。

成都到重庆的主干道是从西北向东南方向穿过安岳县。县城偏西北的方向有两处"国保"——卧佛院和玄妙观，除了这两处以外，其他石刻基本上都在从县城往东南方向去重庆大足的路上了。

安岳县城北边的八庙乡卧佛沟里，共有大小龛窟 139 个，造像 1600 余身，卧佛院名字的由来，显然是因为这尊全长 23 米的卧佛。而它最特别之处，是佛头位于平躺着的身体右侧。平时常见的涅槃像中，佛祖都是头朝左侧躺卧，左臂搭在身体的上方，臂弯曲右手置于头下。像安岳卧佛院这种佛首朝右侧躺着的，几乎是唯一的了。

卧佛院是安岳石刻群中最早进入国保名单的一处。1987 年，第二次全国文物普查工作开展到了安岳县，当工作人员调研到木门寺时，当地农民跟他们说："你们这些当官的都来这里啦，难道不去那边山沟里，看看那尊饿死的菩萨吗？"原来，百姓不知道这是佛祖涅槃，以讹传讹，以为是饿死在山上的一位菩萨。工作人员刚来到此地时，佛像上面山坡上杂草丛生，垂落下来，遮挡了一部分大佛身体。众人将杂草用竹竿撩开一看，发现还有不少彩色的颜料涂在大佛身上，也不知道那些是老的颜色，还是后来重妆的，目前已看不到了。

发现了卧佛之后，又在大佛对面的崖壁上，发现了刻有 40 多万字的四个刻经洞，里面有非常清晰的"大唐开元十一年"的落款，据分析是从长安来此地的僧人在这里雕刻而成的。

由于这里在过去长期有当地农民居住，因此洞窟内部相对干燥，没有像其他石刻一样受安岳潮湿气候的影响风化，刻经洞保存得还十分良好。文物工作者当即现场办公，进行了石窟的测绘和调查报告的编写。第二年就直接申报成为国保单位了。

县城北边，还有一处玄妙观，如果说前三处还可以乘坐大型交通工具前往，这里就只能自驾了。摩崖造像依然是分布于一块平顶巨石四周，大小龛窟达 79 个，石刻造像 1293 躯，基本都是唐代的雕刻。这里的主要题材是道教的，有道教的真人、十二时神，也有佛道合龛，

● 安岳唐代卧佛

太上老君和释迦牟尼并排而坐，金刚力士侍立左右。除了人物外，布满各龛壁的周边配饰，还有建筑的道观、楼阁、亭台以及人物手持的法器、乐器、服饰等都是研究道教发展史和古建筑不可多得的历史实物。其中一组天王像，高大与真人相近，富于写实，形态极为生动、威严，与莫高窟45窟的天王颇有一些相似。

有意思的是，玄妙观还有一只"最憋屈"的石狮子。我们在其他地方看到的石狮子，都是雄赳赳气昂昂，或站、或坐、或蹲、或走，威风凛凛地看家护院。而在玄妙观这里，也不知道何时，在修建寺院的广场台阶时，将一只石狮子垫在了台阶下，像是被五指山镇压的孙悟空一样，不知道压了多少年了……加上地处台阶角落，潮湿的环境，让石狮子头上长满了苔藓，绿色毛茸茸的狮子，看起来更像一个小怪物。

县城北部的国保，还有一处木门寺，它是石刻建筑，也就是用石头材料雕刻成像木构一样的形状，然后搭建起来的单层石头房子，可惜梁先生没有来这里，不然这也是他喜欢研究的课题。

剩下的四处国保石刻，都在县城去石羊镇的路上了。

● 安岳卧佛院浮雕经幢

● 安岳玄妙观石狮子

第五处，叫毗卢洞，其实它包含了毗卢洞、幽居洞、千佛洞和观音堂，这里摩崖石刻造像 465 尊，碑刻题记 32 处。据明代万历年间碑文记载，毗卢洞开创于后蜀，之后历代都进行过修补。这里曾是五代至北宋年间四川佛教密宗的主要道场之一，在幽居洞中雕刻有密宗第五代祖师柳本尊的"十炼修行图"。

十炼图两侧还刻有神态威严的执斧、仗剑的一对护法金刚。衣纹随着金刚的动态而顺势飘摆，动感十足。他们与安岳另一处"高升大佛"前面的一组金刚，形成了鲜明的对比。那一对金刚，身体比较僵直，衣纹也无动感，而是简单地垂落在盔甲之外。但特别突出的则是他的头部，尽力地向前伸展，脖子被头拉得老长，两个眼球也暴突出来，显示他的气运丹田之力。整体看起来，可以理解为什么他的身体如此僵直，原来都是为了衬托他那努力伸出的头颅。

回到毗卢洞，这里最著名的应该是观音堂中的"紫竹观音"。这尊紫竹观音高 3 米，悬坐于一块巨石峭壁之上。背倚浮雕的紫竹和柳枝净瓶，头戴富丽华贵的贴金花冠；上身穿短袖薄裟，身前的贴金璎珞就像金色瀑布，下身长裙薄如蝉翼，紧贴于腰腿之间，衣裙飘逸，富于动感。任何人来到她面前，都不难体会到她的美丽。几乎所有安岳石刻对外的宣传资料中，都选用了这尊紫竹

● 安岳毗卢洞护法金刚

● 8　安岳毗卢洞柳本尊十炼图

● 安岳毗卢洞紫竹观音

观音，因此她被称为安岳石刻的形象大使实不为过。

　　但是我最喜欢的，还不是观音洞的紫竹观音，而是距离毗卢洞 2 公里开外的华严洞。此洞高 7 米，宽、深各 11 米，宽敞明亮，是安岳县境内所有石窟中最大的一个洞窟。华严洞正壁凿有华严三圣坐像，中间禅坐的是释迦牟尼，左为骑青狮的文殊，右为骑白象的普贤。洞窟左右两侧，各雕凿五位菩萨，均端坐在莲台之上，每一位都十分精美。同时，各尊菩萨之间，互相呼应，生动传神，仿佛将一起修炼的场景定格在洞窟之中。在菩萨坐像的上方，刻有长达 20 米的"极乐世界"，由"众妙香国""剪云补衣"等 10 组浮雕构成，再点缀以琼楼玉阁、奇花异草、甘露珠河、缥缈云彩等装饰，烘托出"极乐国中无昼夜、花开花合伴朝昏"的景象。华严洞内所有 159 尊造像，均作为整体构图中的一个有机部分，体现出艺术家在设计这个洞窟时整体规划的大局观。洞窟之中，千年来没有被风雨侵蚀，不但保存完整，也基本没有被彩妆，较完整地保留着当年开凿时期的样貌，堪称中国宋代石刻的最好一窟。

　　就在这些保存千年的艺术佳作背后，是一批守护着它们的当地农民。我们来到孔雀洞时，老人周世夏正在打扫庭院。我们坐下来跟他聊天，得知他很年轻时便在这里了。孔雀洞因为洞中依岩而凿一尊孔雀明王而得名。明王的坐骑，是一只立体的金身孔雀，高达 2.3 米，形象逼真。由于鸟类脖子很细，头也比较小，所以从唐陵的鸵鸟，到其他西方的孔雀石刻形象，要么就是浮雕，要么就是做了大幅度的改变，圆雕的禽类形象，实在难以雕刻，即

安岳华严洞

● 安岳木鱼山石刻

使雕刻成功，也很难保存长久。这只孔雀就是难得一见的幸存者了。周老几十年如一日地尽心守护石刻，但毕竟年纪大了，我们临走时也不乏担心地问他，以后过些年谁来接他的班呢？他很无奈地表示，现在村里的年轻人都出去打工很少愿意在家务农，更不可能从事收入微薄的看护文物的工作了。

在安岳县偏南方向的木鱼山，我们见到了一位颇具传奇色彩的大妈。当地人叫她潘嬢嬢，年纪并不比周老小，近70岁了，她也是看守石刻几十年。就在四年前，竟遇到了文物盗贼前来盗窃佛头。那次是两个盗贼开着小面包车，带着模切机上山，盗割佛头。刚一开动机器，巨大的声音就把潘嬢嬢引来了。当她急匆匆赶到石窟时，第一个佛头已经被切割下来，她大声地呼喊：来人呐，有贼啦，有人偷佛头啦。贼人一听，第二个佛头也来不及切完，使劲掰下来带上两个佛头就往车上跑。潘嬢嬢站在车前，挡住他们的去路。这两个贼人拿出600元钱，丢给潘嬢嬢，想用钱财买通老人。老人根本不理，继续大喊有人偷佛头，快来人啊。眼见贿赂无效，二贼匆忙上车，准备开车逃走。此时只见潘嬢嬢突然坐在地上猛地抱住了面包车的左前轮，宁死不让他们把佛头抢走。贼人一看也吓坏了，赶紧拿着佛头跳车逃跑。刚跑到村口桥头，被应声赶来的村民抓住，扭送公安机关，判刑五年半。潘嬢嬢保护文物的英勇事迹，也登上了当地报纸。

毗卢洞和华严洞也是安岳县重点打造的景区，都可以方便抵达。但是同在石羊镇，茗山寺的路就不太好走了。它的位置在顶新乡

● 安岳茗山寺石刻

民乐村的虎头山山顶。周围山脉层峦叠翠，群山拱衬，虎头山雄踞中央，形似猛虎，注视诸峰。山顶上也是环绕巨石一圈，现存造像 63 躯。后岩壁上的护法神龛内集中雕塑均高1.8 米的十二个护法神，皆甲胄鲜明，虎视眈眈，威猛剽悍，虔诚地拱卫佛祖。前岩则是三身巨像——观音菩萨、大势至菩萨和文殊菩萨，均高五米有余。观音菩萨左手前伸，平托纱巾；大势至菩萨左手内曲置于胸前，五指并拢平托厚厚经卷。文殊菩萨，左手托书外伸达 1.5 米，书和手重量超千斤，仅以高2.2 米的垂地袈裟支撑，千年不毁，是古代匠师巧妙运用力学的佳作。

● 安岳塔坡造像（夏艺宁　摄）

　　文殊菩萨身边还有一些圆形小佛龛，这是巴蜀一带的经典刻法，在山体平面上先刻一个圆形，然后沿着圆边向里开凿，中间通过减地，雕刻出一尊坐佛。由于文殊菩萨的位置是在巨石的一角，这里常年受到北风的劲吹，圆形小龛内的佛像受到了严重的风蚀，渐渐风化得细节模糊，仅存核心造型。而神奇的是，茗山寺所在的这块岩石是一层层结构的条纹状态，风化之后的佛像核心，就像斑马的条纹般，呈现出一种抽象的古典美。

　　就是这几身风化造像的照片，我的一个好朋友把它发到朋友圈，结果被她在法国的艺术家朋友看见了。他被这种自然和人文共同作用出现的艺术效果所震撼，于是对中国石窟产生了极大的兴趣。在我朋友的努力下，他们正在策划于巴黎举行一场中法国家文物局联合主办的中国石窟艺术大展。如果成功，这可能是安岳石刻第一次正式地展示在欧洲人面前，也将是安岳石刻走向世界的开始。

第二十二章 大足石刻

石 窟 艺 术 史 上 最 后 的 丰 碑

1940 年 1 月 13 日，营造学社到潼南县考察。一个偶然的机会，让他们前往了大足。刘敦桢先生的日记中写道：

> 1 月 13 日 星期六 阴
>
> 上午九时半，潼南县教育科长等来访，云未接省府通知，请勿摄影。[1]

日记看到这里时，我不禁哑然失笑。原来梁先生他们也遭遇过"禁止拍照"的尴尬。看来文物景点对摄影的严格管理是由来已久的，现如今的不许拍照，多半是因为文物

● 梁思成在大足北山石刻

图像的版权问题，少半是因为摄影器材对文物的潜在威胁。有意思的是，在访古圈子里，绝大多数人把能拍到好看的照片作为访古的一个最终重要成果，如果不能拍到一张蓝天白

[1] 刘敦桢：《川、康古建调查日记》，《刘敦桢文集》第三卷，第 309 页。

云背景下清晰的文物照片，就不算打过卡。

还真不知道，当年潼南县为什么"请勿摄影"。或许是为了避免传播到盗贼那里？但一个历史时期留下文物的影像，真的很重要，如今有太多的古迹在百年内消失不见，或者面目全非，如不是当年营造学社拍了那么多照片，很多文物我们只能凭文字记录去猜测和想象了。

下午，营造学社一行人拜访了潼南的赵县长，商量第二天调查仙女洞、千佛崖、潼南大佛寺等遗迹的事。交流之中，听说了大足宝鼎寺有"唐代"千手观音石像及多尊摩崖遗像的消息，于是，大家决定要去大足调查看看。

> 1月15日　星期一　晴
>
> 　晨起大雾。七时五十分，乘滑竿沿公路南行，二十公里抵公安镇，又十公里至唐坝镇，为区署所在。因滑竿缺人，遂留宿镇东北店。
>
> 　潼南贫民较少，以滑竿为业者，多避难就易，不思远行。我等欲自唐坝趋大道往大足，所经皆穷乡僻壤，陂陀起伏，故虽再四物色，迄难如愿也。[1]

相比当年的难行，如今大足县早已改为大足区，是重庆市的市辖区。从安岳过来的路上，有明显的差别。石羊镇的路相对还破旧颠簸一些，到了省界上，明显看着两边道路完全不同，进了重庆就变得宽而又平了。

如今，大足区一共拥有102处石刻文物，其中75处被列为各级文物保护单位，列入世界文化遗产名录的是下列五山：北山（又叫龙岗山）、宝顶山、南山（又叫广华山）、石门山、石篆山，还有2019年新进入第八批全国重点文物保护名单的妙高山和舒成岩，共计造像有1030龛，5万多尊。大足石刻的造像年代最主要是南宋的。这个时代人文情怀更加深厚，所以造像不仅有佛教的，还有很多三教合龛，甚至历史人物、供养人的形象也十分丰富，碑文、颂偈、题记更是多达10万余字。

梁先生一行人主要看了北山和宝顶山。受天气一直下雨的影响，看完宝顶山就离开了。可能是他们关注的重点还是建筑，因此拍摄的照片不算太多，梁先生与文物的合影只有一张。他坐在北山一组摩崖造像前，手挂拐杖望向石刻，并未留有正脸。照片上的露天摩崖，如今早已建起封闭式的保护性建筑。在崖体前方修建了栏杆保护，并且还安装了照明设备。北山比较新颖的是开辟了夜游项目，也就是晚上在灯光的照明下参观石刻。这种机会，我

---

[1] 刘敦桢：《川、康古建调查日记》，《刘敦桢文集》第三卷，第310~312页。

们怎能错过。

夜游开始时，我们在北山游客中心前的小广场集合，夜幕已经降临，龙岗山上的灯光，透过茂密的树林照射在通往石刻区的台阶上。四川—重庆一带气候潮湿，石台阶经常会长青苔，我们去一些偏僻的摩崖造像时，经常遇到路滑的情况。北山这里游人较多，环境保持得很好，台阶丝毫不滑，走在上面有一种安全感。龙岗山坡并不太高，五分钟不到就来到北山摩崖石刻的保护性建筑前。第一眼看到的就是设计古朴、文化味道很浓的一块国保碑，镶嵌在山崖之上。"北山摩崖造像"几个大字是郭沫若专门为这里题的字，跟碑后的山崖及造像气质接近，融为一体，相信百年之后，也会成为文物的一部分，相比国五以后的机雕印刷字体的国保碑，后者就只能作为一个指示牌了。

北山摩崖造像在大足五山之中，算是开凿最早的一处。它始刻于唐末，从国保碑旁边转过来，就是一幅非常明确的开凿题记。清晰明了地记录了开凿的出资人、开凿原因和时代："金紫光禄大夫检校司空使持节都督昌州诸军事守昌州刺史充昌普渝合四州都指挥静南军使兼御史大夫上柱国扶风县开国男食邑三百户韦君靖建。"碑尾年号为唐昭宗乾宁二年（895年）。相比大足其他90%的南宋造像而言，这里的时代要早300多年。

虽然说时代上比其他石刻早，但从艺术的水准角度，晚唐的这些作品不如后面五代到南宋的几个更吸引人。

还是先看晚唐的第245号"观无量寿佛经变"，这是同时期全国都非常流行的一种题材。雕刻的是西方极乐世界的场面，用皇宫的建筑群和人物造型展现当时人理想中完美世界的样子。佛教在中国的发展，也是与时俱进的，随着盛唐时代人们生活的相对富足，佛教徒对南北朝时期流传的教义，有了不同的理解和追求。

北朝更多的是塑造大型的佛、菩萨形象，并且刻画出会心微笑的表情，背景极为简朴，绝不喧宾夺主。用表情传达内心的世界，通过观看佛像所感受到的美好，来鼓励观者相信学佛可以与造像同样获得安宁的内心满足。

而到了盛唐以后，单纯的心理建设已经不被当时的人们所认可。物质的丰富，加剧了人对物欲的追求。同时，中国人喜欢有明确回报的实用主义。于是佛教若想吸引更多信众，不得不搬出了"西方极乐世界"来满足普通百姓的心理需求。

为了让那些不识字的普通百姓也可以很好地快速理解极乐世界的美好，工匠创造性地将它画在墙壁上。建筑，就用当时工匠头脑里能想出来的最豪华的建筑——皇家宫殿来显示极乐世界的美好；奏乐和跳舞的伎乐，都穿着唐代宫廷侍女的服装；这就是唐代寺院和石窟中，非常流行的"净土变"。

在莫高窟492个洞窟之中统计下来就有125幅西方净土变。再加上东方药师变（东方净土）64 幅，弥勒净土变 64 幅，还有阿弥陀佛和五十二菩萨图等，一共近 400 幅（一个洞窟有多面墙壁，一面墙上可绘制一幅或多幅）。净土图如此之流行，在巴蜀地区的创作材料换成砂岩的情况下，这里就流行起雕刻版的"净土世界"。这样的壁画和雕刻作品为我们难得地保留了唐代的建筑、服饰、盔甲、舞蹈、乐器、宫廷园林等丰富的历史信息。

北山 245 龛，正是这样一幅全国保存最完整的石刻版净土图。除了大家都非常熟悉的"西方三圣""三品九生"，还有石刻版的"未生怨"和"十六观"。而个头不大的，几乎是用微雕的技艺，刻凿出来伎乐天人载歌载舞、楼台亭阁雕梁画栋、水池园榭中莲花生出童子等一组组精美的画面，真让人惊叹于当时的巴蜀工匠手艺之高明。

与繁缛的精细美相比，其实我更喜欢 136 窟"转轮藏殿"里的那几尊大菩萨。这一窟，是整个北山摩崖之中，开凿得最深的一窟。正中间是一座石刻的转轮藏，类似正定隆兴寺的那座。时代相近，但这里是石头仿木质的，雕刻成型也不能转动。转轮中层有一圈石刻立柱，柱上盘龙，这与晋祠圣母殿的盘龙柱形制相同。加上转轮底盘处的一组卧龙，条条粗壮有力，张牙舞爪。更为精彩的是转轮藏周围一圈的六位大菩萨。最靠近洞窟深处的是文殊和普贤两位，分别骑着自己的坐骑。梁思成先生当年拍的照片上，有这两尊菩萨，那时彩妆保存完好。不但菩萨脸部光滑，连文殊的牵狮人面部都保存得非常好。

八十年后的如今，彩妆已经全部褪去，露出石质本来的纹理，看起来增加了岁月的沧桑之感。但不得不说，保存得还是真好。相比安岳同时代同题材的造像，大足石刻的风化程度和被人为破坏的程度，可以说是几乎没有，大体跟八十年前相差无几。

我们请工作人员关闭了洞口的探照灯，打开自己带来的仿古马灯。

● 北山 245 龛净土世界（路客看见　摄）

这是一种充电电池驱动的放射出黄色光芒的仿古灯具，外形跟过去的油灯似的。亮度不是非常高，照射的范围也不大。比起现在很多朋友使用的高亮度手电来说，显得笨重而又落后。但是，这是特意选来参观中心柱型洞窟所使用的照明工具。考虑到古代社会没有电灯，夜幕降临之后，人们通常使用蜡烛或者油灯来观看事物。而在石窟之中，顺时针绕塔礼佛，则是中心柱窟常见的打开方式。

136 窟转轮藏窟，以中央的转轮藏为柱，四周皆是菩萨，形成了一组中心柱窟的格局。我想当年的设计者，也有如此的考虑吧。而用微弱的灯光，照射范围有限，当举着油灯的人一步步缓慢地走在洞窟之中，一步步顺时针绕柱前行时，漆黑的洞窟如展开的画卷一般，一尊尊神圣慈悲的菩萨就在他的面前逐一出现了。由于洞窟较深，光线较暗，不举着灯走到近前，菩萨的细节尤其是面容是看不太清楚的。仿古油灯有个闪烁模式，切换到这一档之后，灯光忽明忽暗真的很像古代油灯被流动的空气打得晃动的感觉。

窟内每尊菩萨造像都具有形象鲜明、体态优美、比例匀称、穿戴华丽的特点。恬静的面部能反映内心的宁静，玲珑的衣冠凸显大菩萨身份的尊贵。璎珞蔽体、飘带满身、花簇珠串、玲珑剔透这些服饰体现着宋代繁缛之风。但与一般的繁缛不同，这一堂石刻在人物面部的开脸、身体轮廓的动势、衣纹飘带的造型上，完全采用了宋代线描绘画的意识，以线造型、以形传神、线面并重、疏密有致。闪烁的油灯，在映照菩萨的面庞时明暗交替，菩萨的面部表情也跟着变化起来。在观者的眼中，好似活了一般。

其实本书如果不配图，单纯靠文字描述，我根本无法用语言来为您表达出这些古代美好的画面。跟如此动人的造型相比，我的词汇实在少得可怜。而跟现场观看立体艺术的感受而言，看书中的照片，也只能体会一二而已。正如梁思成先生所言："艺术之鉴赏就造型美术

● 北山转轮藏殿

● 大足宝顶山石刻

而言，尤须重亲见"[1]。

北山夜游的游客不多，您如果来大足，建议尝试夜游。虽然个别窟龛使用了彩色的灯光，在点亮时多少有点画蛇添足。但点亮彩灯的时间是短暂的，大部分的时间，就是正常照明，跟夜游龙门一样，可以更加清晰地看石刻。而即使不是夜游，白天来北山的游客总体数量也是不多的，绝大部分来大足的游客，必去的是宝顶山。

宝顶山造像就是纯南宋末年的了，最集中的区域叫大佛湾。南宋的淳熙至淳祐年间，有一个人用了自己一生的时间（七十多年），竭尽全力组织人力、财力进行开凿，到死也没有开凿完毕。据说在宝顶山的大佛湾开凿期间，整个川东地区的雕刻匠人，都被召集到这里工作。这位传奇人物就是"第六代祖师传密印"赵智凤。

这位赵智凤，就是大足本地人。传说他5岁时，因母亲病重，算命的先生说只有他去当和尚，母亲才能康复。于是他便削发为僧，16岁时外出游学，在川西的弥牟镇圣寿本尊院，

[1]［美］费慰梅著，成寒译：《林徽因与梁思成》，第66页。

拜柳本尊为师。三年的学习使他精通了佛法，回到家乡大足，传播他学到的密宗。大足地区从晚唐开始就有很浓厚的开龛造像的社会风气，赵智凤顺应当地习俗，准备建造一个大型的密宗道场。

一般供养人，根据自己的财力，通常不可能倾家荡产，而是酌情投资，开凿一个适当的规模。而从小就性格坚忍不拔的赵智凤，理想远高于常人。他在大足境内各地数十次考察选址之后，最终把建造道场的位置选定在了宝顶山上。这片区域是一片环形的山谷，现在由于过度种树，中间的植被过于茂盛，看不清整体格局了。当年，这里就像一个足球场，在看台的任何位置，放眼看其他看台，都能看得非常清楚。山谷本身也拢音，有天然的扩音器的效果，特别适合在此讲经说法。

● 宝顶山华严三圣

于是，在赵智凤二十岁的脑海里，规划好了一个整体布局。在这样的环形区域，设置一进一出两门，然后按逆时针的顺序，在近五百米的崖面上依次雕刻了柳本尊正觉像、圆觉洞、牧牛图、护法神像、六道轮回图、广大宝楼阁、华严三圣、千手观音、佛传故事、释迦涅槃圣迹图、九龙浴太子、孔雀明王经变相、毗卢洞、父母恩重经变相、雷音图、大方便佛报恩经变相、观无量寿佛经变相、六耗图、地狱变相、柳本尊。最后的一组柳本尊十炼图下面的十大明王并未开凿完毕，由于赵智凤的去世，再加上蒙古帝国的军队也打到了离大足不远的合川钓鱼城，当地再无力继续开凿，于是最后有一点点烂尾。

在南山石刻有石碑记载：大足"素无城守兵卫，狄难以来，官吏民多不免焉……存者转徙，仕者退缩"。"狄"这里就是指蒙古国兵。年号是南宋淳祐十年，也就是公元1250年。

　　烂尾倒不要紧，正好给我们留下了当年开凿过程的实物解析。我们可以根据不同明王开凿的不同进度，得知他们当年是先开凿大形，再从头部往身体细化。在身体没有细刻之前，头部面部就已经完全刻画到位了。

　　赵智凤像是设计了一座立体的佛教理论教学场地。工匠制作的重点也全部都放在了用形象来解释赵智凤设计的"佛理"的内容上，并没有想用精湛的手艺来突出雕塑艺术上的成功。为避免喧宾夺主，大佛湾几乎所有的人物全部采用程式化的三张脸来体现，也就是所有男性（包括佛和男性供养人）人物一张脸、女性（包括菩萨和女性供养人）人物一张脸、妖魔鬼怪一张脸。观看大佛湾每龛造像之时，观者不会像在安岳，频频被造像本身打动。这里看到的雷同形象，更容易令观者进入故事情节之中，更好地完成赵智凤想对观者表达的内容。

●　宝顶山大佛湾涅槃佛

　　雕刻技法最高超的还是"究竟涅槃"组雕。这部分在大佛湾的 U 型谷的拐弯中间位置，空间大约宽 30 米左右。如果用这个长度来雕刻一身卧佛，其实也不算小了（张掖大佛寺全国最大的室内卧佛也就 34.5 米），但不知道是工匠的创意还是赵智凤的要求，他们决定利用小空间，创作更大气的卧佛。于是便在此 30 米的空间中，只刻出上半身，把下半身隐藏在山体之中。这种思路，在之前长达近千年的中国各地开窟造像过程中，没有人敢这么设计。毕竟佛菩萨是高高在上的，从新疆龟兹，到敦煌、云冈，或者是四川其他地方，均没有见到过半身的佛。恰恰是在大足地区，在南宋时代，我们看到了多处半身佛像的设计格局。

这是一种大胆的突破，也充分显示了设计者的智慧。甚至大足民间对宝顶山卧佛不见手脚的样子，有一种说法是：身在大足，手摸巴县（今重庆市巴南区），脚踏泸州。

除了卧佛采用高浮雕的方式，佛祖身前的一系列人物，则采用圆雕将柳本尊、赵智凤、众弟子和菩萨雕出半身像。每一尊小像均雕工精湛，虽然有些程式化的雷同，但相比大佛湾其他窟龛的雕像全部统一三张脸而言，要气韵生动一点。

从大佛湾的整体布局上来说，每一龛像，都建在 15 米左右高的崖壁上，崖顶有防雨的檐子向外挑出，壁面是从下往上内凹的倾斜，这样可以更好地防雨。造像通常分为三到四层，这样既丰富了景观的层次又使观众在地面抬头观看时一目了然，不会产生近大远小的透视变形。

赵智凤穷尽毕生精力，不但参与整体规划和设计，还要四处化缘。这样大规模的工程，没有充足的经费是不可能完成的。他在二十岁回到家乡，如此年轻，要说服出资人愿意为开凿大佛湾而解囊相助实属不易。而他活了整整九十岁，也没看到最终竣工，比他年纪大很多的出资人，肯定先于他就去世了，他一生则需要不断地游说，讲经说法，树立形象，引人施舍，才能完成如此大规模的工程。

这样规模的民间工程，不仅在中国石窟史上，甚至扩展到其他古迹类型里，也非常罕见。像云冈、龙门、麦积山、莫高窟都不是一个时代连续开凿而成。而且大规模开窟都是皇家出资，属于国家工程。宝顶山大佛湾的建造，不仅需要艺术家们深厚的功力，施工者严密的设计，更需要主持者的坚持不懈和强大的人望。

梁思成先生来此仅驻足一天，主要是冲着"唐代"千手观音来的，可惜临来之前头一天，便看到了照片。营造学社同仁根据照片判断，并非唐宋，看似明代而已。本来以为如果真是唐代观音，有可能尚存古老建筑吧，到那里发现，木构均为新建，也就很快离开了。

千手观音是大佛湾同期南宋末年开凿的。前些年，因为病害严重，国家对其进行了艰难的修复。修复完毕之后，观音全身从面部到 1006 只手，除了几只为了供人观察比较没有重新涂金之外，全部焕然一新。当然，社会上的各种声音也非常的多，这里我们不做评论。

大佛湾内容浩繁，不再赘述。分享一下我们在圆觉洞的感受。有人认为这里不亚于安岳的华严洞，甚至有几尊菩萨要比华严洞的菩萨更美。

宝顶山的圆觉洞，也是大佛湾之中开凿最深的一个洞窟。这样的洞窟的空间，其实跟一座大殿是很相似的。为了营造庄严神圣的氛围，考验工匠智慧的时刻到了。匠师们刻意把石窟入口甬道开凿得较长，处理成倒喇叭口形。也就是门口小，越往里走越宽，为了从门这里少进光，使得洞内光线暗下来。暗下来不是不利于观看佛菩萨吗？工匠的目的是营造剧院那种聚光焦点的效果。他在门洞的正上方，再开一个天窗，从这里可以进光。在白天阳光正好当空照射的时候，一束光正好照到佛前的菩萨身上。刚一进来的观者，无不被光线引导望向那位菩萨。这位菩萨正是周边十二圆觉的化身，代表他们向佛祖行礼。

我们进来之后觉得黑，当眼睛慢慢适应这种环境。瞳孔渐渐放大后，四周的造像就慢慢清晰起来了。这也是工匠的一个设计，很像电影中的光线变化，主角配角依次从暗处慢慢变亮。待不多时，石窟两壁的十二位坐在莲座之上各种姿势的圆觉菩萨便在暗光中逐渐浮现出来了。

菩萨们头戴镂空雕刻的花冠，身披舒展柔顺的天衣，从身上自然地摆动到脚前，摆动的方向正是有风从窟门这边吹来后动势的方向。菩萨面容端庄，目光柔和，淡然微笑，恬静优雅。相比安岳华严洞那一窟，

● 大佛湾涅槃佛前菩萨

宝顶圆觉洞的几尊菩萨，更加活泼。如右壁中央这尊，坐姿类似自在观音，肩膀放松，上身微向前探，头随着身体的动势向外转，目光正好朝向刚刚进窟的人们。像是在跟大家打招呼，欢迎来到这里听佛说法。其他几尊菩萨也有互动，姿势各不相同，但目光全看向中央，顺着他们注视的延伸线，聚焦在洞窟正中。也就是前来朝佛礼拜的位置，当您站在那个焦点上，就能感受到万众瞩目了。

如果说洞窟光影设计，还是比较常见的视觉体验设计。那么，大足的潮湿天气带来的另一种感官体验，就真是罕见了。甘肃和山西那些石窟和寺庙，没有这么潮湿，也实现不了这种设计。

这便是听觉的奇妙体验。我们去时，并未下雨，但听说圆觉洞有个排水设计，就在左壁顶部刻着一条卧龙。龙嘴是一个流水的出口，这是真正的"水龙头"。龙身是排水管道，下大雨时，水从窟上方的山体缝隙里流下来，从龙嘴吐出，滴到龙嘴下面的钵盂之内，就

会发出叮咚的声响。钵盂底下是空的，再顺着石窟下边的排水沟流出。

排水其实一直是石窟开凿必须解决的问题，我们在云冈和龙门很多洞窟顶上，都可以看到排水沟，但像圆觉洞这种将排水系统嵌入石窟艺术中的，仅此一处了。而且据说叮咚作响的滴水声，在石窟空洞内，有一种回音扩散的效果，配合上当年窟内僧人敲击木鱼的声音，一定很美妙。

看完之后，我们也得赶路了，中午在三驱镇一个小饭馆吃饭。简单的两菜一汤，味道好极了，才40元。我相信即便是全国物价持续上涨之下，城里人来到巴蜀鱼米之乡这样的小山村里消费，也还是会感觉幸福吧。

最令我终生难忘的不在这五山之内，美滋滋地吃着川菜时，哪里想得到下午要遇到麻烦了。

我们计划吃完饭去妙高山。它是2019年从"省保"升级到"国保"的。我们对妙高山颇为期待，事实果然也没有让我们失望。虽然现在已经不允许登梯子上到窟内观看，但是长焦基本可以够得着。

妙高山就是佛教里的须弥山，这样一个名字使用意译，显然比音译更加美妙高明。进得景区大门，一眼便望见山崖之上一尊立佛在眯眼微笑，胡子使用浅浮雕的方式刻画出来，配合神秘微笑着的嘴角，让人心生欢喜。山崖面上镶嵌的还是"省保"妙高山摩崖造像的碑，估计国保碑应该得过些年才能制作好。

南宋时在巴蜀一带，当地的信仰已经进入实用化成熟阶段。石窟再也不是禅定或者修炼的道场，而是类似于"信仰超市"般的杂糅。儒释道甚至地方神祇均可供奉，只要有人

● 宝顶山养鸡女石刻

● 宝顶山大佛湾圆觉洞（李砚　摄）

出资便可。因此，往往能看到"各类神众"兼容并蓄（混搭一窟）。当然，题材的世俗性和混乱，对于我们这些重点欣赏艺术水平的人来说，倒也无其所谓。越是主题的杂糅，越是能有趣地反映现实，更容易施展工匠的创造力和技艺。

孔子在宋真宗大中祥符五年（1012 年）被追谥为至圣文宣王，因此，妙高山的孔子也带上了冕旒。石刻受材质的制约，冕旒的雕刻实在无法施展，只能贴着脑门浅浮雕一排。相比彩塑来说，看着实在有点憋屈。由于妙高山目前尚未正式对外开放，文管员还是不断催促我们拍几张就走吧。其实我们时间也的确很赶，都已经下午 2 点多，还有四处要去，不能恋战，开车走。

就在此时，忙中出错。经历过秦岭太白山的冰雪夜路；经历过云

● 大佛湾圆觉洞菩萨（李砚　摄）

南怒江边的泥泞山道；经历过西藏高原和新疆的沙漠驾驶……结果就在妙高山下的苔藓路面，又交了一次学费。本来看起来非常简单的一次原地掉头操作，不经意车子下到路边湿滑松软土层上。挂倒挡再倒车时，二轮驱动的前驱车，前轮在异常滑溜的苔藓层上，竟然只能原地打滑，车身纹丝不动了。

下得车来，才发现，这样的地面滑得连人都站不稳。两驱车，是怎么也开不出来了。此时小雨渐渐变大，村口的人家提醒说不远处有挖掘机在工作，也许可以帮忙把车拉出来。于是去找车，但挖掘机没有牵引用的绳索，只找到一个农民工，说来看看情况再定如何营救。

他应该是见过一些类似情况，看完车辆位置和地面情况后，开价 800 元，不支持手机转账，先付现金再干活儿。我们全身上下也凑不齐 800 元现金，关键是先付给他，即使拉不出来车，这钱在人家费尽百般力气之后，也不好再要回来了。

也许是受农民工张嘴就要 800 元，还必须现金先付的刺激，原本在村口开店卖猪肉的

刘屠户，骑着打不着火的摩托车（准确地说是骑在车上用双脚蹬行，为何如此，至今不明）去找车帮忙了。不多时，一辆货车来到我们跟前。由于地滑，货车也不能开到附近，那样等于又陷进去了一辆，只能在距离我们的车 20 多米开外的硬路面上，用两段绳索（每一段都不够长）捆绑在一起，往外拉扯。由于主路与泥路呈 90 度角，货车在主路拉，我们的车只能是斜向上行，一把一把地调整方向，一把一把地更换绳索，终于在五次操作之后，将车辆拖出泥潭。

此时刘屠户浑身已经被雨水浇透，我们赶紧拿出全部现金略表感谢之意，他却坚决一分钱不要。这让我们感到巴蜀人民热情似火，侠肝义胆。在类似于打架的激烈推拉中，我们最后还是把几张钞票强行塞入他的口袋中。结果他还是拿了出来，分给了货车司机和其他几位帮忙的农民老乡。

车子开出几百米了，感谢的声音仍然飘荡在妙高山麓。

第二十三章　容县真武阁

四 柱 悬 空 的 建 筑 谜 团

　　1940 年 1 月 24 日，调查完宝顶山以后，营造学社调查合川周边古迹。之后便顺长江南下，经过宜宾，看了看旋螺殿、真武山、旧州白塔（位于今天的五粮液酒厂旁）；又经安顺在黄果树稍作停留。2 月 14 日抵达曲靖，拜访“二爨碑”及大理会盟碑。16 日，回到昆明，此次川康调查结束。

　　在此，我们从营造学社川康返程线路中，选一个本书前面没怎么介绍过的古迹类型——石刻及其他，给大家说说。1961 年公布的第一批全国重点文物保护单位名单，第一类是革命遗址及革命纪念建筑物，之后古迹分成五类：石窟寺是从云冈石窟开始，古建筑是从东汉三阙开始，古遗址从周口店遗迹开始，古墓葬从黄帝陵开始，石刻则是从西安碑林开始。营造学社经过曲靖时，他们拜访了爨宝子碑和爨龙颜碑，分别为石刻系列的第二号和第三号。

　　爨宝子和爨龙颜是两个人名，爨氏家族是曲靖地区古代的统治家族。这两方碑，不仅具有重要的文物价值，而且在书法史上地位极高，被誉为神品，是从篆书发展至隶书的过渡字体。

　　爨宝子碑凿刻于公元 405 年，题记年号是东晋大亨四年。碑额上题字为“晋故振威将军建宁太守爨府君之墓”。碑文一共 13 行 400 余字。碑尾有题名 13 行，每行 4 字，均为正书，除最后一字缺损外，其余都清晰可辨。碑的主要内容是叙述爨宝子的生平、家世及其政绩。爨宝子是当地部族的首领，世袭建宁郡的太守。爨氏是汉末至唐代中期著名的“南中大姓”之一。当时的建宁和晋宁两郡，建宁就是现在的曲靖，晋宁就是现在的晋宁县，都是爨氏管辖的中心地区。

　　在梁先生他们到来的 160 多年前，1778 年的春天，曲靖县城南杨旗田村的一个农民，在自家的田里耕田时发现了它。这个大字不识的农民，不知道石碑上写的是什么，但他看这是一块规规整整的石料，就搬回家了。他除了种田以外，还有个副业磨豆腐。从专业的眼光来看，他认为这块石碑又大又平，是做豆腐的好用具。从此，这块石碑就成了他家做豆腐的工具，祖祖辈辈使用，一直用了74年。

● 曲靖爨龙颜碑

非常幸运的是，他没有把这个石碑用于研磨豆子，而只是晾豆腐。按照常理说，沙石制的材料易于风化，天长日久字迹会变得漫漶不清。这块碑不知何年就被埋在地下，出土之后，幸运地被用于盛放豆腐。正好使得豆腐汁里的钙质，不断地渗入沙石之中，等于给这个碑补了74年的钙，反而让这块石碑很好地保存下来了，这也算这块碑命运中的一个神奇之处。

清咸丰二年（1852年），南宁知府邓尔恒来到府衙后院检查厨房的工作，无意之中发现他们吃的豆腐表面上隐约有字。仔细一看，邓大人发现，它不但有字，且笔画奇绝，不同凡响。于是，邓尔恒找来厨子，询问豆腐从哪里买的。之后顺藤摸瓜，找到了那家豆腐作坊。

邓尔恒来到此家就看见石碑了，以他的眼光，一眼就看出此碑卓尔不凡。在清代，云南地区唐以前的石碑，是非常罕见的。邓尔恒是鸦片战争时两广总督邓廷桢的儿子，进士出身，精通金石书法，在曲靖工作期间，多方寻访遗落在民间的文物。由此，有赖邓大人的慧眼，这块屈居豆腐坊74年的世间珍宝，终于重见天日。

这个爨字，从字源上解释有两个意思，在东汉许慎的《说文解字》中写道：第一个是西南大姓，其实就是指的这家爨氏家族。还有一个意思是动词，把柴火拢在一起烧的意思。引申一下，便知当时这个家族的职业——炊事。之后他们移居到云南，逐渐发展为南中的豪族。公元339年，爨氏打败另外两家，独霸南中，自立为宁州刺史。从公元339年到公元 748 年，也就是东晋到盛唐这 400 多年，爨氏与当地的土著相互融合，在南中地区形成了一套独特的政治文化体系，再后来，爨氏被南诏所灭。

从公元 405 年立碑到 1852 年邓尔恒发现这块碑，已经过了长达 1447 年的悠长岁月，尽管有些迟了，但最终被慧眼之人发现，也算是只活了 23 岁的爨宝子的一种福分了。邓尔恒反复品味着眼前的爨宝子碑上的文字，那是一种穿越古今的享受。意犹未尽之时，邓尔恒依照清朝当时的惯例，亲自撰写了一段跋语，记述了发现并安置爨宝子碑的经过，并找工匠刻在爨宝子碑左下角空白处。

当时的云贵总督阮元，见到过另外一块碑——爨龙颜碑，它比爨宝子碑先出世数十年，那块碑才是云南的第一石碑，可惜的是邓尔恒

● 陆良爨宝子碑

没有见过。清道光六年（1826 年），身为金石学家的阮元出任云贵总督时，有一次到陆良的薛官堡视察。穿过晒谷场时，他的目光被一块石板吸引住了。这块石板，当时被用来打稻谷，阮元问了农民石碑的来历，又命人扒开稻谷，清洗下泥土后，就发现了这块《爨龙颜碑》。他命令知州张浩建一个碑亭来保护，并为其题跋。跋语中说，这应该是当地关于爨氏最早的一块碑了，比爨宝子碑个头大很多，故称大爨碑。

《爨龙颜碑》的全称是《宋故龙骧将军护镇蛮校尉宁州刺史邛都县侯爨使君之碑》，刻凿于刘宋孝武帝大明二年（458 年），现在存放在陆良县薛官堡斗阁寺的大殿内，上面有 1000 余字的碑文，记载了爨氏的祖先，最早为颛顼，战国为郢楚，汉代为班固，至汉末"采邑于爨"。虽其祖先是否为颛顼、班固有待考证，但爨氏是中原南迁的汉人则可以确定。

东汉末年，曹操曾以天下凋敝为由，下令禁立墓碑。公元 278 年，晋武帝司马炎下诏，"既私褒美，兴长虚伪，伤财害人，莫大于此，一禁断之。"自此这个禁碑期持续了 200 多年，

二爨碑出现在禁碑时期的末尾，成为魏晋时期为数极少现存于世的石碑刻。

这两块爨碑的书法古雅，结体茂密，虽为楷书却饶有隶意，笔力遒劲，意态奇逸，自成一体，被称为爨体。书家对它多有推崇：范寿铭在《爨龙颜碑跋》说："魏晋以还，此两碑为书家之鼻祖。"康有为对此碑推崇备至，说此碑"与灵庙碑同体，浑金璞玉，皆师元常（钟繇）实承中朗之正统"。他在《碑品》中将爨龙颜碑列为"神品第一"，赞其"下画如昆刀刻玉，但见浑美；布势如精工画人，各有意度，当为隶楷极"[1]。

1927年，云南曲靖成了军阀争战的战场。爨宝子碑竟然被士兵抬去修筑防御工事。当地的穷秀才张士元知道此事后，冒着生命危险跑到战壕里，跟士兵说，这块碑重要，能不能换一块？士兵也没有为难，说只要有石碑能挡枪子就行。于是，张士元舍命保石碑的故事，在当地流传为一段佳话。

10年后，1937年国民政府建设了南京到云南的滇京公路，来自南京的参观团，要到云南进行游览，点名要参观爨宝子碑，于是这块历经磨难的千年古碑最终有了一个安身之处。时任国民政府内政部长的云南大理剑川人周钟岳先生，委托曲靖第三师范学校的第一任老校长，建立了现在这个碑亭，收藏了爨宝子碑。正因为在学校里，作为文教器物，它得到了较好的保管。

在这次梁先生的最后一次田野调查之后，刘敦桢先生继续负责调查工作，他计划于1940年7月到1941年12月，调查西南古建。到了11月，日机对后方的轰炸越来越凶，中央研究院被迫迁往四川南溪县李庄，学社因必须依靠研究院的图书，也不得不随之迁往李庄。

自1941年开始，随着林徽因女士肺病的不断加重，梁思成再没有出门进行田野调查，他将精力集中在《营造法式》和《中国建筑史》上。梁林的田野调查就到此结束了。梁先生自己也是这么记录的。不过，如果说他这一生中，最后一次进行古建筑考察，那是1961年12月末，梁思成先生到广西壮族自治区访问，自治区党委调查研究室贺亦然同志知道梁先生是古建专家，因此特意向梁先生提到在玉林的容县，有一座在二层楼上内部有四根悬空不落地、柱脚离楼板面约一寸的奇特结构的古建筑，希望梁先生去考察一下。

我于2017年跟两位朋友相约一起自驾广西边境，去了一趟梁先生最后调查过的这处古建筑——容县真武阁。这座古建筑在1996年还被印制成邮票发行。四柱悬空，光看到这个词，就已经让人疑窦丛生了，难道是古代磁悬浮吗？

梁先生在广西建筑科学研究室杨毓年工程师的陪同下，于1962年1月4日到达玉林。第二天一早，在玉林地委严敬义同志陪同下来到容县，并在浦觉民副县长的引导下，来到

---

[1] 余嘉华等编著：《云南风物志》，云南人民出版社1986年版，第299页。

● 容县真武阁

　　了东门外人民公园，登上经略台，攀登真武阁，亲眼看到了这一带遐迩称颂的悬空柱罕见
木构。

　　梁先生在调查报告中写道：

　　　　的确名不虚传，百闻不如一见。我从 1931 年从事中国古建筑的调查研究以来，
　　这样的结构还是初次见到。我们上下巡视一周，决定这次调查以研究这座建筑的结构
　　为主题，艺术处理的细节手法则在时间条件下给予必要的注意，在一天的时限内，做
　　一次尽可能详尽的测绘。[1]

　　梁先生跟黄报青先生一起测绘了七个小时。

　　测绘目标建筑真武阁，是建在一处高台之上的，叫做经略台。这个台是由唐代容州经
略使元结取名。诗人元结于大唐乾元到大历间（公元 760 年前后）在这里做官。梁先生分
析取名的缘由，语言也很犀利：

---

[1] 梁思成：《广西容县真武阁的"杠杆结构"》，《梁思成全集》第五卷，第 392 页。

明清以来的"梧州府志"、"容县志"以及台上一些碑文，都把他和台扯在一起，并且把台叫做"经略台"。想来只因他是唐代著名诗人，政绩比较昭著，好事之徒便牵强附会，把他和台联系起来。这样的事情实在太多：山西就有数不完的"豫让桥"，广西还有更多的"刘三姐歌台"！[1]

1982年经略台和真武阁一起登上了第二批全国重点文物保护单位的名单，可见二者是紧密关联的。我们在现场看到，经略台所处的位置在容江的一个拐弯处，据梁先生推测，唐代建造经略台时，应该主要是为了抵御洪水而沿江筑的堤。经略台台面高出大堤约3米，真武阁前面的碑记上记载，明万历元年（1573年），经略台的夯土台基扩大一丈，并建造了真武阁。

登上真武阁，远眺容江对岸，山峰气势极为雄壮。阁内安置了真武大帝神像和他手下的其他臣属，周边按照道教的制式和道士生活的需要，加盖了配套设施，宿舍、厨房、厕所等。如今，经略台上只剩一座阁楼矗立，里面的塑像也都没了。真武阁楼上其实没有任何墙壁，就跟我们常见的亭子一样。事实上是一座四面通风、高达三层的大亭阁。经略台上唯一的附属建筑是民国时期所建的一座六柱重檐的牌楼。"'门亭'的大小、权衡、风格和阁本身很和谐，为台阁增置一个恰如其分的小'序曲'"。[2]

真武阁建成后的四百多年里，一直默默无闻。就像我国大量的山野之中的古建筑一样，直到梁先生的到来，才得名闻天下。它既然是以"悬空立柱"而著称，我们就来看看到底是怎么回事。

真武阁一共有三层，要说是第一层的柱子悬空，打死我也不信。我们登上台子来看，也丝毫看不到悬浮空中的迹象。看来所谓悬空，应该出自第二、三层。于是我们迫不及待地上楼，果然，还未登上二楼，刚从楼梯拐过弯来，脚还在楼梯上，眼睛已经看到了二层楼的四根金柱的根部，完全是悬空的，根本就没有支撑在二层楼板上！有人拿出手机，塞到柱子底下，从另一个方向拿出来了。柱子离楼板至少有三厘米距离。这四根悬空的金柱上，还伸出三层枋子，穿过檐柱，也就是底层的金柱的上部，向外伸出成为斗栱，以承托外面的屋檐。看这四根金柱上面的这样沉重的荷载，而脚下悬空，真是搞不懂怎么回事。

我们继续往上走，来到三楼，看见从二楼直通上来的那四根金柱，顶头上还承托着一道大梁，大梁之上还有巨大的脊檩。整个屋顶就是压在这四根悬空金柱上的，屋顶上还有

---

[1] 梁思成：《广西容县真武阁的"杠杆结构"》，《梁思成全集》第五卷，第393~395页。

[2] 梁思成：《广西容县真武阁的"杠杆结构"》，《梁思成全集》第五卷，第397页。

琉璃脊瓦、脊兽、板瓦、筒瓦等，这得多少重量啊，悬空柱子怎么可能承受？

再一想，金柱根本就不可能悬空支撑上面的任何重量，就连它自己本身也不可能悬浮在空中。看来一定是有其他的什么支撑在抬着它们及二层以上所有的载荷。于是，我们回到一楼，顺着最下一层的柱子向上捋。发现整个一楼虽然有 22 根柱子，但真正起作用的应该是其中八根，从下一直通到二层顶部的柱子。二楼以上所有重量，其实都是这八根柱子扛起的。

二楼以上，主要的重量来自于屋顶（三楼）和二楼外檐的那些防水瓦作。外檐的重量压在外部，是由固定在那八根立柱上的每根柱子向左右和外侧分别安装的三条枋来支撑。一共 72 根枋子。为了平衡外部的压力，内部使用了配重。而这配重，设计师使用了四根柱子，形成了内圈，这就是那四根悬空柱。其实这配重没有这么长也是没问题，只要两边压力均衡，外檐的重量有八根柱子支撑就行。

梁先生当年测绘时，比我们看到的问题更深入，他发现：不仅仅是杠杆设计得很大胆，

- 真武阁

而且整个二楼以上的构件本身，也十分薄，挑着外檐的枋子，与连接构件之间，也没有辅助固定的构件。

"整座建筑，从主要梁架到这些极为重要的斗栱细部，都像杂技演员顶大缸或踩钢丝那样，令人为之捏一把汗。"[1]

工匠干吗要把一个普通的阁楼搞得这么悬？这个看起来脆弱不稳定的结构，又是如何能在450年的岁月里，挺过了各种自然灾害呢？查阅当地县志得知，容县在过去的450年中，有记录的地震五次，有记录的大风三次，居然啥事没有，健健康康地矗立到了今天。甚至在南方这么潮湿的天气环境中，柱子上也没有出现糟朽或者病虫害。

● 真武阁二层悬空柱

讲解员告诉我们，唐代的经略台，在明代扩建时，也没有使用坚硬的石头，更没有钢筋水泥浇铸，是在防洪堤坝内铺设河沙，经过夯实之后形成的台基。真武阁的22根一层木柱，每一根下面，都有一个柱础。柱础石露出地面的部分只是整个柱础的一小部分，其实更长的部分是插入台基之中，起到稳固柱子的作用。在地震时，经略台下面的厚厚河沙可以一定程度上削弱地震波传导上来的震动幅度。这是真武阁历经五次大地震屹立不倒的原因之一。

另外，真武阁的木材也选择得非常精心。它是一种云南和广西特产的铁力木。这种木料材质优良，木材本身油性大有光泽，结构均匀，纹理密致，十分坚硬，耐磨损，抗腐，抗虫蛀。最高可以长到30米，是造船和盖房子的非常好的材料。由于这种木材性能优良，所以砍伐也比较严重，到明代其实已经算是比较珍贵的树木了。真武阁能使用如此之多的铁力木搭建，看来当时的出资方还是比较厉害的。梁先生后来告诉当地人："铁黎木是一种高级木材，建议两广林业负责同志考虑大量培植，并建议广西土木建筑研究单位对它的

---

[1] 梁思成：《广西容县真武阁的"杠杆结构"》，《梁思成全集》第五卷，第404页。

性能进行研究试验。这也可有助于真武阁结构的进一步深入研究。"[1]

今天的真武阁，上下的木料，都呈现出木材的原色——铁色。但是梁先生来时，上面有些木料被涂上一些红土，他觉得这不符合南方建筑的风格，也掩盖了木材的"天生丽质"，建议把红土粉刷掉，并刷一层生桐油来保护原木，恢复"庐山真面目"。现在看来，梁先生的建议，当地部门是真的听进去了，而且真的照办了。

不仅是这点细节，实际上梁先生在后来的调查报告中，还提及景区开发的注意事项。经略台、真武阁进入第二批国保单位名单，也是梁先生直接关注的结果。他还提出：

> 为了安全，应严格限制登楼人数……台阁环境幽美，面临绣江，是容县的一个理想的游息胜地……目前台阁西面树比较多，东面比较少，这是很好的。东面就不必再大量绿化了。像真武阁这样一座优秀的文物建筑，必须给游人留下足够的视野，让人们能够至少从一面见其全貌，若是四面都用密茂的树林包围起来，就不能得此效果……建议不再增设性质"热闹"的场所。在这样小的公园里，特别是考虑到台阁的性质，应多留些幽静的地方。台东一片地，现在做成五角形的几何图案，亭子居中，显得呆板一些。不如改成一片平地，铺种草皮，不规则地种几丛灌木小树，铺几条曲径，使得它更自然些，也许比这五角形图案更饶风趣。这里正是瞻览真武阁全貌的最好的地方。[2]

以上这些建议，当地也都执行了。这让我们感到非常欣慰，毕竟我们看到了太多文物景点，做了很多梁先生反对的操作，令我们十分无语。

真武阁二层使用了杠杆结构，科学地解释了为什么四柱悬空的力学原理。但是当年的工匠为什么要这么做，好像还是没有答案。从单纯的一共三层楼阁设计方法来看，全国各地这样的建筑也不少。想盖起来一座这种样子的阁楼有很多种结构设计方式，为什么这里非要"画蛇添足"地采用杠杆原理来搞一个"悬空柱子"呢？

梁先生给出的答案是：

> 可能是他早已有了这样一个大胆的设想，他的创作的欲望恰巧遇到这样一个"任务"，所以他就乘机进行了一次创造性的试验。我们甚至可以说，这位富有想象力的

---

[1] 梁思成：《广西容县真武阁的"杠杆结构"》，《梁思成全集》第五卷，第411页。
[2] 梁思成：《广西容县真武阁的"杠杆结构"》，《梁思成全集》第五卷，第411~412页。

天才匠师很成功地耍了一通非常漂亮利索的"结构花招"，将近四百年后，还博得了我们这样的初见者的热烈喝彩和掌声。[1]

当时这位无名匠师必然具有极其丰富的力学知识，而且在整个施工过程中，对如何经常保持这平衡也必须做了妥善的安排。将近四百年来大自然年复一年的各种考验证明他是一位卓越的工程师。这是我们后代所不得不深为敬佩的。[2]

另外，据容县博物馆馆员梁达华老师分析，真武阁四柱悬空的设计，也可能跟其是道教建筑，设计要符合道教思想有关。这里的主尊供奉的是真武大帝，而明朝皇帝朱棣，自诩为真武大帝在世。他在武当山修建的金殿之中供奉的真武大帝，其实正是他自己的形象。此后历位皇帝，都是他的子孙，因此明朝各地真武信仰非常流行。

道教讲究虚实结合、刚柔并济、静动相宜。真武阁各个构件之间，就像梁先生评论的，是相对松散的，斗栱的榫卯之间是有空隙的，道教中称为"虚"。但通过工匠对整体结构的精密计算，杠杆两侧的力学结构又是极为稳定的、均衡的，地震和台风都不能摧毁它，这是"实"。

铁力木是坚固的，但四柱悬空和斗栱活性连接，又给二层一个充分的变形空间。在地震和台风来临时，可以做到最大限度地承受变形，然后快速恢复原状，这正是刚柔并济。经略台的河沙台基在遇到地震时，大地是动态的，地基松软的沙子也是动态的，两相结合，真武阁本体就回归了静。

这些建造思路也许都是匠人在设计真武阁整体架构之前，经过长期的思考和计算的结果。据梁先生所说附近还有一座类似的小一点的悬空柱木构建筑，只是他当时没有时间去看，我们这次也没有打听到。也许又是一座因为他的错过，而在几年后消失了的建筑吧。

---

[1] 梁思成：《广西容县真武阁的"杠杆结构"》，《梁思成全集》第五卷，第406页。
[2] 梁思成：《广西容县真武阁的"杠杆结构"》，《梁思成全集》第五卷，第411页。

后 记

白 郁

　　过了三十岁以后，我突然开始喜欢文物古迹。也许是因为每个中国人的身体里都流淌着传承百代的民族基因吧。查阅资料时，经常读到梁思成先生和他夫人林徽因的事迹，尤其是他们在"中国营造学社"进行田野调查的传奇经历，激发起我浓厚的兴趣，令人心驰神往。

　　想那九十年前的梁林，年轻勇敢，刚从美国学成归来，就投身于中国前所未有的"建筑史学"的研究。那时的交通、信息传递、技术设备等方面，对于进入田野进行古迹考察的人来说，无异于亲历一本"侦探小说"。在艰苦的条件下，探寻他们认为最具价值的文物古迹，享受着身体在地狱、眼睛在天堂的两极体验。

　　对于我们这一代出生在改革开放前后，成长在交通发达、信息爆炸时代的人来说，阅读他们的田野调查报告，感受简直像欣赏精彩的电影大片。于是我也向往有一天可以亲自去他们去过的那些古迹，一探究竟。

　　出于爱好做了历史自媒体之后，我结识了魏新老师。魏老师也喜好访古，于是我俩相约，招呼一众有共同爱好的朋友，一起沿着梁林当年田野调查的路线，分几次寻访那些国宝级的文物古迹。

　　我们计划 2015 年暑假，开始重走梁林之路，由我来负责活动的线路规划和后勤落地。于是我开始提前准备，仔细阅读梁思成和林徽因二位先生的生平和文集。从中我了解到：

　　祖籍广东新会的梁思成先生于 1901 年 4 月 20 日，出生在东京。祖籍福建福州的林徽因女士于 1904 年 6 月 10 日，出生于杭州。他们二位的父亲，都是当年的知名人士。

　　梁思成 1912 年跟随父亲回到北平；1915 年在北平清华学校读书。

林徽因 1916 年因父亲在北洋政府任职来到北平，就读于英国教会办的北京培华女中。1920 年 4 月随父游历欧洲。后来在双方父亲的安排下，林徽因结识了梁思成。

1923 年梁思成驾驶新买的摩托车行驶在长安街上，被军阀的汽车撞伤，康复后左腿一直短了一截，也因此耽误了赴美留学一年。

1924 年 6 月梁林一起赴美国宾大学习西方建筑；1928 年毕业后，相识多年的两人办了婚礼，并赴欧洲度蜜月兼做西方建筑考察；回国后于 9 月在沈阳创办东北大学建筑系。

1931 年回到北平，加入"中国营造学社"。

梁思成先生于 1932 年研究并完成《清式营造则例》；4 月，梁先生等三人调查了蓟县独乐寺，是为营造学社田野调查的开始；同年 6 月调查宝坻广济寺三大士殿；

1933 年 3 月，梁先生带队调查正定隆兴寺及周边古建；9 月调查大同的华严寺、善化寺、云冈石窟及周边的应县木塔、悬空寺；11 月前往赵县，调查安济桥等古迹；

1934 年 8 月，梁先生与夫人林徽因共赴晋中，与美国的好友费正清和费慰梅夫妇一起调查太原、文水、汾阳、孝义、介休、灵石、霍州等 13 县的 40 多处古建筑。同年 10 月前往杭州，调查了周边的多处古建，包括六和塔、闸口白塔、武义延福寺、金华天宁寺；返程时取道南京调查用直保圣寺、南京栖霞舍利塔及南朝石刻等；

1935 年 2 月调查山东曲阜孔庙，制订维修方案；

1936 年 5 月 28 日赴洛阳调查龙门石窟；6 月考察开封繁塔、铁塔及龙亭、济南历城神通寺四门塔、泰安岱庙、济宁铁塔等山东中部 19 个县的古建筑；11 月赴山陕 19 个县，调查大雁塔、小雁塔、香积寺塔、周文王武王陵、唐顺陵、汉武帝陵及霍去病墓等地；

1937 年 6 月第三次去山西，赴忻州五台山发现了重要的唐代建筑佛光寺东大殿；后又赴台怀镇、繁峙县和代县调查十几处古建筑；并调查榆次永寿寺雨花宫等处；

全面抗战爆发后，梁林携全家奔赴云南避难，1938 年 1 月抵达昆明；

随着其他社员的到达，营造学社恢复工作，1938 年调研了云南昆明及周边的古迹；

1939 年 8 月至 1940 年，营造学社沿岷江、嘉陵江、川陕公路调查汉阙、崖墓、摩崖石刻。至此，营造学社的田野调查之路，告一段落。

1940 年 11 月，营造学社搬迁至重庆李庄，梁先生在这里潜心撰写《中国建筑史》；抗日战争胜利后，梁先生一家返回北平。

前后八年的时间，在当年交通状况极其落后的情况下，梁先生拖着伤腿，林先生患有肺病，如此艰难地一起行走了上万公里。他们为中国学人打开了古建筑研究的一扇大门。记录下来的重要古迹，后来被梁先生汇编成《全国重要文物建筑简目》，也就是 1961 年文物局颁布的第一批《全国重点文物保护单位》名单的前身。

说到田野调查，别说身体患有伤病，就是完全健康的人，在九十年前那种环境条件下进行，也是非常艰难的。这些困难包括：

第一是大、小交通难行。就当时从他们居住的北平，前往目的地城市的大交通而言，虽然九十年前已经有火车和长途汽车，但是那种舒适性和速度，对于我们这种坐过绿皮火车的人来说，也只能理解其困难的一两成。而相对于大交通来说，小交通才是更大的麻烦。火车或长途车到达县城车站后，离古迹往往还有几十公里甚至更远的道路要走。那个年代，没有公交车，没有出租汽车，能找到的小交通方式就是马车、人力车，有时甚至要骑骡子。在我们后面的讲述中您会发现，田野调查的大部分时候，"行"这一块上都会遇到各种不顺。

第二类困难是当时社会治安的糟糕。九十年前的华北地区，军阀割据，日军侵略的威胁一直都压在这片土地的上空。在这种大环境下可想而知，那些偏远的地区，土匪、黑社会是十分猖獗的。一对富家子女，携带一定量的路费和高级设备出行是有很高风险的。测绘工具可能不算贵，但光一套照相器材在那个年代也是很奢侈的东西了。梁林不但不是武林高手，而且都有些伤病，可见他们当年是多么的勇敢，多么热爱自己的事业。

第三类困难是心理上的压力，也就是由调查目的地的不确定性，经常带来的挫败感。要知道当年可没有我们现在手里的国保名单，梁林在出行前能查到的只是一些非常含糊的信息，既无法确认古迹是否尚存，也不能确定位置到底在不在那里。费尽千难万险跑过去，经常只见到一堆废墟，有时甚至连废墟都找不到。一次又一次这样的挫败，不像现在花两天时间就可以走一个来回，当时那是要费很长时间和很大费用的。营造学社创始人朱启钤先生再有钱，也禁不起如此的花费。

况且朱启钤先生最初的态度，我们可以在费慰梅女士的书中看到一二：

尽管梁思成再三提议，但朱启钤不认为有必要到北京以外的地区进行田野调查。这一点也不足为奇，因为他当初创建中国营造学社的目的，就是为了用文字方法解决建筑方面的问题。[1]

从1931年梁先生发愿一定要找到唐代建筑开始，一直到六年后的1937年，这个愿望才幸运地最终实现。要知道时至今日，真正完整的唐代建筑全国也就仅剩三座。实际上除了他找到的佛光寺东大殿以外，另外两座都是民间三开间的小庙，完全无法跟东大殿的宏伟相提并论，即便找到，可能也无法带来像发现东大殿那样经典的唐代建筑而引起的成就感。

---

[1] [美]费慰梅著，成寒译：《林徽因与梁思成》，第67页。

也就是说，梁林在全面抗战爆发期间，找到了全国唯一的一座"唐代殿堂级大型木构建筑"，唯一的。在此之前的六年多时间，他们的一次次寻唐未果，在他们心中产生出那种无形的压力，可能不是我们能体会到的。

在如此多的困难下，营造学社用了 8 年的时间，足迹遍布全国 190 个县，测绘了 2380 余处古迹。不但成功地开启了中国的古代建筑史研究，而且奠定了后来与世界文物保护理念接轨的基础。他们在文物保护事业上，有前无古人的理念和建树；在弘扬传统文化方面，更是有超越时代的认识和行动。这些事迹都让今天的我们备感他们当年的高瞻远瞩。

经过对营造学社田野调查工作的了解和分析，我跟魏老师商议，重走梁林路的行动，先从山西开始。原因首先是营造学社当年曾经三次前往山西进行调研，从最北端的大同开始，一直到忻州、五台、太原、晋中，再到晋南的临汾、运城，整个山西，除了晋东南之外，梁林都曾去过。他们当年受交通不便的影响是分三次完成的，而如今交通之便，高铁已经将山西南北贯通，重走梁林山西路，从交通上看已经不再有任何困难。另一个重要原因，是山西的古迹至今仍然保存甚多。从数量上统计，它是全国国保数量最多的省份，一个面积只占全国 1.5% 的省，国保单位数量占了 10.3%。我们从山西走起，也许能更好地领会梁林之路的精神要义。

于是我们确定于 7 月前往山西，重走梁林之路。后来两年，我跟魏老师一起，带着很多朋友又去了陕西、河南、甘肃、四川、新疆等地的多处古迹寻访。其中也有不少是营造学社当年的田野调查去过的地方。粗算下来，竟然把梁林之路的大部分已经走过。2022 年 4 月，正值 1932 年 4 月梁先生的首次田野调查九十周年，魏老师联系我说，反正也是在家不出门，不如把多年前我们一起走过的梁林路写一写，将中国的这些古迹介绍给广大读者，也算弘扬一下传统文化。

于是我上网查了一下，发现关于梁林和营造学社的书籍文章资料，可谓汗牛充栋。除了《中国营造学社汇刊》本身就有大量的专业文章之外，梁林和刘敦桢三位先生包括莫宗江、罗哲文等营造学社的前辈都发表过海量的文章。本人虽然报名北大考古文博学院的古建筑学习班跟随专业老师学习过一年，但仅是外行学个热闹，拿到结业证书后并未从事古建筑设计、维修、施工等相关专业工作，实在不能算业内人士，充其量是一个发烧友，本不敢动笔写梁林路的文章。

在查找和阅读营造学社相关文章的过程中，读到一本书，是 2015 年四川学者肖伊绯的《1939 最后的乡愁》，此书详细地讲述了营造学社在 1939 到 1940 年间于巴蜀地区进行田野调查的情况，在介绍这些文物景点的同时，也不乏抒发作者的感想。我每每读起这本书，联想这些年我跟魏老师的行走，也感触颇深。

　　阅读梁先生、林先生及刘敦桢先生等营造学社各位前辈的文集时，我也常常遇到读不顺和读不懂的问题。毕竟很多文章都是用几十年前的文法写就，而且古建筑专业的知识又非常复杂。所以我也发现一个小遗憾，就是目前没有找到一本科普性质的通俗读物，从入门级爱好者可读性角度出发，来介绍梁林在 1932 年到 1940 年间进行的田野调查，包括他们传奇的经历和相关古迹的一些基础知识。

　　于是在魏老师亲自动笔的带动下，斗胆配合魏老师写一写我们重走过的梁林路，权当抛砖引玉，只希望能激发广大文化爱好者对我国文物古迹的兴趣，同时有一点导览内容，分享一些我在游学中从其他讲师那里学来的文物古迹的知识。

　　在这里我要鸣谢那些在重走梁林路中，被邀请到现场为我们开启文化大门的尊敬的讲师们，他们包括但不限于：中央美术学院的杨昆老师；云冈研究院、敦煌研究院、龙门石窟研究院、大足石刻研究院的多位为我们进行过讲解的领导和专家；原大同古建筑研究所白志宇所长；山西长治法兴寺文物管理所张宇飞老师等。我所写到读者觉得说得对的知识都是从他们这里学习来的，读者觉得不对的知识，都是我自己在学习后的体会。

　　最后再次感谢魏老师和我们共同的各位讲师。

　　本书篇幅有限，我们重走梁林路的内容，着重讲一些不太知名的古迹。而故宫、北京的城门、六和塔等游客已经耳熟能详的地方，我们就不再赘述。